纺织工艺学概论

（上　册）

于新安　郝凤鸣　主编

中国纺织出版社

内 容 提 要

本书简明系统地介绍了从纤维到织物的纺织工艺过程。上册内容有:纺纱概述、纺纱原料、开清棉、梳棉、精梳、并条、粗纱、细纱、后加工及毛、麻、丝纺纱系统简介和新型纺纱,主要介绍各道工序的任务、工艺流程、机械作用和工艺配置。

本书为高等纺织院校非纺织专业用教材,适于管理、机械、染整、自动化等专业学生学习使用,也可供纺织企业管理干部阅读参考。

图书在版编目(CIP)数据

纺织工艺学概论 上册/于新安,郝凤鸣主编.—北京:中国纺织出版社,1998.6(2010.12重印)

ISBN 978-7-5064-1432-6

Ⅰ.纺… Ⅱ.于… Ⅲ.纺织工艺—概论 Ⅳ.TS104.2

中国版本图书馆CIP数据核字(1998)第06780号

策划编辑:魏大韬　　责任印制:陈　涛

中国纺织出版社出版发行

地址:北京东直门南大街6号　邮政编码:100027

邮购电话:010—64168110　传真:010—64168231

http://www.c-textilep.com

E-mail:faxing@c-textilep.com

中国纺织出版社印刷厂印刷　各地新华书店经销

1998年6月第1版　2010年12月第12次印刷

开本:787×1092　1/32　印张:10.75　插页:1

字数:241千字　定价:25.00元

前　言

当前，我国纺织行业正处在结构调整、产业升级的转折时期，高新技术日益向纺织工业渗透，使纺织工业正在向技术、知识、资金密集型方向发展。纺织行业的全面转型，无疑对人才的质量、素质提出新的更高的要求。为了适应纺织高等院校教学需要编写了本教材。

本书分上下册，重点介绍了各种天然和化学纤维纺纱、织造的工艺过程和基本作用原理以及织物组织与设计的基本知识，作为纺织高等院校非纺织专业学生用教材。

本书由于新安、郝凤鸣主编，具体的编写分工是：上册的第一章、第二章由西北纺织学院（以下简称西纺）郝凤鸣执笔，第三章由西纺仝攀瑞执笔，第六章由西纺薛少林执笔，第十一章由西纺孙卫国执笔，第四章由河南纺织高等专科学校任家智执笔，第五章、第九章由郑州纺织工学院叶静执笔，第七章由青岛大学纺织服装学院陈都军执笔，第八章由天津纺织工学院赵书林执笔，第十章由武汉纺织工学院黄文源、张尚勇和西纺孙小寅执笔。下册的第一章、第八章由西纺于新安执笔，第二章、第五章由西纺段俊瑞执笔，第七章由西纺王绍斌执笔，第十三章的一、二节由西纺武海良、沈艳琴执笔，第三章由天津纺织工学院张国利执笔，第四章由天津纺织工学院李秀真执笔，第六章由武汉纺织学院武继松执笔，第九章、第十三章三、四节由青岛大学纺织服装学院苏晋生执笔，第十章、第十一章、第十二章由河南纺织高等专科学校朱保林执笔。全书由于新安、郝凤鸣统稿。为了保证质量，邀请王介生教授对上册进行了审稿，张平国教授对下册进行了审稿，提出了不少宝贵建议，在此表示诚挚的感谢。

限于编者的水平，难免有错误或不当之处，欢迎广大读者批评指正。

编　者

1997 年 12 月

目 录

第一章　纺纱概述

第一节　纺纱技术的发展

在人类历史上，纺织生产是差不多和农业同时开始的。纺纱生产技术是世界各族人民长期共同创造和经验积累的产物。

世界各个地区开始纺织生产的时间迟早不一。大约公元前 5000 年，世界各文明发祥地都已就地取材开始了纺织生产。北非尼罗河流域居民利用亚麻纺织；我国黄河、长江流域一带居民利用葛、麻纺织；南亚印度河流域和南美印加帝国人民均已利用棉花纺织；小亚细亚地区已有羊毛纺织。当时，纺纱所用的原始工具是纺专。所谓纺专，也称纺垆，由专盘和专杆组成。专盘由石片或陶片做成，呈扁圆形，也称纺轮，中间孔中插一短杆，也称锭杆或专杆。我国各地新石器时代遗址中，几乎都有大量纺专出土，其中最早的是河北磁山（公元前 5300 余年），稍后为浙江河姆渡地区（公元前 4900 余年）。陕西半坡遗址（公元前 4000 多年）出土的陶制纺专上还有精美的花纹。这都充分说明当时采用纺专进行纺纱已经十分普及。直至目前，我国西北少数民族地区和中原农村也还能见到用纺专搓捻麻绳、线绳等。

由于纺专加捻是间歇进行的：加捻一段纱后，停下来将纱绕到锭杆上去，再捻一段，再绕上去，生产效率很低，纱上每片段的捻回数也很不均匀。纺专的使用经过漫长的历史演进，各地区又先后出现了手工纺纱机器——纺车。大约在公元前 500 年我国就有了比较完善的手工纺车。纺车则是将纺专横着支于架上，另有一个大绳轮，用绳索和纺专上的纺轮连在一起。这样，用手摇绳轮转一周，锭杆可以转几十周，右手摇，左手纺，当左手在锭杆的轴向位置时，就是加捻；左手如果移到锭杆旁侧，便可以绕纱。这就使锭杆连续回转，不断进行纺纱，纱的质量和劳动生产率都得到了很大提高。人们为了进一步提高劳动生产率，陆续发明了脚踏三锭纺车、水转多锭大纺车，使纺纱技术一步步向前跨进。

18 世纪，欧洲资本主义生产方式逐步建立，产业革命也首先在西欧的纺织业开始，机器把工人从繁重的手工操作中初步解脱了出来。当时的纺纱设备是 1769 年出现的、利用水力拖动的翼锭式细纱机，和 1779 年由 S·克朗普顿发明的走锭细纱机。18 世纪末，纺织厂开始利用蒸汽机作为纺纱机的原动力。1828 年出现了帽锭细纱机。同年，J·索普创造了环锭细纱机，这种细纱机经过 100 多年的改造、完善，至今仍是纺纱的主要设备。

为了适应加工各种不同性质纤维的需要，纺纱工艺和设备不断改进。19 世纪末以来，化学纤维出现并不断开发出新品种，使纺纱原料更加多样化，促进棉型化纤以及棉、毛、麻、丝等纤维纯纺和混纺技术飞跃发展。

由于环锭和走锭等纺纱方法受到卷装和速度等限制，不能满足纺纱生产发展的需要，促使人们进一步探索和研究新的纺纱方法和设备。20 世纪 50 年代到 70 年代，多种新型纺纱方法如转杯纺、自捻纺、摩擦纺、喷气纺、静电纺以及各种包芯纺纱等相继研究成功，投入生产使用。新型纺纱方法的发展，对提高劳动生产率，开发纺织新产品，起到了积极作用。

随着新型材料、微电子技术、电子计算机在纺织工业上日益广泛的应用，将会有效的促进现代纺纱技术向着高速度、大卷装、自动化、连续化和“在线控制”的方向发展，使纺纱逐步摆脱劳动密集型的传统，向技术密集型过渡。

第二节　纺纱原料的种类及性质

一、纺织纤维及其分类

纺纱的原料是纤维。在自然界里，纤维的种类很多，纺织用的纤维材料主要有棉花、羊毛、蚕丝和麻等。因为它们一般都具有较良好的纺纱性能，即有足够的长度、细度、强力、柔韧性和缠合性。

纺织纤维的范围很广，品种很多，除天然的棉、毛、丝、麻以外，随着化学工业的发展，应用于纺织的化学纤维也越来越多。

（一）天然纤维

包括植物纤维、动物纤维和矿物纤维。

1. 植物纤维　包括棉花、亚麻、苎麻、大麻、罗布麻等。

2. 动物纤维　包括羊毛、蚕丝、兔毛、山羊绒、牦牛绒、驼毛等。

3. 矿物纤维　石棉等。

（二）化学纤维

包括再生纤维和合成纤维。

1. 再生纤维　包括粘胶纤维、富强纤维、醋酯纤维、蛋白质纤维等。

2. 合成纤维　包括涤纶、锦纶、维纶、丙纶、腈纶、氯纶等。

二、棉纤维

棉株成熟以后，摘采下来的带籽棉花通常称为籽棉。籽棉经过轧棉机处理，除去棉籽以后称为皮棉。皮棉送进棉纺厂加工使用，是纺纱的原料，故称之为原棉。

棉纤维是棉籽表皮细胞突出延长而成的，其外形是细长而略扁，两头细中间稍粗，表面有转曲的扁带子形。顶端封闭，开口一端连结在棉籽上。

棉纤维的横断面为腰圆形，从外到里大致可分为蜡质层、初生层、次生层和中腔四部分。表面蜡质层，主要起防水、防腐的保护作用；初生层含有果胶和少量的纤维素；次生层全部由纤维素组成；中腔则是棉纤维生长停止后，胞壁内遗留下来的最内部的空隙，中腔截面大小约为纤维截面总面积的10％。

纤维素是一种碳水化合物，是在生长过程中由 CO_2 和 H_2O 光合作用而形成的。化学结构式可写成 $C_6H_{10}O_5$，分子式为 $[C_6H_{10}O_5]_n$，式中 n 为聚合度，棉纤维素的聚合度最少在6000以上，一般可达10000～15000。

（一）棉纤维的长度和细度

纤维的长度和细度是纤维的重要物理性质，是选择纺纱设备和设计纺纱工艺参数的主要依据，对成纱品质有直接影响。纤维长度长，纤维之间的接触长度大，抱合力大，不易滑脱，对提高成纱强力有利。纤维较细时，由于同样粗细的纱线截面中，纤维根数较多，增加了纤维之间的接触面而使纤维之间抱合力增大，也同样对提高成纱强力有利。所以，棉纺厂通常都是将细长的原棉用来纺制要求较高的细特纱和特品用纱。

我国生产的棉花多数为长度在 25～29mm，线密度在 1.7～2dtex范围内的细绒棉。长度在 35mm 以上，线密度在 1.2～1.4dtex 范围内的长绒棉占的比例较小。长度在 25mm 以下的细绒棉，一般只能纺 30tex 以上的中、粗特纱；长度在 29mm 左右的细绒棉，可纺 10tex 纱。如果要纺制 10tex 以下的细特纱，必须采用长绒棉。

目前较常用的长度指标，有如下几种：

1. 手扯长度　商业收购时使用。也称唛号长度，即棉包上刷印的品级代号中的长度。

2. 主体长度　是指一批棉样中含量最多的纤维的长度，长度分布中的众数。在工商交接中，一般都用主体长度作为纤维的长度指标。

3. 平均长度　是指纤维长度的平均值，一般都用重量加权的平均值。

4. 品质长度　又称右半部平均长度，即比主体长度长的那一部分纤维的重量加权平均长度。品质长度通常较主体长度长 2.5～3.5mm，是纺纱工艺上确定工艺参数时的重要依据。

5. 短绒率　是指纤维长度短于某一长度界限的纤维重量与试样纤维总重量的百分比。它是表示棉纤维长度整齐度的一项指标。我国将 16mm 以下的棉纤维定为短绒。

棉纤维的细度是影响其可纺性的一个重要特性，一般纤维愈细，可纺性愈好，成纱强力也愈高。由于棉纤维很细，横截面并非正圆，而且粗细不匀，所以直接测量其断面直径很困难，一般都是用纤维长度与重量间的关系来间接表示其细度。

（二）棉纤维的强力

棉纤维在纺纱过程中不断受到外力的作用，纤维具有一定的强度是其纺纱性能的重要要求。影响棉纤维强力的主要因素是品种和成熟度。棉纤维的强力指标用单纤维断裂强力（cN）和断裂长度（km）来表示。断裂强力没有考虑纤维粗细对强力的影响，故还不足以代表纤维强度的优劣。而断裂长度则是纤维强力（cN）与其公制支数的乘积，故可用来比较不同粗细纤维的强力大小。一般细绒棉的纤维强力为0.03～0.05N，断裂长度为21～25km。

（三）棉纤维的天然转曲

一根成熟的棉纤维在显微镜下观察时，会看到像扁平带状的纤维表面存在着许多螺旋形的扭曲，这种扭曲是在棉花生长过程中自然形成的，故称“天然转曲”。这一天然形态特征是棉纤维特有的。普通棉纤维上1cm长度内约有40～60个转曲，成熟好的纤维，转曲也较多。转曲多，纱条中纤维间的抱合力大，成纱强力也高些。

（四）棉纤维的成熟度

原棉成熟度是决定原棉性质的最重要的因素。它不但与原棉品种和气候土壤等自然条件有关，而且受花期的影响，一般早、中期棉花的成熟度较好，而晚期棉花由于气温低，则成熟度较差。成熟度是指纤维素在细胞壁中的充满程度。工厂广泛采用在400倍显微镜下观测中腔宽度与胞壁厚度比值的方法，换算成熟度系数来表示。我国陆地棉成熟度系数通常在1.4～2之间，系数大则表示成熟好，细胞壁厚，纤维的单纤强力较大，天然转曲也多，光泽较好。

（五）原棉的含杂

原棉中杂质和疵点是非常有害的，不仅影响着成纱的品质，开清棉和梳棉的工艺，还影响着用棉量的多少。

杂质是指原棉中夹杂的非纤维性物质，如土块、铁丝头，以及棉籽、籽棉、不孕籽等。

疵点是指原棉中存在的有害的纤维性物质。如索丝、棉结、软籽表皮、带纤维籽屑等。

在纺纱过程中，体积大、重量重、不带纤维的杂质和疵点较易清除，对成纱质量影响不大，反之，细小、质轻、易碎和带纤维的杂质和疵点则不易清除，对成纱质量影响较大。

原棉含杂的多少是用重量百分率表示的，即：

$$原棉含杂率=\frac{棉样中杂质重量}{棉样重量}\times 100\%$$

国家标准规定，锯齿棉允许的含杂率为2.5%，皮辊棉允许含杂率为3%。

三、麻纤维

麻纤维是人类较早应用于纺织的纤维材料。我国目前使用较多的是苎麻、亚麻和黄麻。苎麻亦称中国草，是我国的特产。亚麻和苎麻是麻类中品质最优，最适合纺制衣着织物的纺纱原料，可以纯纺，也可以与化学纤维混纺。黄麻产于巴西、印度和巴基斯坦，我国长江流域一带也有栽培，因其纤维比较粗硬，是麻袋和绳索的重要原料，很少用于衣着。

苎麻纤维是苎麻杆的初生韧皮纤维，它的长度一般有60～250mm，最长可达550mm。线密度与品种有密切关系，优良品种可达0.55tex以上，最差的在0.91tex左右。

苎麻是多年宿根草本植物。我国种植的苎麻大多一年能收获三次，分别称头麻、二麻、三麻。头麻的纤维品质最好，二、三麻较次。

苎麻纤维的强力比棉纤维大得多，特别是湿强力比干强力还要高20%～30%。麻纤维的杨氏模量是棉的3～4倍，再加之其吸湿、散湿性良好，所以苎麻织物比较硬挺，很适合做夏装。

四、毛纤维

天然动物毛的种类很多，有羊毛、骆驼毛、兔毛、牦牛毛等，用于纺织工业的主要原料是绵羊毛。羊毛由许多细胞聚集构成，可分为三个组织部分：包覆在毛干外围的是瓦片状的鳞片层；中部是构成羊毛实体的皮质层；毛干中心是由毛髓组成的髓质层。髓质层只存在于较粗的毛纤维中，细毛中没有髓质层。鳞片层的主要作用是保护羊毛不受外界条件的影响而引起性质变化，它对羊毛的光泽和表面性质有很大影响。皮质层在鳞片层的里面，是羊毛的主要组成部分，也是决定羊毛物理化学性质的基本物质。髓质层则是由结构松散和充满空气的角朊细胞组成，细胞间相互联系较差。含髓质层多的羊毛，脆而易断，染色也比较困难。

细度是评定羊毛品质好坏的重要指标，越细的羊毛，其相对强力越高，卷曲越大，鳞片越密，光泽也越柔和。

羊毛的粗细，随着羊的品种、年龄、性别和毛的生长部位、饲养条件的不同，有很大的差异。最细的绒毛直径约 $7\mu m$，最粗的直径可达 $240\mu m$。

一般来说，细羊毛除长度偏短外，其它物理机械性能都好，适宜纺细特纱。成纱的质量好，织物的外观和手感也好。

羊毛的长度在生产中常以伸直长度（毛纤维消除卷曲以后的长度）来表示。一般细毛的长度为 6～12cm，半细毛的长度为 7～18cm，粗毛的长度为 6～40cm。羊毛长度是确定纺纱系统和设计工艺参数的主要依据。同时原毛长度对毛织物的品质也有较大的影响。

细度相同的毛纤维，长的可以纺细特纱；而当纱的粗细一定时，用长纤维纺成的纱强力高，条干均匀，且纺纱断头少。

羊毛弹性好，吸湿性强，光泽柔和，不易沾污且保暖性好，具有良好的服用性能。用羊毛制织的服装面料风格各异，各具特色：夏季织物质地细腻，呢面光洁，轻薄滑爽，富有弹性；春秋织物质地丰厚，呢面洁净，光泽自然；冬季织物质地厚实，手感丰满柔软，保暖性强。

五、蚕丝

我国是蚕丝的发源地，距今已有六千多年的历史。远在汉、唐时代，我国的丝绸就畅销于中亚细亚和欧洲各国，在世界上享有盛名。

蚕丝是纺织的高级原料，纤维细而柔软，有较好的强伸度，平滑，光泽好，富有弹性，吸湿性能好。

桑蚕丝是蚕体内分泌出的丝液经凝结以后形成的，其主要成分是丝素，丝素周围包有丝胶。每一根茧丝由两根平行的单丝组成，其截面呈半圆形或三角形。

纺织用的生丝是由蚕茧经过剥茧、选茧、煮茧、缫丝等工序而成的。实际上，在把若干根茧丝并合的过程中，因受热使丝胶重新分布得更均匀，使生丝的表面更加光滑，纵向更加均匀。

生丝的细度和均匀度是评定生丝品质的重要指标。细而均匀的生丝才能织出轻薄美观的丝织物。

丝织物具有良好的服用性能，是高档的服装面料。同时，在环境装饰、工业和国防方面也有十分广泛的用途。

六、化学纤维

化学纤维分为再生纤维和合成纤维两大类。

再生纤维是以天然高聚物为原料，经过化学处理与机械加工而再生制得的纤维。目前使用和生产的再生纤维中，粘胶纤维所占比例最大。

合成纤维则是利用石油、煤、天然气等为原料，经化学合成与机械加工而制得的纤维。世界上已经工业化生产的合成纤维品种已达百余种，我国目前最常用的有涤纶、锦纶和腈纶等。

化学纤维在加工制造中，可以生产各种长度和细度的规格，以适应纺织加工和产品的要求。化纤可以纯纺，也可以与棉、毛、丝、麻及其它化纤混纺。

常用化学纤维的特点如下：

(一) 涤纶

涤纶是聚酯类纤维的商品名称，它是由对苯二甲酸和乙二醇聚合而成。

涤纶生产以短纤维为主，近年来由于低弹涤纶长丝针织物的发展，生产长丝的比例也急速上升。涤纶短纤维有高强低伸型、低强高伸型和高强中伸型等，强度较高，通常为4.1～5.9dN/tex（4.5～6.5gf/旦），断裂伸长为20%～50%。一般棉型涤纶采用高强低伸型，可纺性能较好，成纱强度较高。涤纶的最大特点是小负荷作用下伸长很小，而且在负荷去除后伸长能全部恢复，所以，涤纶织物比较挺括，抗折皱，织物尺寸稳定，保形性好，且易洗快干。涤纶的耐磨、耐热、耐日晒性能均好，但它的最明显的缺点是吸湿性能差，染色困难。

(二) 锦纶

锦纶是聚酰胺纤维的商品名称，是合成纤维中发展最早的一种。它的品种很多，目前纺织工业应用的主要有锦纶6和锦纶66。

锦纶的最大优点是强度高，耐磨性好。锦纶丝强度一般可达 9dN/tex（10gf/旦）以上。初始模量小，易变形，弹性恢复好，织物保形性差，此外它还有一个明显的缺点是不耐日晒。所以，锦纶单丝和复丝被用来做袜子是最适合的原料。工业上则用锦纶长丝做轮胎帘子线。锦纶用做外衣料织物很不理想，必须与棉、毛、粘胶等混合使用才行。

（三）维纶

维纶是聚乙烯醇缩甲醛纤维的商品名称，是以电石制得的乙炔或石油中的乙烯为原料制成的。维纶的性质与棉花最接近，故有“合成棉花”之称。强力 3.6～5.9dN/tex（4～6.5gf/旦），伸长率 20%，其吸湿性比其它合成纤维都高，制成的织物耐穿、耐用。但由于其弹性回复能力差，缩水率大，染色困难，一般不宜制作高档产品。

（四）腈纶

腈纶是丙烯腈的聚合物，以石油或天然气为原料制成，成本低。腈纶以短纤维为主，可以纯纺，也可以与羊毛混纺，纺成绒线或织成毛型织物。由于腈纶的性质接近于羊毛，所以也称其为“合成羊毛”。

腈纶因其大分子呈不规则的螺旋结构，使其具有良好的热弹性。利用腈纶的热弹性可以把它加工成膨体纱、膨体绒线，其织物手感柔软，膨松性好，保暖性强，是围巾、帽子等针织品的优良材料。粗纤度的腈纶可以制成毛毯和人造毛皮。

（五）丙纶

丙纶是聚丙烯纤维的商品名称。它是利用石油裂解的产物丙烯经聚合后熔融制成。丙纶具有较好的强度和弹性回复性，而且耐磨，所以制品坚牢耐用。但由于分子中没有亲水基，不吸水，染色性能差。

普通丙纶的服用性能极差，一般都是制成扁丝和粗纤度丝，以代替麻纤维或其它低档原料制织包装袋布、地毯等。改性丙纶的性能有较大提高。

丙纶不耐干热，但耐湿热、耐酸、耐碱、耐化学溶剂，工业上用作滤布和劳动保护服装。丙纶纤维质轻、保暖、价廉，还可用作絮棉。

（六）粘胶纤维

粘胶纤维是一种再生纤维素纤维，是利用自然界含有纤维素的物质（如棉短绒、木材、甘蔗渣、芦苇等）的纤维素制成的。原料资源丰富，制造成本低廉，性能接近天然纤维，因而使用很广。

粘胶短纤维有棉型和毛型两种，分别称作人造棉、人造毛，粘胶纤维的长丝则俗称人造丝。因为粘胶纤维的聚合度、结晶度都比棉纤维低，所以强力比棉纤维低，而吸湿性却比棉纤维好，染色鲜艳。

粘胶纤维吸湿后，纤维截面变粗，体积膨胀，所以织物浸水后手感突然发硬，湿强度低，耐磨性也差，织物不耐水洗。

由于粘胶纤维具有良好的吸湿性、透气性和染色性能，所以常与合成纤维混纺，以相互补充，扬长避短。

第三节　纱线的主要几何特征及质量评定

由纺织纤维制成纱线的过程称为纺纱工程。纺纱工程首先要将混入纤维中的各种杂质疵点分离出来，再使杂乱无章的纤维排列有序，最后经过牵伸、加捻，纺制成均匀而连续的，具有一定性能的纱线。由于各种纤维的性质不同，对成纱用途的要求不同，所以纺纱工艺和成纱的性质也各不相同。

现以棉纱线为例介绍其主要几何特征及质量评定。

一、纱线的主要几何特征

（一）纱线的细度

棉纱线细度的表示方法，分定长制和定重制两大类。定长制用线密度表示，定重制用英制支数或公制支数表示。我国的法定计量单位规定用线密度，单位名称为特［克斯］，单位符号为tex。

1. 线密度（Tt）　以1000m长的棉纱在公定回潮率（8.5%）时称得的重量克数来表示，单位为tex。即

$$Tt=\frac{\text{公定回潮率时棉纱重量（g）}}{\text{棉纱长度（m）}}\times 1000$$

这里所提到的回潮率实际上是表示棉纱及其半制品的含水多少的指标。化学纤维及其制品的含水也用回潮率表示。棉纤维的含水多少则通常用含水率来表示。

$$\text{含水率}=\frac{\text{试样湿重}-\text{试样干重}}{\text{试样湿重}}\times 100\%$$

$$\text{回潮率}=\frac{\text{试样湿重}-\text{试样干重}}{\text{试样干重}}\times 100\%$$

称得实际回潮率时的实际重量，可以用下式换算成公定回潮率时的重量：

$$\text{公定回潮率时的重量}=\frac{1+\text{公定回潮率}}{1+\text{实际回潮率}}\times\text{实际重量}$$

对于一定特数的棉纱来说，其在公定回潮率时的重量是一定值，称为标准重量。

2. 英制支数（N_e）　一磅重的棉纱，在标准回潮率

（9.89%）时其长度为多少个 840 码，就是多少英支，即

$$N_e=\frac{\text{棉纱长度(码)}}{\text{棉纱在标准回潮率(9.89\%)时的重量(磅)}\times 840}$$

3. **公制支数（N_m）** 1 克重的棉纱，在公定回潮率（8.5%）时长有多少米，就是多少公支，即

$$N_m=\frac{\text{棉纱长度(m)}}{\text{棉纱在公定回潮率时的重量(g)}}$$

由此可见，英制支数和公制支数愈小，纱线愈粗。

4. **线密度、英制支数、公制支数的换算** 棉纱线密度与英制支数通过换算，可得出如下的关系式：

$$\text{Tt}=\frac{583.1}{N_e}$$

棉纱公制支数与英制支数的关系（在棉纱公制公定回潮率为 8.5%，英制公定回潮率为 9.89%时）为：

$$N_e=0.583N_m$$

（二）纱线的捻度

棉纱线的捻度大小是用单位长度内的捻回数来表示的。特［克斯］制捻度为 10cm 长度内的捻回数；英制捻度为每英寸长度内的捻回数；公制捻度为 1m 长度内的捻回数。

单位长度的捻回数越多，捻度越大，捻回使纤维紧紧地抱合在一起，从而增加了纤维间的摩擦力和抱合力，使一根根纤维连接成长度很长且具有一定强力的纱线。由于各种纤维的性能以及纱线用途的不同，因而对纱的捻度要求也有差异。

二、纱线的主要质量指标

工厂生产的纱线每批都要进行质量检验。检验的项目主要包括粗细是否合乎规格，强力是否达到要求，长片段和短片段不匀率以及结杂粒数是否超出标准，捻度是否在控制的

范围之内。

（一）棉纱的重量偏差

生产出来的棉纱线密度是否符合设计要求，关系到产品成本，必须认真检验。一般来说，棉纱的实际线密度与设计线密度之间总是不可避免地存在一些差异，这种差异用百分率表示，称为重量偏差，即：

$$\text{重量偏差}=\frac{\text{实际线密度}-\text{设计线密度}}{\text{设计线密度}}\times 100\%$$

或
$$\text{重量偏差}=\frac{\text{试样实际干重}-\text{试样设计干重}}{\text{试样设计干重}}\times 100\%$$

在 GB/T398—93 标准中规定，梳棉纱 8～34tex，百米重量偏差不大于±2.5％；36～192tex，百米重量偏差不大于±2.8％。

（二）棉纱的细度不匀

细度不匀指的是沿纱线长度方向的粗细不匀。这是一项评定纱线质量的重要的指标。因为细度不匀直接影响着纱的强力和织物的外观，进而还会影响织物的使用性能。

棉纱粗细不匀有长片段不匀和短片段不匀之分。长片段不匀也称为重量不匀，用百米重量偏差和百米重量变异系数表示，采用切段称重法来检验；短片段不匀也称为条干不匀，通常用目光进行检验，也可以用电子条干均匀度仪进行检验。

棉纺厂将每天生产的同一品种棉纱称作一批，对每批纱都要抽样检验 30 只管纱，从每只管纱摇取一缕纱线，缕长 100m，分别称重，然后算出其平均差系数，即为该批纱线的重量不匀率 H，其计算式为：

$$H=\frac{2\ (\bar{x}-\bar{x}_1)\ \cdot n_1}{N\bar{x}}\times 100\%$$

式中：$\bar{x}$ ——30 缕纱的平均重量；

$\bar{x}_1$ ——平均以下的平均值；

n_1 ——平均以下的次数；

N ——试验总次数，常规 $N=30$。

由此可见，棉纱重量不匀率反映的是同一批棉纱的机台与机台、锭子与锭子之间的细纱重量差异情况。

条干均匀度则是反映细纱短片段粗细不匀的情况。常规检验是将 10 只筒纱分别按照规定圈数，均匀地绕在一块 22cm×25cm 的黑板上，然后将其与标准样照对比，用目光检验，根据显现出的阴影、粗节和严重疵点，确定每块黑板的级别（优级、一级、二级、三级），再按 10 块黑板的评级比例，决定该批纱的条干均匀度品级。这种检验方法，人为因素影响过大，目前，同时还可以用条干均匀度仪测出细纱条干均匀度变异系数 CV 的大小。这种仪器检测，快速、方便、准确。

（三）棉纱的强力

纱线强力大小也是常规检验的一项重要指标。以前，棉纺厂习惯用缕纱强度和品质指标来比较相同粗细或不同粗细棉纱线的强度高低。

我国 1993 年新发布的标准中，不再使用缕纱强度和品质指标，而是考核纱线的单纱断裂强度（cN/tex）和单纱断裂强力变异系数 CV。

（四）棉纱的棉结杂质

在棉纱中，棉结杂质一部分被包覆在纱条内部，一部分则露在纱条的表面，成为外观疵点，甚至影响到织物的外观。1g 棉纱中所含有的外观棉结杂质粒数的多少，是棉纱分等的依据之一，因而也是棉纱质量检验的一项重要指标。

棉结杂质的检验目前是与黑板条干结合进行的。检验时，先将浅蓝色底板插入试样与黑板之间，然后用图 1-1 的黑色压片压在试样上，检查试样正反两面的每格内的棉结杂质。将全部纱样检验完毕后，算出 10 块黑板的棉结杂质总粒数，再根据下式计算 1g 棉纱线内的棉结杂质粒数。

$$1g\text{ 棉纱线内的棉结杂质粒数}=\frac{\text{棉结杂质总粒数}}{\text{棉纱线公称特数}}\times 10$$

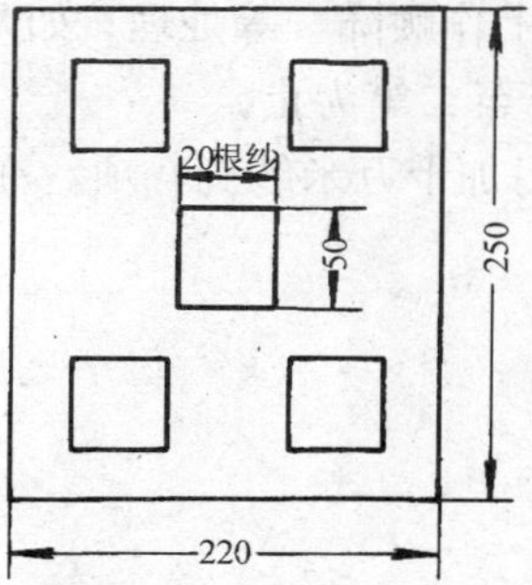

图 1-1　棉结杂质检验

三、纱线的质量评定

棉纱线的质量评定原标准是分等分级。93 新标准 GB/T398—93 规定，棉纱线只分等。

1. 棉纱线规定以同品种一昼夜三个班的生产量为一批，按规定的试验周期和试验方法进行试验，并按其结果评定棉纱线的品等。

2. 棉纱线的品等分为优等、一等、二等，低于二等指标者作三等。

3. 棉纱的品等由单纱断裂强力变异系数 *CV* 和百米重量变异系数 *CV*、条干均匀度和 1g 内棉结粒数及 1g 内棉结杂质总粒数评定，当五项的品等不同时，按五项中最低的一项品等评定。

4. 棉线的品等由单线断裂强力变异系数 CV，百米重量变异系数 CV 和 1g 内棉结粒数及 1g 内棉结杂质总粒数评定，当四项的品等不同时，按四项中最低的一项品等评定。

5. 单纱（线）的断裂强度或百米重量偏差超出允许范围时，在单纱（线）断裂强力变异系数 CV 和百米重量变异系数 CV 原评等的基础上作顺降一等处理；如两项都超出范围时，亦只顺降一次。降至二等为止。

6. 优等棉纱另加十万米纱疵一项，亦作为分等指标。

第二章　棉纺原料的选配与混和

第一节　原料的选配

一、原棉选配

棉纺厂一般不采用单一的原棉唛头进行纺纱，而是将若干批次的原棉相互搭配后使用，这种原棉的搭配称为配棉。

原棉的主要性质如长度、线密度、强力、成熟度、含杂等，都随着棉花的品种、生长条件、产地、加工等情况的不同，而有较大的差异。原棉的这些性质同纺纱工艺和成纱质量有着密切的关系。因此，合理选择多种原棉搭配使用，充分发挥不同原棉的特点，以达到提高产品质量、稳定生产，降低成本的目的，就成为纺纱生产的一项十分重要的、具有很大意义的工作，必须引起高度重视。

（一）原棉选配的基本要求

1. 保持生产过程和成纱质量的相对稳定　要保持生产的持续正常进行，必须保持生产的全过程和半制品、成品的质量相对稳定，其中保持原棉品质的相对稳定是一项重要的基本条件。如果采用单一唛头原棉纺纱，当一批原棉在使用几天用完后，必须调换另一批原棉来接替使用。但由于前后两批原棉的各项品质的不同，势必造成在生产过程中和成纱质量上的相应波动。而采用多种原棉混配，即按各批原棉的不同特点搭配使用，则可保持混合原料的性能长期相对稳定。

2. 原棉要合理使用　不同用途的纱，对其品质和特性的要求不同，加上纺纱工艺也各有特点，因此对原棉的要求也不相同。另外，工厂的库存品种有限，各种原棉数量有多有少，质量也有高有低，况且质量较好的原棉也不是一切性质都好，质量较差的原棉也不是所有性质都差。这里就有一个充分发挥各自特点、合理利用原棉特性的问题。要做到合理使用原棉，应根据原棉的实际条件和各种纱线对原棉的不同要求，将不同质量的原棉按适当比例配成混合棉进行纺纱，以便相互取长补短，充分利用各种原棉的长处，满足不同纱线的要求。

3. 节约用棉和降低成本　原棉在生长过程中由于气候、虫害等自然条件的影响，会产生一定数量的低级棉。如棉花在生长晚期遭受霜袭，棉花就染有不同程度的霜黄，成熟度和强力均不好。若用这种低级棉纺纱，成纱质量会显著下降。但如果在混合棉中适当混用一定比例的低级棉，例如：在纤维长度较短的混合棉中，混用少量纤维长度较长的低级棉，或在纤维平均细度较粗的混合棉中，混用少量纤维较细的低级棉，不仅不会降低成纱质量，相反还可以使成纱质量有一定程度的提高。

另外，混合棉中也可以使用一定比例的回花和再用棉，对节约用棉和降低成本是有利的。

（二）原棉选配与产品用途的关系

棉纺厂的纱线种类很多，用途很广，按产品规格来分，有：粗特纱和细特纱；普梳纱和精梳纱；单纱和股线；特种用纱和副牌纱；还有各种混纺纱等。按纱线用途来分，有：经纱、纬纱、起绒用纱、针织用纱等。也可根据其染整加工等方面的不同来分类。配棉工作应根据产品的不同情况，选配适当的原棉。

1. 棉纱的线密度不同　纱特愈细，棉结杂质暴露在纱条表面的机会愈大，棉纱相对的疵点增多。在配棉时：细特纱宜选择品级高、线密度细、长度长、疵点和短绒少的原棉；中粗特纱宜选择品级较低、长度较短、品质较差的原棉，也可混用一部分低级棉和再用棉。

2. 普梳纱和精梳纱　精梳纱外观要求较高，条干要好，杂质要少，因此一般精梳纱要求使用纤维长度长、品级好的原棉。精梳纱在加工过程中能够较多的排除短绒，提高纤维的长度整齐度，因此使用含短绒稍多的皮辊棉，对成纱质量没有显著的影响。锯齿棉一般含棉结较多，棉结在精梳加工中又不易排除，故不能多用。成熟度过差，含水率过高的原棉，在加工中易生棉结，也应避免使用。

普梳纱的要求比精梳纱低，对配用原棉的要求相对也稍低一些。

3. 单纱和股线　单纱对条干、强力和外观疵点的要求比股线为高。原因是单纱并合成股线后，纤维强力的利用率可以提高，外观疵点在并合中会被覆盖一部分，条干也可因单纱的并合而得到改善。因此，在配棉时，一般股线可选择品级较低、短纤维较多、强力较差的原棉。单纱对原棉质量的要求，一般比股线为高。

4. 经纱和纬纱　经纱在织前准备和织造过程中要承受张力和摩擦。因此要求经纱的强力要高，毛羽宜少。又因为经纱在准备织造过程中，杂质疵点可清除一部分，所以对经纱的棉结杂质的要求可较低。另外，经纱对色泽的要求也可低一些。

对纬纱的要求和经纱则相反，强力要求低，外观疵点和色泽要求较高。这是因为纬纱纺出后，一般可直接使用，就是间接纬纱需经过的准备工序也比较简单，去除杂质的机会少，而且纬纱多浮于织物表面，因此纬纱对配棉品级要求较高，含棉结和杂质要少，色泽要好。纤维粗短及含短绒稍多的原棉，对纬纱的质量则影响不大。

5. 高密织物用纱　高密府绸、防羽布等高密织物，根据工艺要求，对经纱强力及结杂要求很高。配棉时必须特殊考虑，要选用线密度细、长度长、强力大、品级高、短绒和疵点少的原棉，必要时还要选用部分长绒棉。

6. 印染坯布用纱　棉布一般都要经过各种染整过程。总体来说，成熟度好的纤维容易吸色，成熟度差的纤维不易吸色。

浅色坯布：因为棉结比较松散，染色后在布面容易呈现出较深色的色点，所以配棉时应该选用轧工好，棉结少的原棉。对于超细的晚期棉、低级棉，由于线密度细、含水高，在纺纱过程中容易产生棉结，也应避免使用。

深色坯布：僵片、软籽表皮等杂质不易上色，尤其是加工经纱密度高的纱府绸、卡其、直贡等深色坯布，布面会出现白星。配棉时要选择品级高、成熟好的原棉。

漂白坯布：织物经漂练处理后，杂质易除去，棉结则难除去，因而对棉结有一定要求。配棉时原棉的质量可稍差，品级也可稍低。

印花坯布：经印花的织物外观疵点大部分可以被掩盖，不易显露。配棉时原棉的质量可较差，品级可以降低，也可以适当配用一些低级棉。

7. 针织用纱　针织用纱要求条干好，杂质少，色泽好，柔软且有弹性，加捻较少但要有足够的强力。因此，针织用纱比机织用纱对原棉的要求高，配棉时要选用纤维细长、成熟度好、纤维强力较高的原棉。

8. 特种用纱　特种用纱应根据不同用途和应具备的特性来选择原棉。如轮胎帘子线要求强力高，伸长小，而色泽和外观疵点可以较差。配棉时要选用纤维细长和强力高的原棉，而对原棉的色泽和含杂的要求不高。又如刺绣线用纱，要求强力和光泽要好，起绒织物用纱则要求纤维弹性好。

9. 副牌纱　副牌纱一般是利用次等级的原棉纺纱，纱特较粗，用以制造袋布、绳索、劳动手套、粗棉毯等低档品。对强力要求不高，对成品的外观疵点要求也比较低。通常配棉是由低级棉和各种再用棉混合，以节约用棉，降低成本。

二、化纤的选配

化纤工业日益发展，化学纤维的品种和规格愈来愈多，丰富了纺织纤维的资源。要在原有纺纱设备的基础上，充分利用化纤的各种性能，改善纺纱工艺性能，提高产品使用价值，增加花色品种，降低原料成本，化纤原料选配工作是非常重要的技术环节。

（一）化纤选配的基本要求

1. 改善纺纱的工艺性能　因为化纤的许多指标是能够人为控制和调节的，这为改善纺纱工艺提供了有利的条件。原料选配时，根据纺织生产中的实际需要，可以在细度、长度、卷曲数、油剂、油量、回潮、色泽、强度和伸度方面提出要求，以保持纺纱生产稳定。此外，还可以通过对不同纤维品种的选择，取长补短，提高产品性能。

2. 提高纺织品的使用价值　各种化纤特点不同，如合成纤维强度高，但染色性能差；再生纤维强度虽然较低，但吸湿性能好。在原料选配时，应根据纤维的不同性能，作出合理的选择，并给以适宜的配比，这样就能够把强度、耐磨、染色和服用等性能统一起来。所以，在原料选配时，要求尽可能利用各种化纤的不同特点，强化纤维性质的共同优点，以达到提高纺织品使用价值的效果。

3. 增加纺织品的花色品种，降低原料成本　化纤品种较多，可以利用各种纤维，包括天然纤维在内的特有风格，进行品种之间不同比例的选配，增加纺织品的品种。化纤的规格型号也很丰富，可以纯纺、混纺，也可以采用交织等手段，制成更多花色品种的纺织品。

在考虑原料的资源情况下，通过合理的选配，降低原料成本也是完全可能的。

（二）化纤选配与产品用途的关系

1. 粘胶纤维　粘胶在民用产品中用量较大，它与合成纤维混纺时，起着十分重要的作用。其主要用途是用来生产粗平、细平、哔叽、直贡、双纬布等纯纺织物，加工素色、条格、印花等印染布，作内衣、衬里、裙服、被罩、室内装饰用布、医药用布等。

2. 涤纶　涤纶在民用和工业上使用都处于领先地位。主要用来生产细平、府绸、麻纱、纱罗、卡其等纱线织物，以涤棉混纺产品最为普遍。涤粘、涤麻、涤毛等产品也有一定的比例。各种混纺产品用作外衣、内衣、衬衣、童装、雨衣、枕套等。在针织方面用作经编和纬编织物。在混纺交织方面一般以长丝为经制成仿丝产品，如涤棉绸、涤纤绸。此外，还有涤棉锦、涤毛粘等三合一仿毛产品和涤纶的弹力产品。

3. 锦纶　锦纶主要应用于工业上。长丝在针织上大量用于制袜，还有部分弹力织物，如套衫、运动衫、泳衣、手套、双面针织外衣。

4. 腈纶　腈纶的民用数量大，工业上用途不多。纤度较大的腈纶短纤维大量应用于毛纺。中等纤度的中长纤维，主要与涤纶或粘胶混纺制成仿毛产品，如隐条呢、华达呢、花呢、啥味呢等。棉型短纤维多用来织运动衫、棉毛衫、灯芯绒、帆布等室外、野外用品。此外，腈锦粘、涤腈粘三合一仿毛产品，腈纶的膨体产品也较多。

5. 维纶　维纶在民用和工业上用途都比较广泛。棉维和维粘等混纺可制成仿棉产品，用作被里、被单、工作服、雨衣、童装、鞋帮、桌布、椅套等。

6. 其他化纤　丙纶在民用上产品较少，用作包装材料较多，丙棉混纺，丙腈、丙锦混纺产品可用作室内用品。氯纶产品目前也很少，一般用途是作针织内衣、睡衣、泳衣、窗帘、毛毯等。在工业上可作化工防护用品。

第二节　混和的目的和方法

一、混和的目的

混和的目的是将选配好的各种纤维进行细致而充分地混和,使不同成分的纤维得以均匀地分布在成纱的任一部分,促使成纱内各种成分的纤维比例能和配棉方案相一致，为纺制品质优良的细纱打下良好的基础。

混和时必须先将原料充分开松,排除部分杂质和疵点,然后进行混和。开松得愈好，则混和愈细致，愈均匀。

混和的要求是每一种混和成分的纤维在混和原料中均匀分布。即在任一小试样内，每种混和成分纤维的比例都要符合配棉方案。由于纺纱加工的纤维数量极为庞大，单靠机械作用难以做到使纤维按比例精确、细致地混和，因此，一般采用包括按比例组合成混和原料和随机混和两个步骤的混和过程。所谓按比例组合成混和原料，即有意识地按配棉方案将各种成分的原料先组成混和原料，再把组合好的原料送入机内进行随机混和。所谓随机混和是指在机器上由于机件、气流的作用，促使纤维产生随机运动，而使任何成分的纤维有同样的机率分布到纱条的任一部分内，因而各混和成分相互间又进行了充分地混和。如果组成每一批混和原料的量愈小，也就能混和得愈均匀、愈完善。

二、混和的方法

不同的纺纱体系，其原料混和的方法略有不同，大致可分为纤维混和和半制品混和两大类型。

目前，在棉纺生产中，国内采用的方法有两种。

（一）棉包混和

在开清棉车间，用抓包机械或小量混棉的方法进行混和。

（二）棉条混和

在并条机上用条子混和。

以上两种混和方法，因加工原料的不同可分为三种情况：

1. 纯棉加工大多采用棉包混和。有时原棉性质差异过大，特别是含杂差异过大时，为了便于清梳工序分别处理，也采用棉条混和的方法。

2. 化学纤维与棉混纺时，由于原棉含有杂质较多，而化纤较清洁，为便于排除原棉中的含杂，一般多将原棉与化纤分别经过清、梳单独处理，然后用条子在并条机上按预定的混比进行混和。这种方法的优点是混比较易掌握，缺点是有时混和不匀，需经多道并合才行，一般都要经过三道并合，给管理带来麻烦。

3. 化纤与化纤混纺时，采用棉包混和比较均匀，但混比较难掌握。有时为了保证混比采用小量混棉法，即小量称重，扯松铺在配棉帘上或混棉堆上。这种方法手工操作，劳动强度大，操作也比较麻烦，需进一步改进。

三、混比的计算

化纤混纺时一般以干重的混比为准。因各种化纤及棉的回潮率均不相同，所以应按要求的混比和回潮率计算出湿重的混比，以便掌握。

设有甲、乙两种化纤混纺，实际回潮率分别为 m_1 及 m_2，甲纤维在干重时的混比为 Y；甲纤维在湿重时的混比为 X。则乙纤维在干重时的混比为 $1-Y$；乙纤维在湿重时的混比为 $1-X$。

若考虑回潮率的关系即有：

$$\frac{X}{1-X}=\frac{Y}{1-Y}\times\frac{1+m_1}{1+m_2}$$

例 1 涤/粘混纺，要求干重时的混比为 65/35，若实际回潮率分别为 0.4% 及 13%，求两种纤维的湿重混比为多少？

已知：$Y=0.65$，$1-Y=0.35$，$m_1=0.004$，$m_2=0.13$

将数值代入上式，则得

$$\frac{X}{1-X}=\frac{0.65}{0.35}\times\frac{1+0.004}{1+0.13}$$

$$X=\frac{0.6626}{1.0581}=0.6271=62.71\%$$

$$1-X=0.3729=37.29\%$$

若用棉条混和，如涤/棉混纺，则干重、喂入根数及混纺比的关系如下式：

$$\frac{g_1}{g_2}=\frac{n_2}{n_1}\times\frac{Y}{(1-Y)}$$

式中：g_1 和 g_2——甲乙两种纤维喂入条子的干重；

n_1 和 n_2——甲乙两种纤维喂入条子的根数；

Y——甲种纤维设计的干重混比。

例 2 涤/棉混纺，要求干重时的混比为 65/35，如使用并条机 6 根并合，涤/棉条子的根数为 4/2，即涤纶条根数 n_1 为 4，棉条根数 n_2 为 2，所以涤棉喂入条子的干重之比为：

$$\frac{g_1}{g_2}=\frac{2}{4}\times\frac{0.65}{0.35}=0.928$$

即
$$g_1=0.928g_2$$

第三章　开清棉工程

在开清工序，尽管加工各种纤维所使用的机器设备不同，但其基本作用都是开松、除杂和混和。只有充分开松，才能有效地除杂与混和，制成符合要求的条子，最终保证成纱的均匀性。值得注意的是在开清工序，这三个基本作用是分不开的，判断开清机械设备的优劣，应由它的经济性和效果来决定，且对纤维的损伤越小越好。

第一节　概　　述

一、开清棉工序的任务

开清棉工序是棉纺过程中的第一道工序，喂入的原料不管是原棉还是化学短纤维，大多以紧压的棉包形式送入该工序。由于原料的特性不同，既有含多种杂质和疵点的原棉，也有紧压缠结在一起而含杂较少的化学纤维。为了保证纺出品质优良的棉纱、化纤纱或混纺纱，满足后道工序加工的要求，开清棉工序应完成下列四大任务。

1. 开松　把棉包中紧压的棉块松解成尽可能小的棉束，而且尽量不损伤纤维。

2. 除杂　有效地清除原棉中的各种杂质和疵点，而尽量少排除可纺纤维。

3. 混和　按配棉成分，使各种不同性能的原棉充分、均匀、细致地混和。

4. 均匀成卷　制成一定规格的均匀棉卷，供梳棉加工。若采用清梳联就不必成卷，而是以均匀的棉流喂给梳棉。

上述作用是通过开清棉联合机各个具有不同功能的单机逐步加工而完成的。其工艺处理的优劣，关系到纺纱、织造及染整各工序的加工质量，是纺织染全流程的基础。因此，要充分认识到开清棉工序具有流程长、机台多、加工复杂以及技术难度大的特点，认真配置开清棉机组的工艺流程，谨慎选择好每一台单机。

二、开清棉机械的分类及其工艺流程

现行的开清棉机械，按其作用可分为下列四类。

1. 抓棉机械　抓棉机是从众多的棉包中精细抓取棉束。它具有开松与混和作用。

2. 混、给棉机械　混棉机可将抓棉机或开棉机输送来的原料充分混和，并有一定的扯松和除杂作用。给棉机和成卷机相配套，其主要作用是均匀给棉，同时也有一定的扯松与混和作用。

3. 开棉除杂机械　开棉机可对原料进一步开松，并除去大部分杂质。

4. 成卷机械　可对原料进行细致地开松和除杂。利用均匀装置控制输出棉量，以保证棉卷均匀；若采用清梳联，就不需设置成卷机械而是利用压力平衡法控制输出棉量，以保证棉流均匀。

上述各类机械通过风管、凝棉器和配棉器等连接，组合成开清棉联合机。20 世纪 50 年代中期，我国开始成批生产 54 型开清棉机组，装备了当时国内一大批新建棉纺厂。60 年代中期，我国又制造了一批接近当时国外先进水平的第二代开清棉联合机组 LA 型，其中以 LA004 型（L 表示联合机，A 表示棉纺，0 表示开清棉，01 表示第一种型号）在国内企业中配备较多，也曾作为更新设备替代过去的旧机组。但 LA 型机组还不能适应生产高档产品的质量要求。存在混料包数少，开松不充分，混和不均匀，单机除杂效率低，品种适应性差等问题。80 年代以来，在消化吸收引进技术并结合国内科研成果的基础上，遵循精细抓取、多包取用、均匀混和、渐进开梳、早落少碎、少伤纤维的指导思想，研制了第三代开清棉机组 LFA 型。联合机的组成，可根据原料和产品情况，进行多种组合的选择。国产 LFA004 型开清棉机组的工艺流程为：

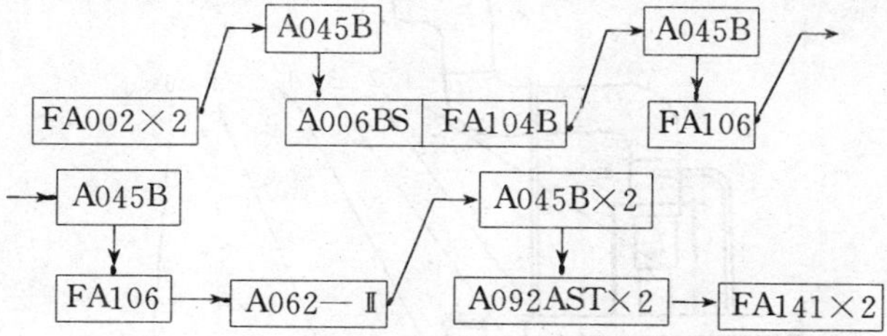

其中 FA002 为并联式抓棉机；A045B 为凝棉器；A006BS 为混棉机；FA104B 为六辊筒开棉机；FA106 为豪猪开棉机；A062—Ⅱ 为两路电气配棉器；A092AST 为双棉箱给棉机；FA141 为单打手成卷机。

第二节　抓棉机械

一、抓棉机械的种类

在开清棉加工的开始阶段，需要将各种原棉按规定的配棉比例，喂入机器使之混和。该项工作是由抓棉机械来完成的。目前，这类机械的种类和型号很多，但其作用原理基本相同，据结构特点的不同可分为两大类。

1. 往复直行式　抓棉小车直行往复抓棉，如FA006型、A1/2型等。

2. 环行圆盘式　抓棉小车相对于棉包台作环行回转抓棉，如A002D型、FA002型等。

二、抓棉机的机构

1. FA002型自动抓棉机　该机结构如图3-1所示。它主要由伸缩管1、抓棉小车2、抓棉打手3、中心轴4、内圈墙板5、外圈墙板6、地轨7等组成。抓棉小车包括打手、肋条

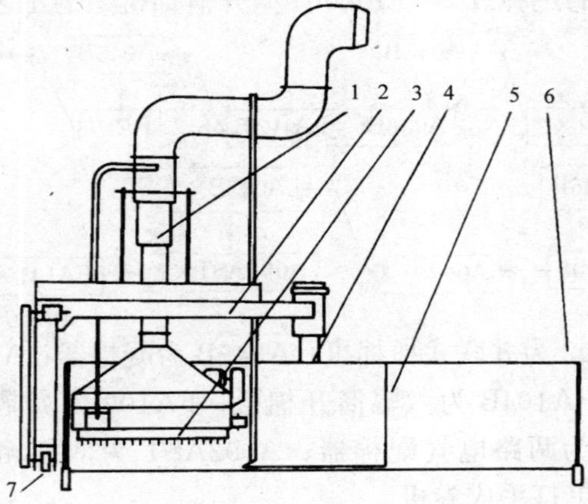

图3-1　FA002型自动抓棉机

1—伸缩管　2—抓棉小车　3—抓棉打手　4—中心轴　5—内圈墙板　6—外圈墙板　7—地轨

等机件。抓棉打手的结构如图3-2所示，它由锯齿刀片串装组成，其齿数自里向外由稀到密分为三组，以补偿径向抓棉的差异，每齿为一抓取点，打手每转一周，每齿刀片即抓取一束棉，并随抓棉小车的移动，连续抓取。抓棉小车的机架由支架连接，内端由中心轴支承，外端由支架下部两只滚动轮

支承，滚动轮沿圆形地轨作顺时针回转，小车每转一圈即将棉包抓低一层。抓棉打手的升降由电动机通过链轮、链条、四个螺母与四根丝杆传动。外侧两个螺母固装在支架上，由两根丝杆传动，螺母沿丝杆升降；内侧两根丝杆固装在支架上，由两个螺母传动，丝杆沿螺母升降。抓棉小车每运行一周，抓棉打手则下降一动程，此动程称为抓取深度。抓棉小车运行时，借助肋条压紧棉包表面，打手刀片自肋条间逐层抓取棉块，经可伸缩的垂直输棉管，由前方机台的气流吸走。

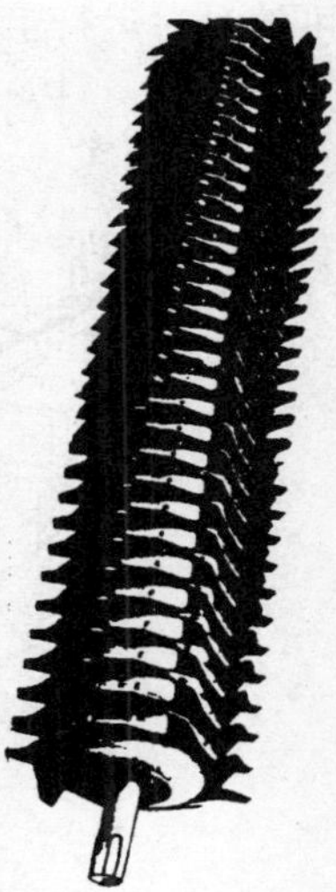

图 3-2　抓棉打手的结构

FA002 型抓棉机的先进性表现为：两台并联使用，混棉包数可达 40～50 包，利于多包抓取；抓棉打手采用稀密齿数，减少了棉块间大小的离散性，提高了混和效果。

2. 瑞士立达 A1/2 型抓棉机　该机主要结构如图 3-3 所示，由转塔、抓棉装置、运行轨道等组成。棉包能以横竖两种方式放在轨道两侧的一定位置，每侧最多可以放置 130 个棉包，最多可分为四个不同高度的棉包组，每组之间的间隔最小为 1.2m，最大为 1.5m。如果抓棉机后面的开棉生产线按一定的要求配置，还可分别配送两套机组，达到一台抓棉机同时加工两个不同的品种。转塔可在底座上旋转 180°，以抓取位于轨道两侧的棉包。置于机器开关箱内的微处理机能精确控制和选择棉包的抓取顺序。对于抓棉机的产量、抓取深度、往复动程、打手齿尖伸出肋条的距离等，可用数模输入电脑进行控制，不需要进行机械调节操作，电脑有显示，且可随时对运行工艺状态进行查询和及时调整。

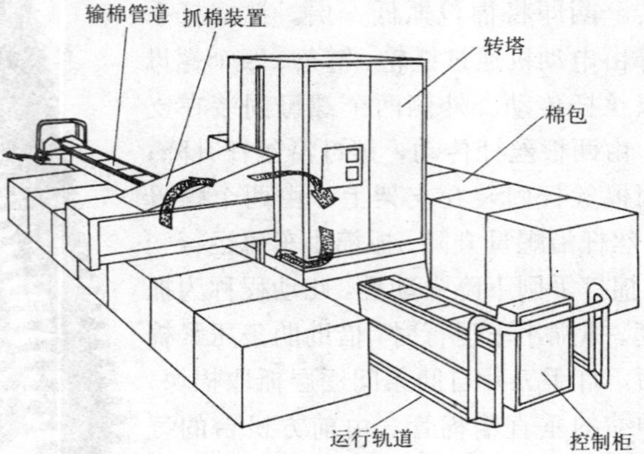

图 3-3　A1/2 型抓棉机

三、抓棉机的作用

1. 抓取与开松作用　抓取就是对棉包中紧密棉块的分离。它是通过肋条的紧压作用借助于打手锯齿的钩抓作用来实现棉块的分离。抓棉机的工艺要求为所抓取的棉束要尽量的小，因为棉束小，杂质暴露在其表面的机会就多，也就易于除去；棉束小，纤维就更容易混和均匀；棉束小，可以避免在气流输送中由于棉束重量差异大而造成的分类现象；棉束小，可形成细微均匀的棉层，以利于均匀度的改善；棉束小，可大大推进开棉的进程，向开棉梳理化发展，即用密梳针、锯片、锯齿打手使开棉的棉束更轻，为梳棉做好预梳工作。

抓棉机既要满足流程对产量的要求，又要使抓取的棉束小，可以通过提高打手转速，减小打手在单位时间内每个刀片的抓取量来达到；也可以通过减小打手刀片伸出肋条的距离以及减小抓取深度来达到，这也必须提高打手转速以保证产量。但是由于机械条件的限制，速度的提高是有一定限度的。显然主要的途径在于改进打手的结构，改善打手的性能。FA002型抓棉机由于采用了锯齿刀片，表面总齿数大大增加，同时两机台并联使用，因此在精细抓棉方面已达到国际先进机型的水平。

2. 混和作用　抓棉机的混和作用是指抓棉装置运行一个抓程就抓取一组按一定配棉比例组成的混和棉，并且由气流输送给下道机台，实现不同原棉的混和。可见其混和作用仅仅是初步的，仅仅为后道机台的混和提供必需的基础条件。而要打好这个基础，首要的工作就是精细抓棉，多包取用；其次，要提高抓棉装置的运转效率；第三，按照棉包排列图上包，严格操作管理工作。

第三节　混、给棉机械

混、给棉机械可归纳为两大类。一类是棉箱机械，可分为以混棉作用为主的混棉机和以均匀给棉作用为主的双棉箱给棉机，它们都具有较大的棉箱和角钉机件，利用大的棉箱对原料进行混和，利用角钉机件进行撕扯，自由开松，利用打手、尘格等清除杂质，利用棉箱内棉量的控制装置达到均匀喂给。另一类是分格多仓混棉机，它对纱布质量的均匀稳定以至产品的匀染性，有着十分重要的作用。

一、棉箱机械

该类型的机器有自动混棉机和双棉箱给棉机，就其功能和位置来说，前者以混和为主，靠近喂棉机械，后者以均匀为主，靠近成卷机械。

（一）棉箱机械的机构

1. A006BS、CS 型自动混棉机　其结构如图 3-4 所示，棉流由光电管控制，经凝棉器 7 喂入本机，落入摆斗 10 的两个金属翼片之间，由于翼片的摆动，将棉块横铺于水平帘 8 上，成为多层混和的棉堆。水平帘与压棉帘 6 同速，将棉堆夹持

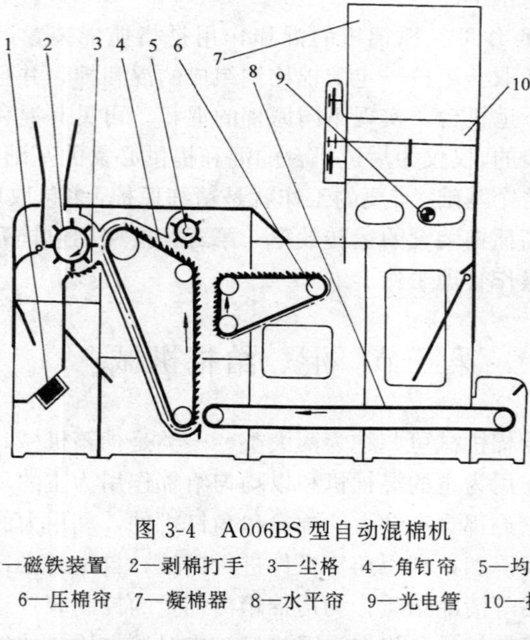

图 3-4　A006BS 型自动混棉机

1—磁铁装置　2—剥棉打手　3—尘格　4—角钉帘　5—均棉罗拉　6—压棉帘　7—凝棉器　8—水平帘　9—光电管　10—摆斗

并逐渐压缩，纵向喂给角钉帘 4，再在具有速度差的压棉帘和角钉帘的同向夹持下向上输送，在此过程中对棉束有撕扯作用。角钉帘向上带动棉块通过均棉罗拉 5 时，由于两者运动方向相反，故对棉块施行撕扯和打击作用，并将多余的棉块回击到压棉帘上，返回棉箱再与棉堆混和。调节角钉帘与均棉罗拉间隔距，可改变输出棉量。角钉帘的前方有剥棉打手 2 能将角钉帘上的棉束剥下，并击到剥棉打手外围的尘格 3

上，部分较大杂质被抛出。被撕扯打击后的小棉束由于前方气流吸力的作用而输出。对于 A006BS 型而言，利用间道隔板调节有上、下两种出棉方式。若采用下出棉，则棉束从剥棉打手下方输出，经磁铁装置 1 除去部分铁杂后到下台机器。对于 A006CS 型而言，只有上出棉方式，无磁铁装置。棉箱中的光电管 9 动作迅速，灵敏可靠，利用它控制抓棉小车的开停，从而保持棉箱存棉量的稳定，以利于角钉帘抓取棉量的稳定和输出棉量的均匀。

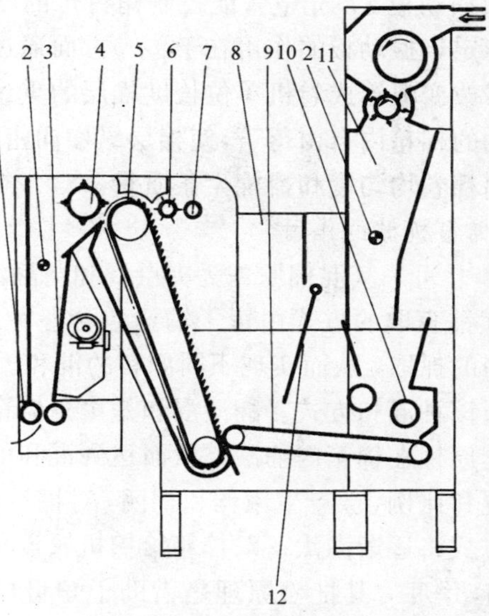

图 3-5　A092AST 型双棉箱给棉机

1—输出罗拉　2—光电管　3—振动板　4—剥棉打手　5—角钉帘
6—均棉罗拉　7—清棉罗拉　8—中储棉箱　9—输棉帘
10—出棉罗拉　11—后储棉箱　12—摇板

2. A092AST（FA046A）型双棉箱给棉机　其结构如图

3-5所示。棉流由后光电管控制，经凝棉器喂入后储棉箱 11，箱内的调节板能调节棉箱容量以适应前方机台的产量。光电管 2 能控制配棉器进棉口活门的启闭，以保持箱内棉量的稳定。出棉罗拉 10 受摇板 12 的控制向中储棉箱 8 输送或停送原棉。中棉箱的输棉帘 9 将原棉向前输送，角钉帘 5 向上拖带，受均棉罗拉 6 的撕扯，并由剥棉打手 4 剥取，均匀喂入振动棉箱，然后由输出罗拉 1 送给成卷机。清棉罗拉 7 的作用是清除残留在均棉罗拉上的原棉。前棉箱即振动棉箱内有光电管 2 和振动板 3，光电管能控制角钉帘的动作以保持箱内棉量的稳定，振动板的作用在于：一方面通过其振幅和频率的调节，改变喂给成卷机单位长度棉层的重量，另一方面棉束在振动的棉箱内自由落下，使棉层纵横向密度均匀一致，有利于提高棉卷均匀度和梳棉生条质量。

（二）棉箱机械的作用

1. 混和作用　其混棉原理为夹层混和与翻滚混和。夹层混和是按横铺直取的方式由帘子输送包含各种成分的棉堆，接受角钉帘的抓取，从而实现不同原料的混和。A006BS、CS型混棉机属该种混和方式。翻滚混和是由角钉帘抓取输送的原棉，引起原棉在棉箱内翻滚，从而达到混和的目的，但翻滚会破坏混和比例，会产生束丝和棉团，对棉卷质量不利，因此，这种方式将逐渐淘汰。双棉箱给棉机属该种混和方式。

2. 扯松作用　其扯松原理是借助于角钉机件之间或角钉机件与打手刀片之间的相对运动来实现对棉块的撕扯。例如角钉帘与水平帘、压棉帘、均棉罗拉、剥棉打手之间，由于相互有相对速度，这就破坏了棉块自身的联结，产生了扯松作用。机件之间的隔距、运动件的速度以及角钉的倾角、密度、长短、粗细等规格都对扯松的程度有影响。例如均棉罗拉与角钉帘间的隔距小，角钉刺入棉块就深，开松效果就好，且过大的棉块不易通过，出棉均匀稳定。但隔距过小会使产量降低。A006BS、CS型的隔距采用40～80mm，A092AST型采用0～40mm。再如角钉帘线速度升高，则单位时间带过的棉量增多，产量增加，同时角钉帘与压棉帘间的扯松作用增强，但角钉帘上单位长度棉量受均棉罗拉的打击次数减少，致使开松作用减弱。就总体而言，角钉帘线速度对产量的影响较大，而对扯松作用的影响较小。

3. 均棉作用　均棉作用是指单位长度棉量输出的均匀一致性。棉箱机械均棉作用的基本手段有三个，其一是调整均棉罗拉和角钉帘间的隔距。隔距大，输出的棉量波动大；隔距小，只允许小棉束通过，输出量均匀稳定，开松良好，但产量降低，因此在满足产量的前提下，隔距以偏小为宜。其二是调节振动板的振幅和频率，使自由落入振动棉箱的棉束所形成的棉层在输出时保证纵、横向密度均匀。第三是利用光电管和摇板控制棉箱储棉高度。只要能使存棉高度保持一定就能达到输出量均匀。例如A092AST型棉箱给棉机的前光电管能控制角钉帘的动作，以稳定前棉箱的存棉高度，有利于输出罗拉均匀输出。摇板能控制后棉箱出棉罗拉的动作，以保证中棉箱棉量的稳定，有利于角钉帘抓取量的一致。后光电管控制配棉器进棉口活门的启闭，以保证后棉箱的存棉高度，有利于出棉罗拉向中棉箱的均匀输送。总之，三个棉箱内的均匀装置能紧密配合、环环相扣，使得该机具有较好的均匀给棉作用。

4. 除杂作用　除杂部位主要在剥棉打手与尘格处，另外角钉帘下尘格处、凝棉器尘笼网孔处、吸铁装置处也能除去部分杂质。混棉机械的除杂，要求大而易分裂的杂质如棉籽、籽棉等，应尽量早落和多落，以免此类杂质在以后的加工中被打手击碎或被给棉罗拉压碎，不易清除。一般来说，混棉机的除杂效率（单机落杂重量占喂入原棉含杂重量的百分率）在10%左右，落棉含杂率（单机落棉中杂质重量占单机落棉重量的百分率）应控制在70%以上。影响除杂作用的主要工艺参数有：组成尘格的尘棒之间的隔距，一般为10～13mm；剥棉打手与尘棒间隔距，一般进口为8～15mm，出口为10～20mm；剥棉打手转速，一般采用400～600r/min。若过低，棉块对尘棒的撞击力小，落棉减少，清除作用降低；若过高，易出现返花，形成束丝或棉结。

二、多仓混棉机

混和均匀是开清棉工艺流程极为重要的作用。采取A002型抓棉机配A006型混棉机，混和作用比以前有所改进，但由于抓棉机因棉包高低差异、混棉机棉箱存棉量过小等原因，造成混和不够均匀，使本机只能生产一般产品。若要生产高档产品，就要使用混和性能更优的多仓混棉机。

（一）多仓混棉机的结构和特点

1. **FA022型多仓混棉机** 该机分4仓、6仓、8仓、10仓四种型式。其结构如图3-6所示，棉流被输棉风机1吸入，压入输棉管道3逐仓喂入仓内。各仓由挡板活门2控制给棉，末端最后一仓无活门，输棉管道两侧的排气管道7与各仓隔板5上部的网眼板4相通，以排放仓内空气。当一个棉仓喂料时，料气分离，储棉增高，仓内气压增大，仓内外产生压差，至设计定值，压差开关发生作用，控制电气转换器，在气动作用下使该仓活门翻闭，同时次一个棉仓的活门则自动开启，如此连续进行。在第二仓处设有高度限位光电开关6，控制后方机台的喂棉。各仓的棉层在其下方给棉罗拉11的握持下，由开棉打手10开松，排入混棉通道9内，各仓输出原料顺次迭加，完成混和，由出棉管8将棉流输出机外。

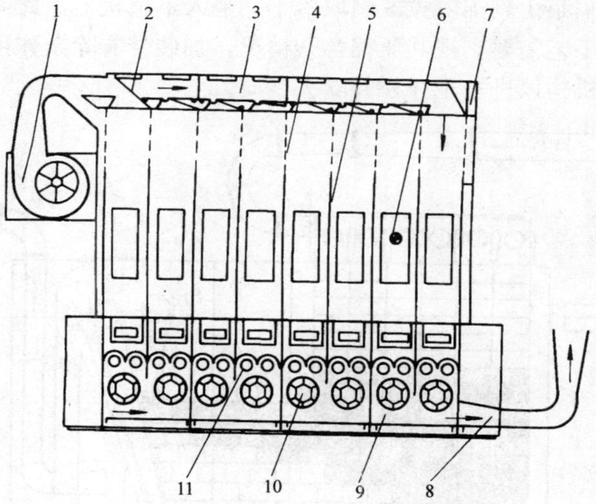

图 3-6 FA022型多仓混棉机

1—风机 2—挡板活门 3—输棉管道 4—网眼板 5—隔板 6—光电开关 7—排气管道 8—出棉管 9—混棉通道 10—开棉打手 11—给棉罗拉

FA022型多仓混棉机的主要特点是：采用气流配棉，棉流逐仓顺序喂入，阶梯、储存，同步输出，多仓混棉。采用气流输棉，纤维在仓内受气流压缩，密度高，容量大。各仓不同时喂入而同时输出的延时时间长，有效地解决了长周期的混和不匀，保证了混比的稳定。

2.FA025型多仓混棉机 其结构如图3-7所示，棉流经输棉管道1同时均匀配入六只并列垂直的棉仓2内，气流由网眼板排出。六仓中紧密一致的棉层落到输送帘3上后，经给棉辊 4 转过 90°呈水平方向输出，继而受到角钉帘 5 的扯松，均棉罗拉 7 将过多的原料击回小棉箱 6，角钉帘带出的更小的棉束由剥棉罗拉 8 剥取落下，喂入下道机器。此间也可根据工艺需要，视其原棉含杂情况，加装带有除杂作用的开松辊机构以进一步开松并除去杂质。

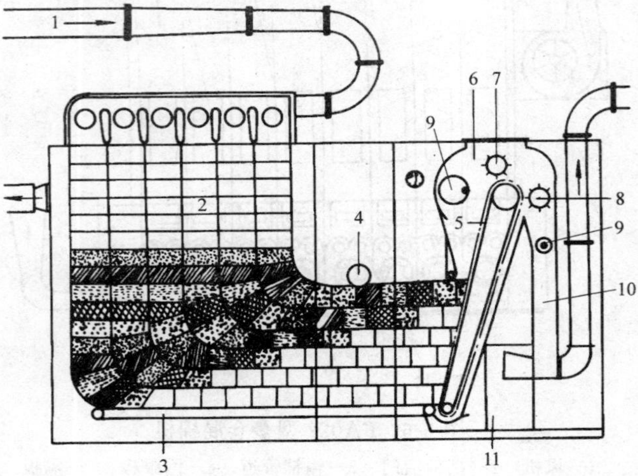

图 3-7　FA025 型多仓混棉机

1—输棉管道　2—棉仓　3—输送帘　4—给棉辊　5—角钉帘　6—小箱　7—均棉罗拉　8—剥棉罗拉　9—光电管　10—储棉箱　11—尘箱

FA025 型多仓混棉机的主要特点为：采用多种技术手段混和。第一次是各种原料同时输入各棉仓，形成瞬时混和；第二次是原料由各仓输出时，由于经过的路程不同，形成时差和叠并混和；第三次是由均棉罗拉将多余原棉打回棉箱，形成细微混和。

（二）多仓混棉机的作用

1. 混和作用　FA022 型多仓混棉机以人工控制形成的

仓间高度阶梯差为基础，以各仓不同时喂入而在仓底同时输出所形成的时间差来实现混和作用，这种混和方式称为时差混和。图 3-8 说明从六仓混棉机同一时间输出的原料中包括不同时间喂入的原料（图中以 A_6、B_5、C_4、D_3、E_2、F_1 表示）。图中的成分数与仓数相等。这只是一种理想情况，实际情况将更为复杂。FA025 型多仓混棉机是以设计的仓间路程差为基础，并以对各仓同时喂入，通过不同时输出而形成的时间差来达到混和作用（如图 3-7）。以上两种多仓混棉机相比较，FA025 型的混和效果优于 FA022 型。其原因是 FA025 型每一瞬时输出的混和成分相对稳定，而 FA022 型几种不同成分的原料同时出现的几率并不大，即同时输出的混和成分不稳定；FA025 型各仓纤维密度相同，而 FA022 型各仓纤维密度有差异；FA025 型具有均棉罗拉与小混和棉箱，而 FA022 型则没有。

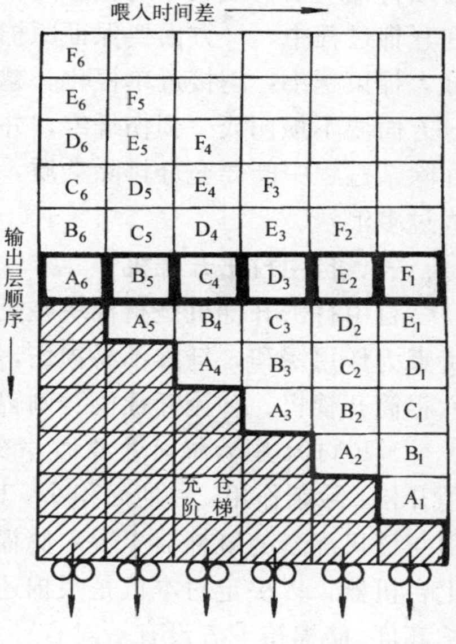

图 3-8 理想的时差混和

2. 开松作用 FA022 型多仓混棉机的开松作用产生在各仓的底部，即用一对给棉罗拉握持原料，并用开棉打手打击开松。FA025 型多仓混棉机的开松作用产生在储棉箱内，即利用角钉帘的抓取、均棉罗拉的扯松、甚至锯齿打手与尘格的打击、撞击产生开松作用。

第四节　开棉机械

原棉的开松与除杂是相辅相成的，要清除原棉中的杂质，必须将棉块松解成较小的棉束，破坏纤维与杂质之间的联结。在开棉过程中，一方面要保证原棉得到充分开松，开松越充分，棉束越小，越接近单根化，越利于除杂与混和均匀。另一方面要不损伤或少损伤纤维，并尽量避免杂质破碎。同样在除杂过程中既要充分排除杂质，又要防止可纺纤维损失造成过多浪费。

一、自由打击开棉机

自由打击开棉机是指棉块在无握持状态下接受打击，其特点为作用缓和，纤维不易损伤，杂质不易碎裂。其机械有六辊筒开棉机、轴流开棉机、刺辊开棉机等。

1. FA104 型六辊筒开棉机　该机也叫梯式开棉机，兼顾了开松、除杂作用，占地面积小，其机构如图 3-9 所示。棉流由与该机配套的凝棉器 1 喂入储棉箱，箱内的光电管 2 控制上台机器，以决定对本机是喂棉还是停止喂棉，从而稳定储棉高度。储棉箱下方设有一对直径为 200mm 的给棉罗拉 3 将原料依次喂给自下而上呈 45°倾斜角排列的六只辊筒 4，每只辊筒的直径为 455mm，上面分布有四排截头锥体角钉，辊筒的速度（r/min）自下而上分别为 448、494、498、545、632、698。在此，棉块受到角钉的自由打击、两辊筒角钉间的撕扯达到开松作用。同时在前五只辊筒下方装有扁钢振动尘棒 6，棉块在尘棒和辊筒的反复作用下受到撞击、振颤而逐渐开松，杂质通过尘棒间隙落入车肚，车肚与吸落棉管 5 连接，经吸落棉系统收集处理，纤维被下机台的凝棉器气流吸引从出棉口 7 输出。

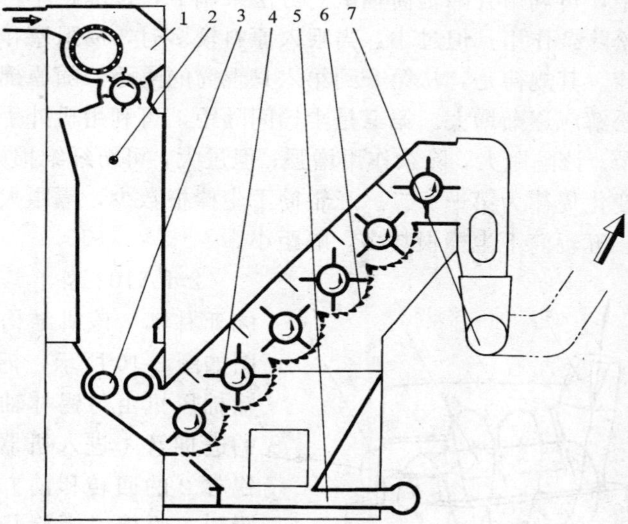

图 3-9　FA104 型六辊筒开棉机

1—凝棉器　2—光电管　3—给棉罗拉　4—辊筒　5—吸落棉管　6—尘棒　7—出棉口

FA104A 型六辊筒开棉机与 FA104 型的不同点在于前者储棉箱下部有刀片打手与尘格。FA104B 型与 FA104 型相比较前者没有储棉箱。

六辊筒开棉机开松除杂效能强而作用缓和，除杂效率可达 20%左右。合理选择有关工艺参数，可充分发挥其清除不孕籽、棉籽等大杂质的作用。影响六辊筒开棉机开松除杂作用的主要工艺参数有三条：其一是辊筒转速，速度高，开松除杂作用增强；但过高，易造成辊筒返花，产生束丝，使棉结增多。具体应根据原棉的品级而定。其二是辊筒与尘棒间隔距，可利用升降辊筒轴承的方法来调节，该隔距小可加强开松除杂作用；但过小，当喂入原料较多时，易阻塞和打坏尘棒。其规律是，从第一到第六只辊筒的隔距，随原棉的逐步松解应逐渐增大。第三是尘棒间隔距，可利用机外手轮来调节。该隔距大，除杂作用增强；但过大，可纺纤维损失多。其变化规律为第一、二、三辊筒下尘棒根数少，隔距大，第四、五辊筒下尘棒根数多，隔距小。

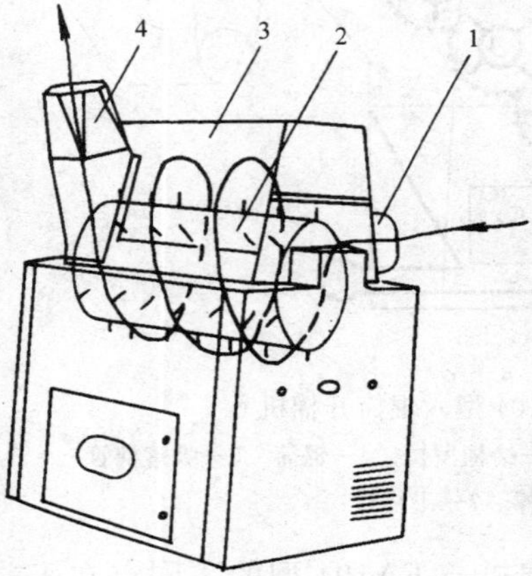

图 3-10　FA102 型开棉机示意图

1—进棉管　2—锡林

3—上罩盖　4—出棉管

2. FA102 型单锡林轴流开棉机　该机结构示意图如图 3-10 所示，棉流经输棉风机由与锡林轴垂直的进棉管 1 进入机器，随锡林 2 的回转和前方气流吸引，原棉以螺旋状绕锡林向前运动，上罩盖 3 内设有三块倾斜导流板使棉流旋转二周半，回转中与锡林下半圈包围的两组可调尘格作用三次，可充分除杂，然后由出棉管 4 进入下道机台。

该机仅由一只打手、两组尘格和机壳组成，结构简单、运转可靠、维修保养方便；采用自由打击，纤维不易损伤，杂质不易破碎；在封闭导流控制下不返花，不会产生萝卜丝，有利于减少棉结。经生产试验，原棉含杂为 2%～2.5%时，本机位于抓棉机与混棉机间，除杂效率可达 27%左右。

二、握持打击开棉机

握持打击开棉是指棉层在给棉罗拉的握持下接受打手的打击。该类机械有豪猪开棉机、锯齿开棉机等，其特点是作用剧烈，开松除杂作用较强，其打手机件的型式有豪猪、梳针、锯齿等三种，以便按照原料的不同来变换，有利于提高流程的通用性及缩短工艺流程。

（一）握持打击开棉机的工艺过程

1. FA106 型豪猪开棉机　其结构如图 3-11 所示。由本机上部的凝棉器 1 所产生的吸棉气流将上一机台的原棉输入储棉箱 2，箱内的调节板 11 可改变棉层厚度，光电管 3 控制棉箱存棉量。棉箱下方的一对集束罗拉 4 和一对给棉罗拉 5 共同组成给棉装置。以 14～17r/min 回转的给棉罗拉握持棉层，接受豪猪打手 7 的打击、分割和撕扯，并借助与尘棒 8 的撞击以及尘棒和打手的共同作用，使棉块得到充分地开松，被分离的杂质和短绒通过尘棒间隙落入车肚。豪猪打手由 19 个圆盘串联组成，其结构如图 3-12 所示。它的直径为 610mm，每个圆盘上的 12 齿矩形刀片按不规则排列，打手速度为 480、540 或 600r/min。在打手周围$\frac{3}{4}$的圆周上安装有由尘棒组成的尘格。开松除杂后的较小棉束借助于下一台机器的凝棉器吸引由出棉管 6 输出（图 3-11）。

车肚后部呈封闭状态称为“死箱”，是主要落杂区。车肚前部有开闭活门以补入气流，称为“活箱”，采用它可使部分纤维随补入气流回到打手室 10，达到回收的目的。车肚底部有输杂帘 9，将杂物输出机外，或与吸落棉系统相接，收集处

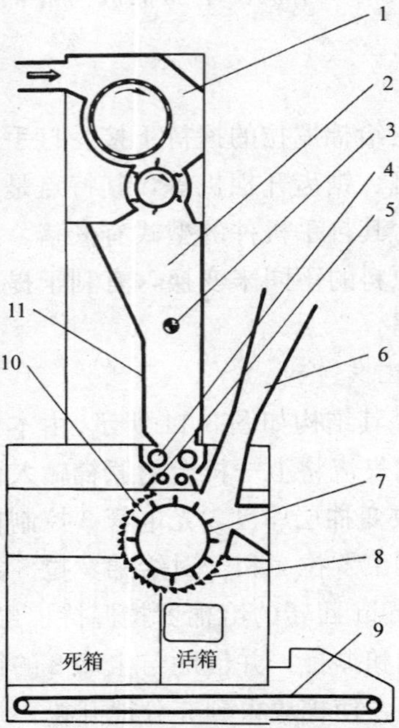

图 3-11　FA106 型豪猪开棉机

1—凝棉器　2—储棉箱
3—光电管　4—集束罗拉
5—给棉罗拉　6—出棉管
7—豪猪打手　8—尘棒
9—输杂帘　10—打手室
11—调节板

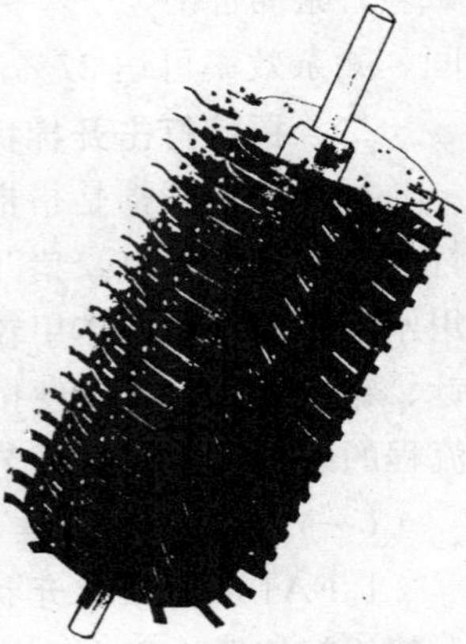

图 3-12　豪猪打手的结构

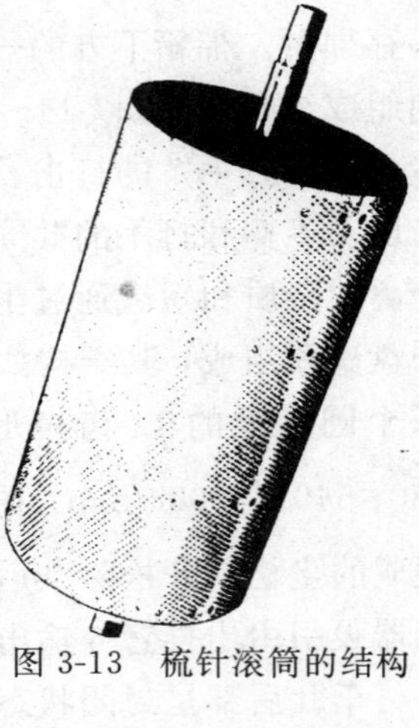

图 3-13　梳针滚筒的结构

理。本机可加工各种等级的原棉，具有较强的开松作用和较高的除杂效果。

为适应化纤纺纱需要，另有系列设备 FA106A 型，整机结构与 FA106 相同，不同点是以多块针板组成的直径为 600mm 的梳针滚筒打手取代豪猪打手，其结构如图 3-13 所示，滚筒进口包围的$\frac{1}{4}$周尘棒改为光板，保留其余$\frac{1}{2}$周尘棒除杂。其目的在于加强梳理，清除并丝、硬丝等疵点，减少可纺纤维的损失。

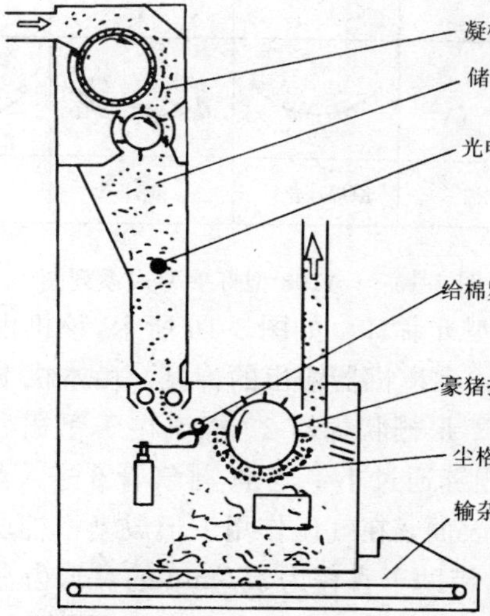

图 3-14　FA107 型豪猪开棉机

FA 系列豪猪开棉机还有 FA107 型、FA108 型。FA107 型豪猪开棉机的机构如图 3-14 所示，以天平给棉装置、单根曲杆配套重锤，水平握持给棉喂入。该机系列设备 FA107、FA107A、FA107B 以打手型式区别，分别配装直径为 460mm 的豪猪打手、三翼梳针打手、锯片打手。FA108 型豪猪开棉机的机构与 FA106 相似，该机系列设备的打手型式如图 3-15 所示。

机型	FA108	FA108A	FA108B	FA108C
打手型式		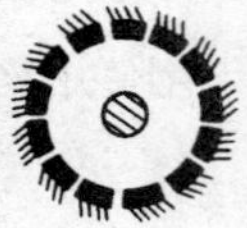		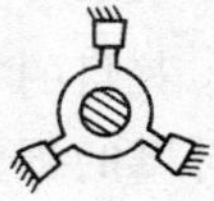
尘格型式	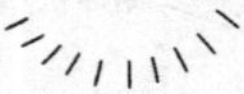			
原料品种	原棉	原棉、化纤	化纤	化纤

图 3-15　FA108 型打手型式系列图

2. **FA111 型开棉机**　如图 3-16 所示，该机由喂给部分和开棉部分组成。上道机器输出的棉流，由本机上方的高速输棉风机 1 打入 T 形栅状棉箱 2。棉流在 T 型栅处产生棉、气分离，气流由栅缝通过小尘笼 4、排气管 9 进入滤尘室。原棉凝聚于 T 型栅表面，在气压作用下形成紧密棉层，由给棉罗拉 5 握持喂下，借助于直径为 400mm 的鼻形齿盘打手或锯齿辊筒打手 6 及其下方的六只除尘刀 7，对原棉开松、除杂，而后由出棉管 3 输出。机下车肚落物可以配装吸落棉管道 8，由自动吸落棉系统及时清除，也可以人工定时清掏。

该机的原棉喂入，由 T 形栅板棉箱储棉高度感应远红外开关控制上道机台供棉或停止给棉。输棉风机和锯齿打手为常运转。给棉罗拉在前方机台是否要棉信号的作用下，控制给棉电动机启动和停止，达到原棉定量供给。

该机的特点为：利用离心风机吸送棉流，输棉积极，效率高，不噎车。配有全幅透视玻璃的 T 型栅板棉箱，看管直观。利用尘笼网孔排出细杂、短绒，有益于成纱品质。利用锯齿分梳开松，易于棉杂分离，获得细小棉束。利用除尘刀的作用，能有效排除杂质。

（二）影响开松除杂作用的主要因素

握持打击开棉机主要利用开棉打手和尘格或除尘刀起到开松除杂的作用。合理选择有关工艺参数，可充分发挥其作用。对于国内棉纺织行业广泛使用的豪猪开棉机来说，影响开松除杂的主要因素有：

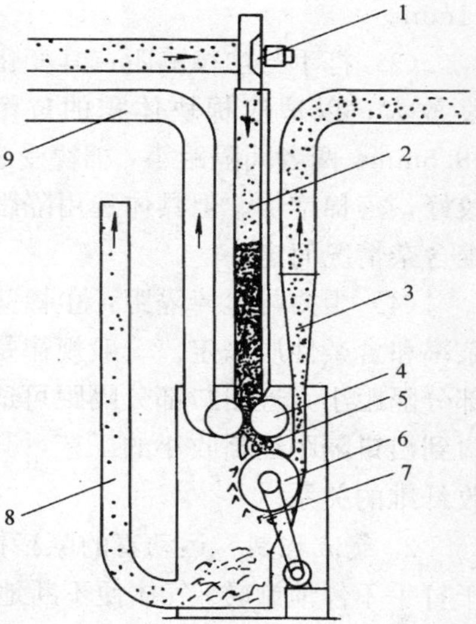

图 3-16　FA111 型开棉机

1—输棉风机　2—棉箱　3—出棉管
4—小尘笼　5—给棉罗拉　6—打手
7—除尘刀　8—吸落棉管道　9—排气管

1. 工艺配置

（1）打手速度：速度的高低直接影响打手对棉层的打击程度。当给棉量一定时，打手速度高，则开松除杂作用强；但速度过高，杂质易碎裂，且输出的纤维中束丝增多，落棉含杂率降低。打手速度一般采用 500～700r/min。在加工细长纤维、含杂少或成熟度较差的原棉时，打手速度可偏低配置。

（2）打手与给棉罗拉隔距：该隔距小，刀片刺入棉层深，开松作用增强；但隔距过小，易损伤纤维，致使短绒增加。因此该处隔距的大小应根据加工棉层的厚度和纤维长度来定。纺制中特纱时，一般采用 6～8mm；在加工化纤时，可采用

11mm。

（3）打手与尘棒隔距：其变化规律为自进口到出口应逐段放大，以适应棉块体积的逐渐增大。变化范围为10～18.5mm。两者间隔距小，棉块受尘棒阻刮作用强，开松作用较好，落棉增加。但具体选用隔距时，还要根据给棉量和原棉含杂情况而定。

（4）尘棒与尘棒隔距：尘棒间隔距的大小应根据原棉含杂率和含杂性质来定。一般规律是入口部分隔距较大，中间部分隔距小，近出口部分隔距可适当放大。也可以采用从入口到出口隔距逐渐收小的工艺，其着眼点是处理好落杂和回收纤维的关系。

2. 气流控制　运动着的豪猪打手相当于风机的叶轮，由于打手不停地旋转，气体便不断地排出和补入。在打手室内，运动着的杂质与棉块的体积和比重不同。杂质体积小、比重大，气流对其阻力小，容易与棉块分离后从尘棒间隙处落下；而棉块体积大、比重小，气流对其阻力大，再加上有尘棒的托持作用，使棉块不易下降。即使有部分纤维落出，遇到适当的气流从尘棒间补入时，还可以随气流返回打手室。因此，合理控制气流，既有利于提高机械的开清棉效果，又可节约用棉。基本方法是调节补风位置和补风量。

除上述开棉机之外，还有A035A、B型混开棉机，它可以替代LA系列流程中的A006B、A034和A036B三台设备，是集混和、开松、除杂于一体的高效能机台。另外还有FA101型四刺辊开棉机和FA061型强力除尘器等，前者能获得洁净小棉束，甚至达到单纤维状态，但对纤维有一定的损伤，使用中应合理调配工艺。后者是利用尘笼网孔除去微尘。二者常配套用于转杯纺纱的开清棉流程中。

第五节 成卷机械

对清梳联合机组而言，原棉经过开松、除杂、混和之后直接打入清梳联喂棉箱，以筵棉形态喂给梳棉机，并不需要成卷。但对传统的清梳分开的工艺流程而言，原棉经过抓棉机、混棉机和开棉机处理之后，还有相当数量的细小杂质、疵点和较大棉束，需经清棉成卷机更细微地开松除杂，并制成符合要求的棉卷。应指出的是，这种把原棉开松后再压紧成卷、压紧后再开松梳理的工艺路线并不符合系统优化的理论。但国内该传统工艺还占绝大多数。下面着重介绍 FA141 型单打手成卷机。

一、单打手成卷机的工艺过程

FA141 型单打手成卷机的机构如图 3-17 所示。棉层由 A092AST 给棉机输出，均匀落到本机输棉帘上，再由角钉罗

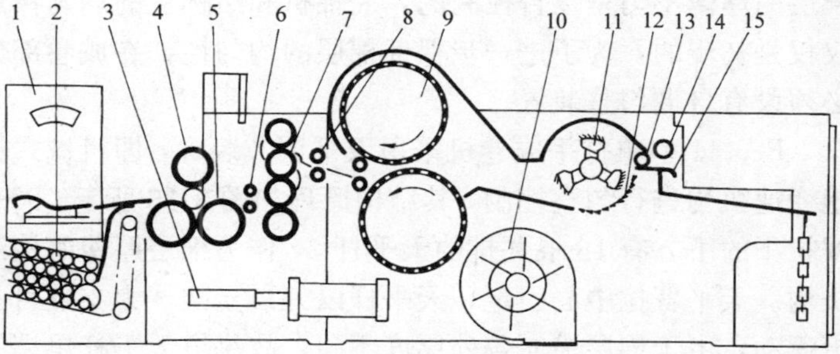

图 3-17 FA141 型单打手成卷机

1—棉卷秤 2—棉卷扦 3—加压装置 4—压卷罗拉 5—棉卷罗拉 6—导棉罗拉 7—紧压罗拉 8—凹凸罗拉 9—双尘笼 10—风机 11—打手 12—可调尘格 13—天平罗拉 14—角钉罗拉 15—天平曲杆

拉 14 引入由天平罗拉 13、天平曲杆 15 和铁炮等机件组成的天平调节装置。棉层在天平罗拉与天平曲杆的共同握持下缓慢喂入，接受打手 11 的打击和撕扯，将其抛向可调尘格 12，杂质从尘棒间隙落出，棉束受风机 10 的气流作用，吸附于双尘笼 9 表面，部分细杂短绒穿过尘笼网孔排至滤尘设备。回转双尘笼凝聚的棉层合并后，由一对剥棉罗拉剥下送给防粘凹凸罗拉 8，再经气动加压的四只紧压罗拉 7 反复压实，最后由导棉罗拉 6 送给棉卷罗拉 5 制成棉卷。在成卷过程中，渐增加压装置 3 能保证压卷罗拉 4 对棉卷的加压量逐渐增大。满卷后的棉卷由气动控制的外加压式自动落卷装置拨出落下，滚落到棉卷秤 1 的托盘上进行称量。

二、单打手成卷机的机构与作用

1. *天平调节装置的作用*　棉卷不匀率是衡量清棉成卷机工作好坏的主要指标之一。为了获得优质细纱，半制品从工艺过程一开始就应具有良好的均匀度。在开清棉联合机中，棉层的厚薄不匀是逐台控制的，混棉机和给棉机的均匀作用仅仅是初步的，为了进一步保证棉层的均匀性，在成卷部分必须设有自调匀整装置。

FA141 型单打手成卷机采用天平调节装置，即机械式铁炮变速机构进行匀整控制，其结构原理如图 3-18 所示。天平罗拉 1 的下方有 16 根并排的天平杆 2，作为棉层厚薄的检测机构。天平罗拉中心固定，天平杆以刀口支架 3 为支点可上下摆动，由于棉层横向各处厚度不同，故每根天平杆尾端的升降动程不同。每一天平杆的尾端各悬一连杆 4，两个相邻连杆用双臂杠杆 5 连接，双臂杠杆的中点悬一铁环，两个邻近的铁环再由双臂杠杆连接，依次类推。将 16 根天平杆各自的摆动量合成为八个双臂杠杆的摆动量，八个双臂杠杆各自的摆动量再合成为四个双臂杠杆的摆动量，进而四合成二，最后合成到总连杆 6 上。总连杆 6 与平衡杠杆 7 相连，平衡杠杆上带有平衡重锤 9，右端以 8 为支点。由于棉层厚度的不同，总连杆 6 的升降动程就不同，引起平衡杠杆左端的摆动量也就不同。该摆动量能通过调节螺杆 10、双臂杠杆 11、连杆 13 来放大，从而使皮带叉 14 移动铁炮皮带 15，使皮带在主动铁炮 16 和被动铁炮 17 上产生位移，改变铁炮传动半径。由于下铁炮是主动的且其转速恒定，故被动的上铁炮的转速由两铁炮变化着的传动半径所决定。上铁炮通过减速轮系 18 传动天平罗拉和后方的给棉机构实现变速。如果通过天平罗拉与天平杆间的棉层过厚时，天平杆头端下摆，尾端上升，平衡杠杆左端上升，铁炮皮带向主动铁炮的小端移动，天平罗拉转速随即减慢。反之，当棉层变薄时，铁炮皮带向主动铁炮的大端移动，天平罗拉随之加快。

显然，天平调节装置的基本原理是根据棉层厚度的变化，相应调节给棉速度，以保持在单位时间内，喂给棉层的体积甚至重量不变。因此，要满足下列关系式：

$$Q=Vhb\rho$$

式中：Q ——天平罗拉单位时间喂给量（kg/min）；

V ——天平罗拉的线速度（m/min）；

h ——棉层平均厚度（m）；

b ——棉层宽度（m）；

ρ ——棉层密度（kg/m^3）。

对一定的机型 b 是定值。如原料开松度稳定，则棉层密度变化不大，ρ 也可视为定值，当要求喂棉量 Q 保持恒定时，则

$$Vh=\frac{Q}{b\rho}=\text{常数}$$

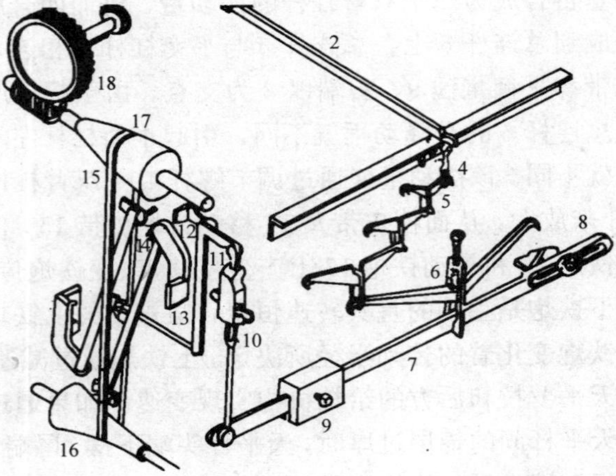

图 3-18 天平调节装置

1—天平罗拉 2—天平杆 3—支架 4、13—连杆 5、11—双臂杠杆 6—总连杆 7—平衡杠杆 8、12—支点 9—平衡重锤 10—螺杆 14—皮带叉 15—皮带 16—主动铁炮 17—被动铁炮 18—减速轮系

即天平罗拉的线速度 V 应与棉层的平均厚度 h 成反比，这便是铁炮外形曲线设计的主要依据。

上述机械式铁炮变速机构的机械制造精度较差，联动环节多，致使检测感应迟钝，控制传递缓慢，变速传动不准，引起匀整调节的滞后性较大。电子式自调匀整装置就克服了这些缺陷，其结构原理如图 3-19 所示。当天平罗拉和天平曲杆之间通过棉量发生变化时，连杆传递使总连杆重锤产生位移，安装在重锤上的位移传感器 3 能检测出此变化量，并使之转化为电压讯号，送到匀整仪 2 进行处理，然后调整传动天平罗拉的变速电动机 1，使天平罗拉的速度随喂入棉层的厚薄变化，来达到瞬时喂入棉量匀整一致，实现对棉卷的自动均

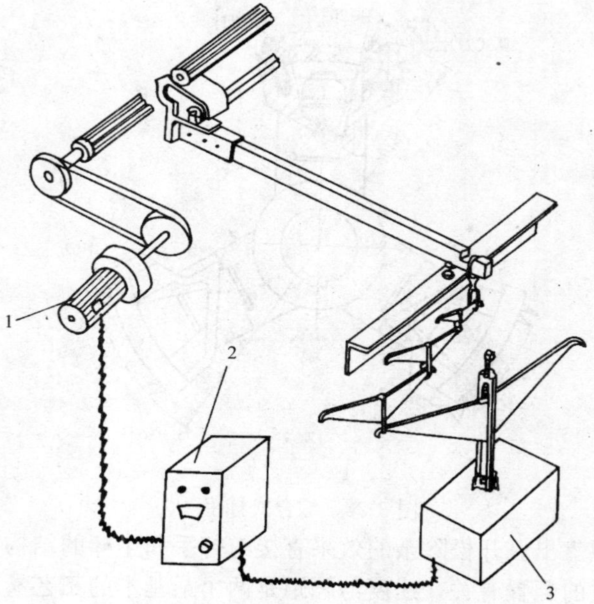

图 3-19　电子式自调匀整装置原理示意图

1—变速电动机　2—匀整仪　3—位移传感器

匀控制。

2. 开松除杂作用　开松除杂作用主要发生在综合打手与天平罗拉之间，以及打手与尘格之间。综合打手的结构如图 3-20 所示，在三个打手臂的梳针板前端各装一块钢质刀片，组成三翼综合打手。刀片厚 10mm，刀尖作用角 70°，梳针的高度前排低于刀片 2mm，以后逐渐加高，后排针高与刀片平齐，以达到逐渐刺入棉层的目的。综合打手对棉层的作用，首先是利用刀片对天平罗拉与天平杆握持的棉层施以较大的打击，然后再利用梳针施以较强的梳理作用，杂质从尘

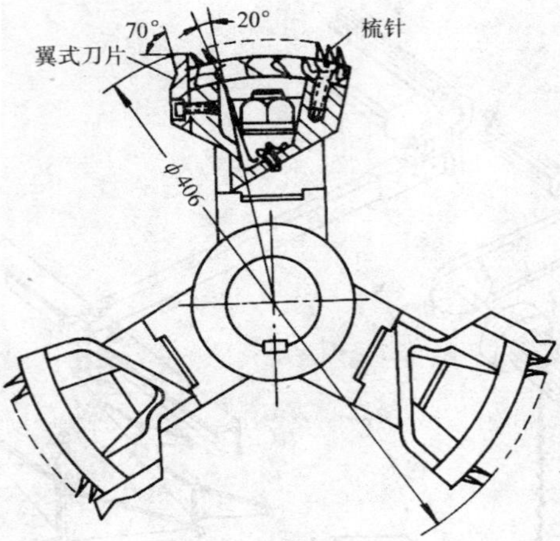

图 3-20　综合式打手

棒间隙落出。开松除杂的效果直接与打手和尘棒的结构、工艺参数的配置有关，速度与隔距是两个最基本的工艺参数。

3. 成卷作用　为便于运输和下一工序的继续加工，单打手成卷机必须把棉块凝聚成厚薄均匀的棉层，并制成一定长度、一定重量、成形良好、卷绕紧密的棉卷。

（1）尘笼和风机：尘笼是由冲孔的钢板围成的圆筒，圆筒两端开口与风道相通。下尘笼两端有挡板，并有调节板可调节开口的大小，以改变尘笼吸风量。其结构如图 3-21 所示，尘笼 1、风机 2 和风道 3 联接为一个系统，尘笼的作用有三，其一是利用风机产生的气流吸力把打手室的棉块吸向尘笼表面，凝聚成棉层。其二是在凝聚成层的过程中有均匀并合作用。其三是利用风机通过尘笼网孔吸风，可将含有短绒和细杂的气流经排风口排到滤尘室。

为保证棉卷横向均匀，工艺上要求风机的风量应大于打

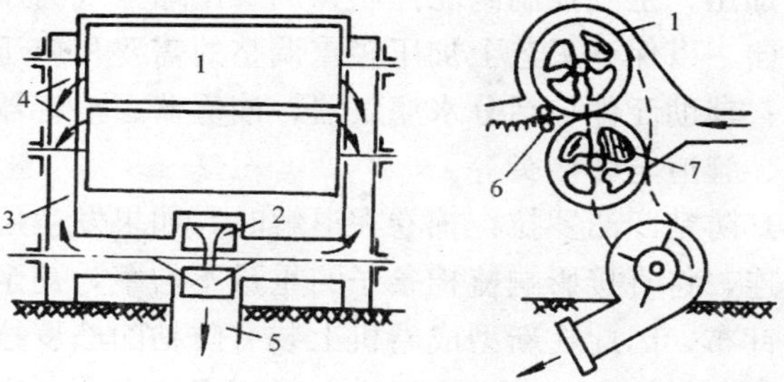

图 3-21　尘笼与风机的连接

1—尘笼　2—风机　3—风道　4—出风口　5—排风口

6—剥棉罗拉　7—调节板

手风量，且两者之间要维持一定的比例。同时还要提高横向气流速度分布的均匀性和开清棉机对棉块的开松程度。

（2）加压控制：要实现棉层卷绕紧密和棉层退解时少粘连甚至不粘连，棉层经尘笼和剥棉罗拉输出后，引入紧压罗拉，借助于外力和紧压罗拉的重力对棉层本身加压，以便使棉层成卷后层次分明，退解时不粘连。同时在成卷罗拉对棉层的卷绕过程中，依靠棉卷加压制动装置对棉卷施加压力，以便卷绕紧密。此外，随着棉卷直径的增大，在外加压力不变的情况下，棉卷单位纵截面所受的力将逐渐减小，从而造成卷绕大直径时呈膨松状态，引起卷绕不良。为解决此问题，需设置渐增加压装置，其作用原理为随着棉卷直径的增加，压力应逐渐增加。

FA141 型单打手成卷机采用气动加压装置，该系统由空气压缩机、气缸、空气控制阀及辅助元件等四部分组成。空压机能将机械能转换成压力能，并向气动系统提供压缩空气；气缸能将压缩空气的压力能转换成机械能，并驱动工作机械对棉卷加压；空气控制阀能控制和调节压缩空气的压力、流量和方向，以保证工艺上加压轻重调整的需要和施压与释压的要求；辅助元件包括分水滤气器、油雾器、消音器、压力继电器、管道与管接头等。

（3）防粘凹凸罗拉：棉卷在退解时，如果发生层与层之间的粘连，将直接影响梳棉条子的重量不匀率，甚至轧坏梳棉机的针布，因此在新型成卷机上装有防粘凹凸罗拉，即在尘笼与紧压罗拉之间，当棉层进入紧压罗拉之前，先经凹凸罗拉把棉层压紧，并压出波浪纹，起到防粘作用。

（4）自动落卷与生头：新型成卷机采用不停车自动落卷装置。当棉卷达到规定长度后，由定长装置发出动作，依次使棉卷释压，棉卷罗拉加速拉断棉层，并将棉卷推到棉卷托盘上，然后放入预备棉卷扦（辊），接着棉层生头。棉卷小车移动，拔出棉卷。完成上述全部动作约需 3～4s。

第六节　开清棉联合机的联接与组合

一、开清棉联合机的联接

开清棉联合机利用凝棉器、配棉器、故障监控与排除装置以及管道将各单机相互联接，组成一套连续的加工系统。

（一）凝棉器

凝棉器必须安装在棉箱上面，它由尘笼、剥棉打手和风扇组成，如图 3-22 所示。其作用如下：

1. 输送棉块　利用风扇转动所产生的气流，在管道内造成负压，吸引上台机器输出的棉块，经管道凝聚在尘笼表面，由剥棉打手将棉块剥下落入单机棉箱内，达到输送棉块的目

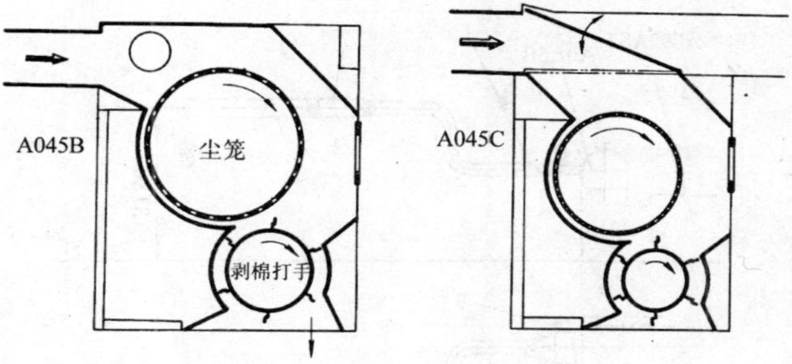

图 3-22　A045B、C 型凝棉器

的。风机转速应根据输棉和除杂两方面的要求来选用。转速过低造成风量不足，容易堵车。转速过高造成动力消耗增加，且凝棉器的振动加大。剥棉打手的线速度应适当高于尘笼表面线速度，以克服剥棉时尘笼气流的吸力。

2. 排除短绒和细杂　由于尘笼内的负压，吸引尘笼表面棉块中的短绒和细杂通过尘笼网眼，经管道排至滤尘室。尘笼速度高，凝聚的棉层薄，对排除细小尘杂有利。但速度过高，气流急，易使棉块浮游在尘笼表面，形成棉块积聚，严重时可造成堵车。

（二）配棉器

电气配棉器就是由电气控制的并联输棉管道配棉装置。它是将开棉机开松后的原棉均匀分配给 2 台双棉箱给棉机。如图 3-23 所示，全机由配棉头 2 和进棉斗 1 两部分组成，配棉头为 Y 式三通，称为二路电配。每条通道设有活门，可随意调节使其均匀配棉。进棉斗上有风门，由电磁铁 4 启闭控制进棉。此外，还有气动配棉器和气流配棉器。

（三）故障监控和排除

开清棉机组是多机台互相控制，连续运转，封闭作业的。

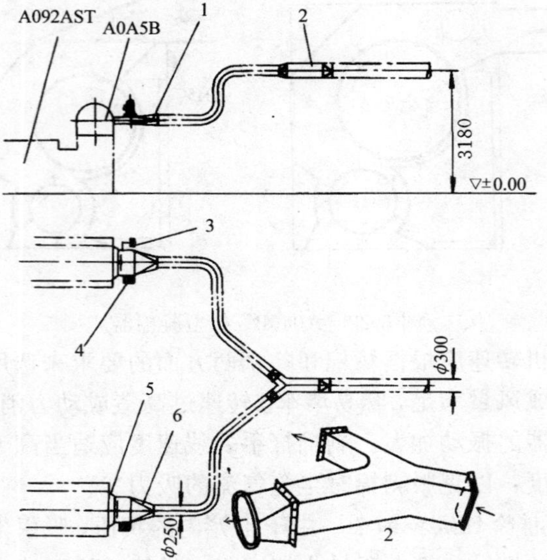

图 3-23　A062 型电气配棉器

1—进棉斗　2—配棉头　3—重锤杠杆　4—电磁吸铁

5—二级扩散管　6——级扩散管

原棉中含有金属杂物和异物等杂质，在生产中必须排除，以免发生故障损坏设备。此外，机组运行中由于瞬时开松不足，气流不畅，管道挂堵，致使输送迟缓，随时发生噎车等，均影响机组正常运转生产，严重者造成设备人身事故和火灾。为了避免和防止发生意外，做到控制有效，生产中采用电子技术对棉流运行、设备运转等状态进行感应检测，并报警显示，以便及时排除故障与杂物。

1. FA121 型除金属杂质装置　本装置一般位于混棉机

与抓棉机之间的输棉管道中，如图 3-24 所示。棉流正常时由上方水平直管道通过。当棉流中含有金属杂质时，套装在输棉管道处的探测器 1 磁场受到感应而产生信号，通过电气控制箱 3 中的电路放大系统传递作用电磁铁动作，输棉管中的活门 2 短暂放开 2～3s，使金属杂物由支管落入排杂棉箱 4，内活门立即复位，水平输棉管道复原，正常输棉。落入排杂棉箱内的杂物被筛网板阻拦，落下排除。气流则通过筛网由支管道汇入主棉流，气流的短暂转弯不影响棉流输送。

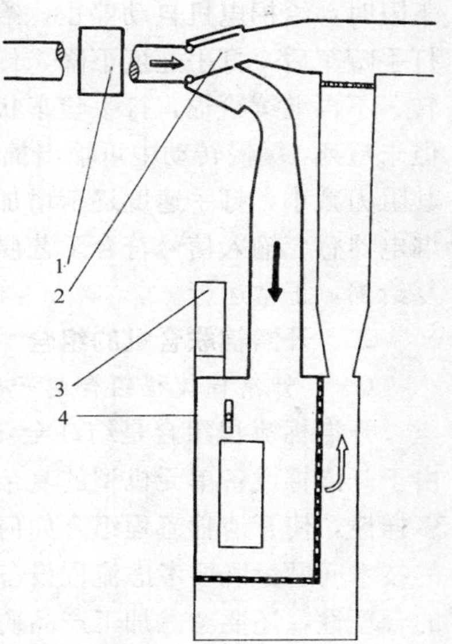

图 3-24　FA121 型除金属杂质装置
1—探测器　2—活门
3—电气控制箱　4—排杂棉箱

2. *速度继电器防噎装置*　在开清棉机组运转中，以一定储棉状态控制机台的给棉。虽然机组控制系统中给棉传动均受各自打手主体电机联锁，但在运转中打手噎卡、停转时，因打手电机尚未切断电源停转，所以给棉仍在继续，会使噎卡现象加剧，造成事故。采用电子速度继电器防噎装置可有效解决这一问题，其基本原理为：利用打手轴转动使转速传感器产生脉冲信号，输入控制器，进行整形、放大、鉴别、比较。若输入信号符合工艺要求，给棉电机自动启动，给棉罗拉给棉。若输入信号不符合工艺要求，即转速低于工艺设计下限时，给棉电机自动停止，给棉罗拉暂停给棉。这样，在打手噎车后，打手速度下降，传感器发出信号，给棉电机停转，不再继续给棉，打手噎车状态不再加剧，机组低速运转但未噎死，缓慢转动中可输出棉流，打手周围原棉逐渐减少，其阻力减小，打手速度逐渐增加，直至工艺设计转速，速度继电器感应输入信号符合工艺要求时，给棉电动机启动，恢复给棉，正常运行。

二、开清棉联合机的组合

（一）开清棉流程组合的一般原则

开清棉流程组合是纺纱全流程中一个十分重要的环节。由于开清棉设备单元机型的复杂性，纺纱原料及产品要求的多样性，使开清棉流程组合如何达到科学合理成为一个复杂的技术问题，既要考虑流程设备在技术上的可靠性和经济上的合理性，还要考虑加工产品质量的优越性以及品种、原料变更的适应性。开清棉流程的组合一般应考虑以下几个方面。

1. 流程系列设备要适应加工原料的性能和种类，要着重加强一机的单独功能。

2. 要适应产品种类和质量要求。

3. 流程配置要充分体现“多包取用，精细抓棉，均匀混和，渐进开梳，早落少碎，少伤纤维。”的指导思想。排列组合的一般顺序为：抓棉──→开棉──→混棉──→清棉。

4. 考虑清梳流程的连续化程度，采用成卷工艺或清梳联工艺。

5. 对于特殊原料，不作为配置工艺流程时的正常情况对待。例如，紧包棉一般需堆置在分级室内 24h 以上，让其恢复到正常状态。对含糖量较高的原棉，要作特别处理，同时还应从加强工艺设计，制订合理工艺参数进行处理。对含杂特高的原棉，应安排预处理，然后与其它配棉成分再一同进入正常的开清棉工艺流程。对高回潮原棉，应先在分级室内进行干燥处理，然后再进入正常的开清棉流程。

6. 流程中的设备在加工工艺上，应有调整产品结构和工艺性能的灵活性。

（1）为适应加工不同原棉的需要，要采取间道装置，以便加工时跳越不必要的单元机台。

（2）在配置每套成卷机台数时，原则上应一个机组配二台成卷机，以减轻机组产量负担，提高除杂效率。

（3）为适应连续运转的生产体制，可在机组配备中适当增加一台同类型开棉机，用间道衔接，以便于停台调度，进行设备维修。

（二）开清棉机的组合方式

开清棉联合机有多种组合方式，下面介绍几种典型的组合方式。

1. FA 系列开清棉流程组合

纯棉：FA002×2（并联）⟶FA121⟶FA104（附A045B）⟶FA022—6⟶FA106（附 A045B）⟶FA107（附 A045B）⟶A062⟶A092AST（附 A045B）×2⟶FA141×2

涤纶：FA002×2（并联）⟶FA121⟶FA022—6⟶FA106A（附 A045B）⟶FA107A（附 A045B）⟶A062⟶A092AST（附 A045B）×2⟶FA141

该流程多包取用、抓细抓匀。为提高混和效果，采用了光电控制、气动控制、给棉无级调速、振动棉箱等新技术，间歇自动吸落棉系统使用了单片机程序控制器。从全流程纺纱水平来看，T/C13tex 条干 *CV* 值为 14.74%，达到乌斯特公报统计值25%的国际先进水平。成纱上等一级品率达100%，14.5tex纯棉普梳纱上等一级品率达100%；清花车间含尘量为2.65mg/m^3。当原棉含杂率为1.87%时，棉卷含杂率达到0.885%，除杂效率达到52.67%。

2. 瑞士立达的开清棉流程组合

A1/2型自动抓棉机──→B4/1型单轴流开棉机──→B7/3型多仓混棉机──→B5/5型鼻型开棉机──→B5/5型锯齿开棉机──→输棉风机──→Aerofeed—U型清梳联喂棉箱──→C4—A型梳棉机

该流程适合于加工原棉，其工艺特点是流程短，单机高效能。采用鼻形角钉或锯齿打手形成分梳开松，以梳代打，配合采用新型尘格，作用密而柔和；采用单轴流自由打击开棉机，可减少纤维损伤；采用多仓混棉，达到充分混棉均匀。

三、开清棉联合机的联动控制

（一）机组联动控制的目的和作用

开清棉机组是由多个不同工艺功能的单元机器组合而成，对原棉循序加工，完成开松、除杂、混和、输送，并制成合格的棉卷。

为保证开清棉机组连续生产和定量供应，需要一套联动装置，把各个单机组合成为一个整体，以便逐台相互控制，保证台间喂棉不脱节、不跑空，从而提高单机运转效率，达到及时匀整供应洁净的棉束。

（二）控制方式

开清棉机组为保证后方机台对前方机台的喂给，并正常连续运转，应有一定数量的储棉装置。其存棉高度或筳棉密度依工艺要求应有合适的标准值。当高度或密度相对标准值发生变化时，就会产生对光通遮挡或压差感应，再通过光电开关或压差开关转换的电信号以及延时继电器的作用，控制供应机台给棉电动机转动或停止。也可以利用电信号作用于电磁阀，使气路开通或闭合，控制管路配棉，变换棉流供应，达到对机组运行的控制。

（三）开清棉机组的联动控制系统

对整套开清棉机组的运行，必须进行有序的控制。采用集控柜联控，并配有运行状态显示，看管方便，可保证生产。

1. 集控柜　集控柜内布有电源、气源、电磁启动器及继电器等。布线与各机相通，开关按钮布于柜门表面，并配有灯屏显示及声鸣信号。

2. 联锁控制

（1）电、气源联锁：机组运行既有强电作为动力，还有弱电、气动控制棉流喂给，同时还必须配套滤尘设备。因此要保证电源、气源和滤尘设备的供应到位和正常运行，才能启动机组生产。若运转中发生电源超载、气压降低、滤尘故障，均由线路联锁控制，停止机组运行。

（2）主机的联锁控制：对机组各单元机台常运行机件的主电动机，以抓棉喂入为尾端，以原棉输出为始端顺序开车启动，并以此顺序对上述主电动机（在电路中）联锁控制。

（3）给棉控制系统：机组中各单元机台的给棉是由其所供机台的储棉状态检测、感应控制系统控制进行的。各机的给棉传动电动机由本机主电动机联锁控制，不得抢先启动。所有给棉传动的开停，由总开关主令控制联动，统一给棉，统一停棉。

（4）安全、故障联锁控制：设备运行中，工艺加压超限、气压低于下限、喂入过厚、大杂混入等故障，以及为了安全生产、封闭运行所设的防范保险等，均以电气行程开关与给棉传动电动机和主电动机联锁，并由联锁灯屏、声鸣显示报警。

第七节 工艺计算

本节重点介绍FA141型成卷机的工艺计算，传动图如图3-25所示。

一、主要机件速度的计算

根据机械原理，若已知电机转速或皮带传动的主轴转速以及有关皮带轮直径、齿轮齿数等，就可利用传动比的方法计算出各工作机件的速度，从而也能计算出牵伸倍数等参数。

$$i = n_{被}/n_{主}$$

式中：i——传动比数，$i=\dfrac{主动件齿数或直径连乘积}{被动件齿数或直径连乘积}$；

$n_{被}$——传动图中被动件即获得运动的机件的转速；

$n_{主}$——传动图中主动件即传出运动的机件的转速。

利用基本公式：$n_{被}=n_{主}\cdot i$，就可以计算出有关机件的速度。

1. 棉卷罗拉的转速 n_1　根据图3-25FA141型的传动图，棉卷罗拉的转速为被动件转速，电动机转速为主动件转速，棉卷罗拉转速 n_1 为：

$$n_1 = n \times \frac{D_3 \times 17 \times 14 \times 18}{330 \times 67 \times 73 \times 37} = 0.1026 D_3$$

式中：n ——电动机转速，常用1430r/min；

D_3——电动机变换轮直径，有100、110、120、130、140、150mm六种。

2. 天平罗拉速度 n_2

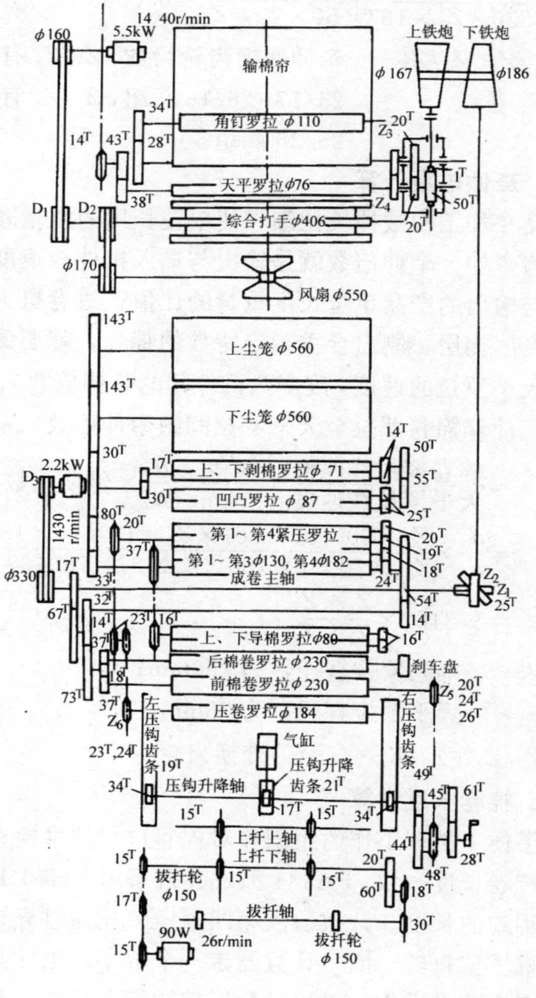

图 3-25　FA141 型单打手成卷机传动图

$$n_2 = n \times \frac{D_3 \times Z_2 \times 186 \times 1 \times 20 \times Z_3}{330 \times Z_1 \times 167 \times 50 \times 20 \times Z_4} = 0.0965 \times \frac{D_3 \cdot Z_2 \cdot Z_3}{Z_1 \cdot Z_4}$$

式中：Z_1/Z_2、Z_3/Z_4——牵伸变换齿轮齿数，Z_1/Z_2 有 24/18，25/17，26/16 三组，Z_3/Z_4 有 21/30，25/26 两组。

二、牵伸倍数计算

产品在加工中被抽长拉细，使单位长度的重量减轻，此过程称为牵伸。牵伸倍数就是输出与输入机件线速度的比值或输入与输出的产品单位长度重量的比值。成卷机为了获得一定厚度的棉层，制出合乎预定特数的棉卷，就要调节棉卷罗拉或天平罗拉的速度，改变两机件间的牵伸倍数 e。现根据传动图，计算棉卷罗拉至天平罗拉间的牵伸倍数 e。

$$e = \frac{\text{棉卷罗拉线速度}}{\text{天平罗拉线速度}} = \frac{\pi d_1 n_1}{\pi d_2 n_2} = \frac{d_1}{d_2} \times \text{传动比数}$$

$$= \frac{d_1}{d_2} \times \frac{Z_4 \times 20 \times 50 \times 167 \times Z_2 \times 17 \times 14 \times 18}{Z_3 \times 20 \times 1 \times 186 \times Z_1 \times 67 \times 73 \times 37}$$

$$= 3.2162 \times \frac{Z_2 \times Z_4}{Z_1 \times Z_3}$$

式中：d_1——棉卷罗拉直径，为 230mm；

d_2——天平罗拉直径，为 76mm；

Z_1/Z_2、Z_3/Z_4——牵伸变换齿轮。

三、棉卷长度计算

为了便于挡车工作的组织和对棉卷进行技术检查，要求制成的棉卷长度一致。FA141 型成卷机采用 YH401B 型计数器控制棉卷的长度。计数器由第四紧压罗拉通过导棉罗拉传动，导棉罗拉每转一圈，计数器走一个数字，当转到要求的数字时产生落卷动作。采用计数器控制棉卷长度，只需一次给定所需数值，调好后即可生产，复位也方便，既可自动又可手动。其计算方法为：

$$L=n_3\times\pi d\times e_1\times e_0/1000$$

式中：L —— 棉卷计算长度（m）；

n_3 —— 完成一个棉卷时导棉罗拉的转数，调节范围为110～292 转；

d —— 导棉罗拉直径，为 80mm；

e_1 —— 导棉罗拉与棉卷罗拉间的张力牵伸，可利用传动图计算，为 1.0226 倍；

e_0 —— 压卷罗拉与棉卷罗拉间的张力牵伸，可利用传动图计算，其计算式为：$e_0=24.5705/Z_6$，Z_6 为压卷罗拉传动变换齿轮，有 23 齿、24 齿两档。

四、产量计算

1. 理论产量　指单位时间内每台成卷机的连续生产量。成卷机的产量是根据棉卷罗拉输出棉层的速度计算。即

$$G_L=\frac{60\times\pi\times d_1\times n_1\times \mathrm{Tt}}{1000\times1000\times1000}$$

式中：G_L —— 理论产量［kg/（台·h)］；

d_1 —— 棉卷罗拉直径（mm）；

n_1 —— 棉卷罗拉转速（r/min）；

Tt —— 棉卷线密度（tex）。

2. 定额产量　指单位时间内每台成卷机的实际生产量。即

$$G_D=G_L\times\eta$$

式中：G_D —— 定额产量［kg/（台·h)］；

η —— 时间效率，指在一定的生产时间内，机器的实际运转时间占理论运转时间的百分率。影响清棉成卷机时间效率的因素有落卷、工人的自然需要等。其一般范围为 82%～87%。

第四章　梳棉工程

第一节　概　　述

一、梳棉工程的任务

在梳棉前，纺纱原料虽已经过开松、除杂及混和，但这些作用只是初步的。在喂入梳棉机的原料中，纤维大多数以块状或束状存在，且夹杂着杂质和疵点，有碍于成纱质量和纺纱的顺利进行。因此，梳棉工程的任务是：

1. 梳理　将块状或束状纤维梳理成为单根纤维状态，并初步使纤维伸直平行。

2. 除杂　清除残留在纤维块或纤维束中的细小杂质和疵点。

3. 混和均匀　使单根纤维之间充分混和，并使输出的产品均匀。

4. 成条　制成具有一定规格和质量要求的条子（俗称生条），供下道工序加工使用。

梳棉机梳理的好坏，关系着纤维束被分离的程度，从而影响后工序牵伸过程中纤维的正常运动，这和成纱强力、成纱条干有着密切关系。由于梳理之后的工序，很少再有清除杂质、疵点的作用（精梳纺纱系统除外），所以梳棉工程的除杂作用，在很大程度上决定了成纱棉结杂质的多少，同时还影响成纱条干。梳棉机的落棉是各工序中较多的，且落棉中含有较多的可纺纤维，故控制落棉的数量直接关系到耗用原料的多少。另外，梳棉机的配台数，影响纺纱厂的用人、能耗、占地及机物料的消耗。因此梳棉工程在整个纺纱工程中占有非常重要的地位。

二、梳棉机的工艺过程

图4-1为A186D型梳棉机工艺过程的示意图。棉卷扦2的两端嵌入棉卷架1的沟槽内，使棉卷3稳置于棉卷罗拉4上。随着棉卷罗拉的回转，依靠摩擦使棉卷逐层缓慢退解。棉层在给棉板5和给棉罗拉6握持下，依靠给棉罗拉的转动向前输送，并受到高速回转刺辊7的梳理、抓取。刺辊上方有刺辊罩盖，以防止由于刺辊的高速回转而引起的尘杂和纤维飞扬。在给棉罗拉与刺辊罩盖接缝处设有绒辊8，以防止刺辊上的纤维溢出。刺辊下方有除尘刀9和小漏底10，它们的作用是配合刺辊排除尘杂、短绒并托持刺辊上的长纤维。被刺辊带走的纤维经除尘刀、小漏底的作用后，与表面包覆有针布的高速回转的锡林11相遇，锡林将刺辊表面的纤维剥下，经过后罩板12进入锡林盖板工作区。盖板13共有106根，其表面包覆着针布，在锡林上方处于工作状态的有40根。盖板缓慢移动，与锡林隔距也很小，纤维在两个针面的作用下被梳理成单纤维状态，并达到充分混和及清除细小杂质的目的。充塞在盖板针面上的纤维和杂质在盖板走出工作区时即被斩刀14剥下，成为盖板花。被剥清的盖板由圆毛刷刷清后，从机后刺辊上方重新进入工作区。被锡林锯齿抓取的纤维，经过前上罩板15、抄针门16、前下罩板17与慢速回转的表面包有针布的道夫18相遇，在两个针面的作用下，锡林上一部分纤维被道夫针齿抓取并以棉网的形式输出。大部分纤维仍由锡林针齿抓取，经过大漏底19，同从刺辊上新剥取的纤维一起重新进入锡林、盖板区相互混和并接受再梳理。道夫输

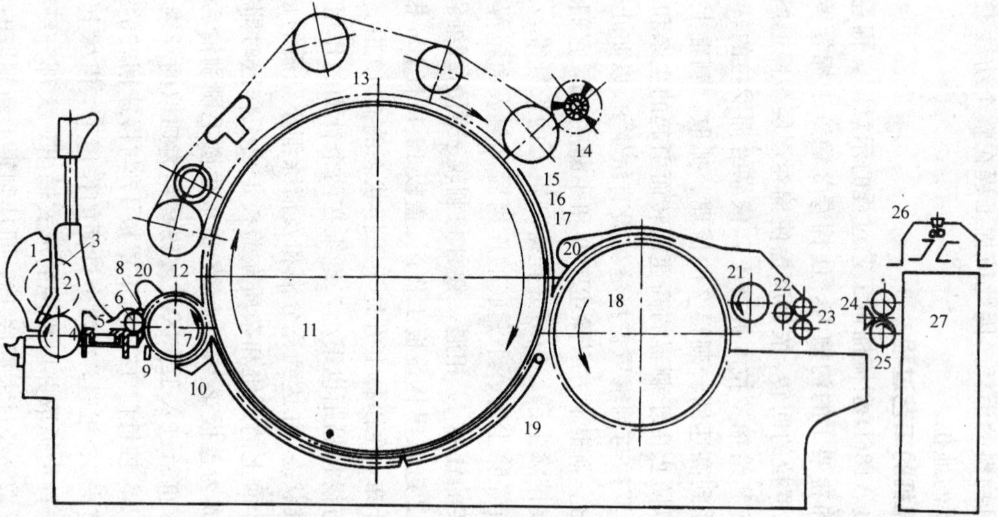

图4-1 A186D 型梳棉机示意图

1— 棉卷架 2— 棉卷扦 3— 棉卷 4— 棉卷罗拉 5— 给棉板 6— 给棉罗拉 7— 刺辊 8—绒辊 9— 除尘刀 10— 小漏底 11— 锡林 12— 后罩板 13— 盖板 14— 上斩刀 15— 前上罩板 16—抄针门 17— 前下罩板 18— 道夫 19— 大漏底 20— 吸尘罩 21— 剥棉罗拉 22— 转移罗拉 23— 上、下轧辊 24— 刺叭口 25— 大压辊 26— 圈条器 27— 棉条筒

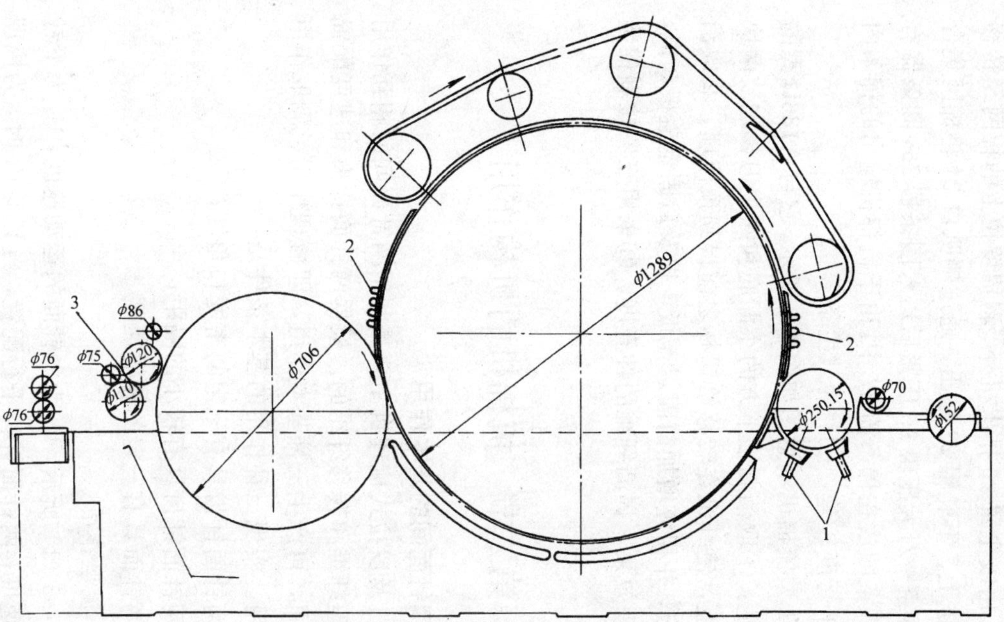

图 4-2 FA201 型梳棉机示意图

1—固定分梳板 2—固定盖板 3—三罗拉剥棉装置

出的棉网，由剥棉罗拉21剥下。残留在道夫表面的少量短纤维和杂质，由吸尘罩20排出机外。剥棉罗拉上的棉网经转移罗拉22，被上、下轧辊23输出，通过喇叭口24将棉网集合成棉条，再经一对大压辊25压紧后送入圈条器26，圈条器有规律地将棉条圈放在棉条筒27中。由于梳棉机输出的棉条内纤维伸直平行度较差，故称为“生条”。

FA201型梳棉机示意图如图4-2所示。它与A186D型的主要区别是：①取消刺辊下方的小漏底和除尘刀，加装两块固定分梳板，使纤维在转移给锡林之前得到预梳理。②取消前、后罩板，并相应增加前固定盖板4根及后固定盖板3根，以改善梳理效果，提高纤维的伸直度。③采用三罗拉剥棉装置。

第二节　梳棉机的机构作用

一、两针面间的基本作用

梳棉机及罗拉式梳理机主要是利用两针面间的相互作用来完成梳理纤维和转移纤维的。根据两针面针齿和速度配置的情况不同，可产生三种基本作用，即梳理作用、剥取作用和提升作用。实现三种作用的基本条件是：

（1）两针面针齿具有一定的密度和角度；

（2）两针面针齿具有较小的隔距；

（3）两针面具有一定的相对速度。

（一）梳理作用

如图4-3（1）所示，V_1为上针面的运动速度，V_2为下针面的运动速度；两针面针齿平行配置，当$V_2 > V_1$时，为梳理作用。

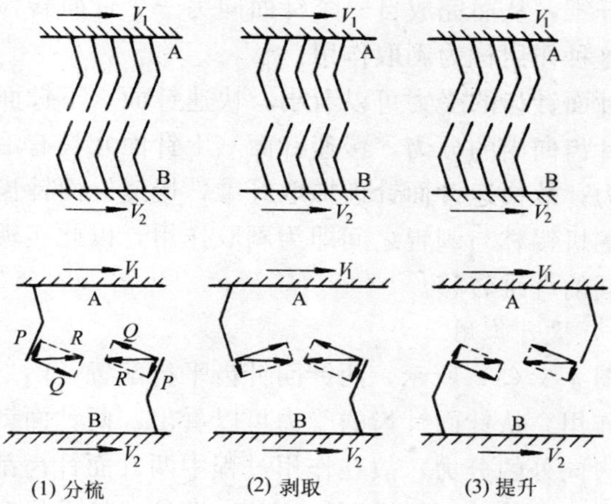

图 4-3　两针面间的作用

由于两针面间的隔距很小，故一个针面抓取的纤维都有可能与另一针面发生作用，此时两针面针齿都受到纤维或纤维束的拉力(图中用 R 表示)，这两个力大小相等，方向相反。将 R 分解为平行于针齿方向的分力 P 和垂直于针齿方向的分力 Q。由此可见，两针面针齿都受到沿针齿向内的分力，故两针面都具有抓取纤维的能力。

梳棉机锡林与盖板以及锡林与道夫之间的作用，都属于梳理作用。在锡林与盖板之间，以此实现纤维被反复交替握持、梳理；在锡林与道夫之间，以此实现道夫针面针齿对纤维的抓取和凝聚。

（二）剥取作用

如图 4-3（2）所示，两针面针齿交叉配置，当快速针面的针齿从慢速针面上越过时，则快速针面的针齿从慢速针面上剥取纤维，从而完成自一个针面向另一个针面转移纤维的作用，这种作用称为剥取作用。

从针面针齿的受力可以看出：快速针面（下针面）针齿具有沿针齿向内的分力，慢速针面（上针面）具有沿针齿向外的分力；故快速针面针齿抓取纤维，慢速针面针齿释放纤维。梳棉机锡林与刺辊之间即为剥取作用，以此实现刺辊与锡林之间的纤维转移。

（三）提升作用

如图 4-3（3）所示，两针面针齿平行配置，$V_1>V_2$，即为提升作用。从针面针齿的受力可以看出：两针面针齿都具有沿针齿向外的分力，故在作用过程中两针面针齿都释放纤维，即纤维从针隙间提升至针尖处。罗拉式梳毛机锡林与提升罗拉之间即为提升作用，以此将沉在锡林针隙间的纤维提升至锡林针尖处。

二、给棉、刺辊部分的结构与作用

给棉、刺辊部分主要由棉卷罗拉、给棉罗拉、给棉板、刺辊、除尘刀、小漏底等机件组成。它们的作用是喂入棉卷，进行梳理、除杂和排除短绒。

（一）给棉、刺辊部分的机构

1．棉卷架和棉卷罗拉　棉卷架由生铁制成，中间有沟槽，用以搁置棉卷扦，从而保持棉卷的中心位置。槽底倾斜的目的是，在棉卷直径较小时使棉卷与棉卷罗拉间的接触面积增加，从而使棉卷正常退解，减小意外牵伸。顶端凹弧上放置备用棉卷，中间凹弧在调换棉卷时作临时放置之用。

棉卷罗拉亦由生铁制成，直径为 152mm，空芯，宽度与锡林相同，棉卷搁置其上。当棉卷罗拉回转时，依靠摩擦力使棉卷退解。棉卷罗拉表面有凹槽以避免棉卷打滑。

2. 给棉罗拉　给棉罗拉与给棉板鼻尖部分组成一个强有力的握持钳口，依靠摩擦作用，握持棉层并喂给刺辊梳理。为使握持牢靠、喂给均匀，罗拉表面有齿形沟槽，并在两端施加压力。

3. 给棉板　给棉板的作用是同给棉罗拉一起握持棉层并喂给刺辊梳理，此外给棉板前端的几何形状应满足刺辊梳理棉层由浅及深的要求。给棉板的规格参数有（图 4-7）：给棉工作面与垂直线的夹角 α、鼻尖宽度 L_0 和工作面长度 L，它们数值的大小直接影响梳理质量。A186D 型梳棉机 α 为 10°，L_0 为 2.5mm，L 有三种规格，分别为 28、30、32mm。

4. 刺辊　刺辊主要由滚筒和包覆物锯条组成，其结构如图 4-4 所示。滚筒体是由铸铁制成的圆筒，表面有 8 头螺旋沟

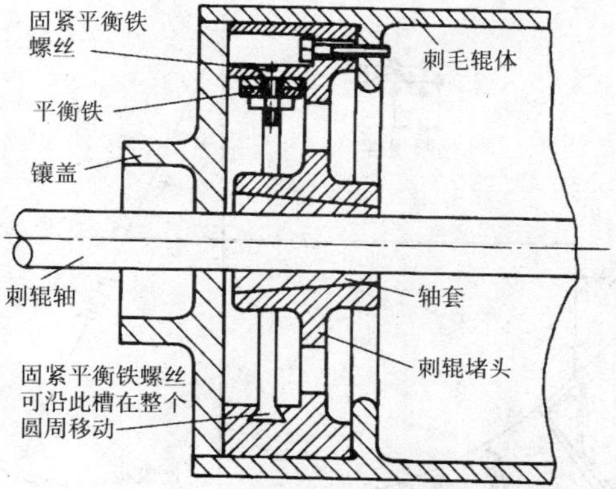

图 4-4　刺辊结构图

槽，以备锯条嵌入，沟槽的螺距为 3.175mm，导程为 25.4mm，裸状沟底直径为 239mm。刺辊两端用堵头（法兰）、轴套固定在轴上，以保证刺辊体与轴的同心度。沿堵头内侧

圆周有槽底大、槽口小的梯形沟槽，平衡铁螺丝可沿沟槽在整个圆周上移动，平衡铁可固紧在需要的位置上。刺辊的转速较高，且同相邻机件的隔距很小。因此刺辊体的圆整度、刺辊体与刺辊轴的同心度等，均有严格要求。

刺辊锯条一般采用中碳钢制成，硬度高、耐磨。刺辊锯条使用专门的包卷机包卷，包卷后要求锯条表面平整。

5. 除尘刀　除尘刀位于刺辊的下方，它的作用是配合刺辊除杂，并托持刺辊上的纤维。除尘刀的两端安装在托脚槽内，根据工艺要求可调节除尘刀的位置。

6. 小漏底　小漏底的主要作用是托持刺辊上的纤维、排除短绒和细小杂质。图 4-5 为尘棒网眼混合式小漏底结构图。它由圆弧形锌板制成，入口处有两根尘棒，其余部分均为直

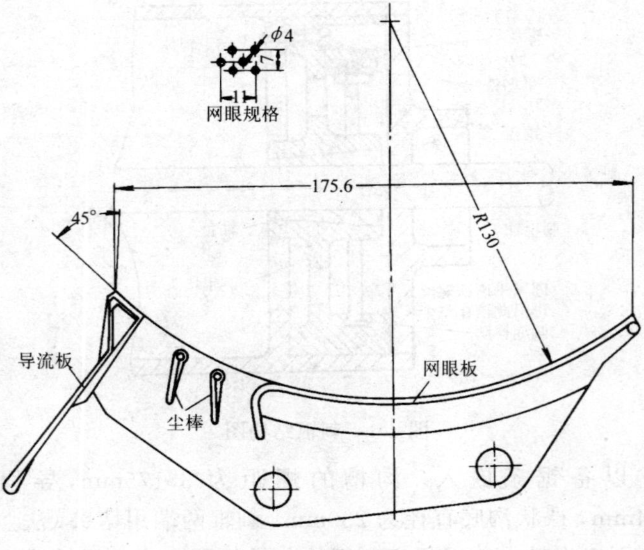

图 4-5　小漏底结构图

径 4mm 的网眼板，以排除短绒。小漏底入口处的导流板引导入口处气流向下流动，以免干扰漏底尘棒和网眼部分排除杂质。小漏底与刺辊隔距自入口至出口逐步缩小，以利于排除短绒。小漏底弦长及其与刺辊的隔距，对落棉量有直接影响。

（二）给棉、刺辊部分的分梳作用

刺辊的分梳作用是由刺辊锯齿对被握持棉层的分梳来完成的。刺辊对棉层进行分梳时，在给棉板工作面上形成自上而下逐渐变薄的棉须。当喂入棉层中棉束尾端处于给棉罗拉和给棉板牢固握持下，而头端进入刺辊作用弧内时，即受到锯齿的高速打击分梳，棉束被穿刺、分割。由于棉层的恒速喂入，该棉束中被梳开的纤维因其与锯齿的摩擦作用而逐渐被锯齿带走，被带走的纤维尾端与相邻的棉束产生滑移，受到分离与伸直作用。

刺辊分梳作用的强弱对分梳后纤维中棉束（或短绒）的含量有直接影响。在其它条件不变的情况下，分梳作用强时，则被分梳的纤维中棉束百分率较低。因此常用被分梳的纤维中棉束含量的高低来鉴别刺辊梳理作用的强弱。影响刺辊分梳效果的因素有：锯条规格、刺辊转速、给棉握持、给棉板的工艺参数以及刺辊与给棉板的隔距。现分述如下：

1. 锯条规格　刺辊锯条规格如图 4-6 所示。

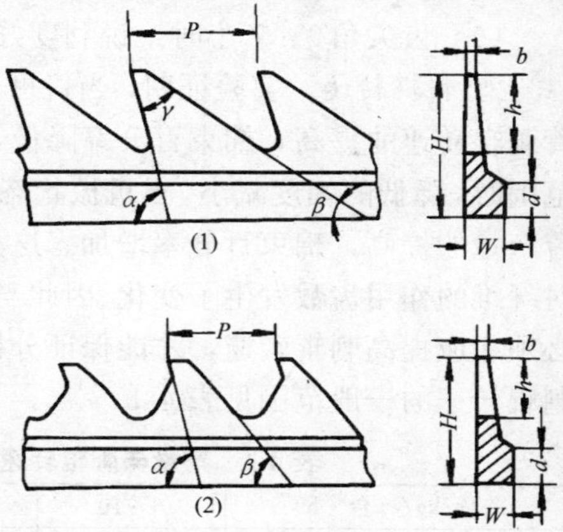

图 4-6　刺辊锯条规格

（1）锯齿工作角 α：工作角 α 小时，锯齿对棉层的穿刺和抓取能力强，有利于分梳，但不易抛落杂质，刺辊落棉有所减少。α 过小时，会产生刺辊返花，棉结增多。纺棉时，α 一般用 75°～80°，纺化纤时，采用较大的工作角。

（2）齿距 P：齿距 P 小时，则针齿的密度增大，每根纤维受到的作用齿数增多，分梳作用加强。齿密加大后，锯齿对纤维握持力增强，对纤维向锡林转移和抛落杂质不利，另外还可能会使短绒率增加。一般齿距 P 为 4.24～5.65mm。

（3）齿尖厚度 b：齿尖厚度 b 分厚型（如 0.4mm）、中薄型（0.2～0.3mm）和薄型（0.2mm 以下）三种。薄齿穿刺能力好，分梳效果好，损伤纤维少，刺辊落棉率低，落棉含杂率高。但薄齿强度低，易轧伤、倒齿。

（4）齿尖高 h 和齿总高 H：h 小时，可增加锯齿强度，且纤维易于向锡林转移，但必须与棉层的厚度相适应。齿尖高 h 一般为 2.7～4mm。齿总高 H 可根据锯条基部高度 d（1.5～1.6mm）和齿尖高 h 而定，一般在5.60～5.85mm之间。

（5）齿尖角 γ：γ 小时，锐利度好，有利于穿刺和分梳。

2. 刺辊转速　实验证明，当机械状态及产量不变时，随着刺辊转速的提高，棉束百分率降低，但刺辊转速超过一定范围时，降低的幅度减小。当机械状态和刺辊转速不变时，随着产量的提高，棉束百分率增加。这种变化的原因在于刺辊对纤维的作用齿数发生了变化。因此当提高梳棉机的产量时，必须相应提高刺辊转速，才能保证分梳效果。梳棉机产量与刺辊转速的一般范围见表 4-1。

表 4-1　产量与刺辊转速的关系

产量/kg/（台·h）	6～10	15	20～30
转速/r/min	650～700	800～900	900～1300

应该注意，刺辊转速过高时，不仅不能明显提高分梳效果，反而会增加纤维损伤，增加耗电及保养工作。

3. **给棉握持** 在给棉罗拉与给棉板之间，对棉束的握持不但要牢靠，而且横向握持要均匀，否则锯齿会成束抓取纤维，影响刺辊的梳理效果。当梳棉机产量提高或棉卷定量较重时，一般采用重加压以增大对棉层的握持力。适当地增大压力，不但可以增大握持力，而且可以改善横向握持的不匀。但加压过重，会造成给棉罗拉中部向上弯曲，削弱了给棉罗拉中部对棉层的握持力，反而使横向握持不匀加大。因此在新型梳棉机上，采用增大给棉罗拉直径、增强罗拉刚度的方法，减少其重加压后的弯曲变形。

4. **给棉板分梳工艺长度** 直线型给棉板如图 4-7 所示。L 为给棉板工作面长度；l_2 为刺辊与给棉板隔距点 f 以下的一段工作面长度，称托持面长度；L_0 为给棉板鼻尖宽度；l_1 为

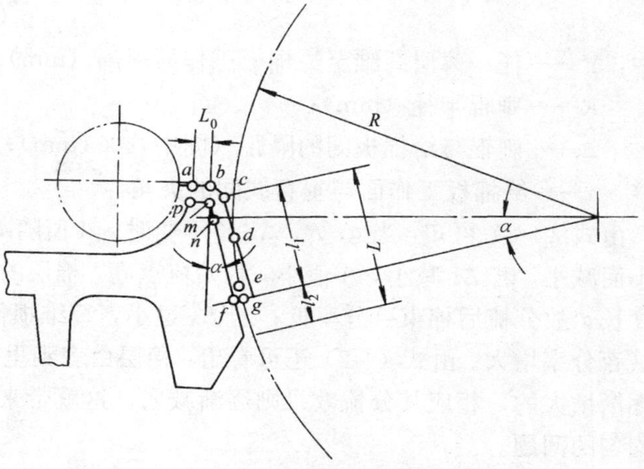

图 4-7 给棉板形状及有关长度

隔距点以上工作面长度。

刺辊与给棉板隔距点以上的工作面长度与鼻尖宽度之和称为给棉板分梳工艺长度，用公式表示为：

$$L_A = l_0 + l_1 \tag{4-1}$$

试验表明，在其它工艺条件不变时，L_A 减小，则棉束百分率较低。这说明 L_A 与刺辊的分梳效果有密切关系，因为分梳工艺长度 L_A 的大小直接影响刺辊对棉层开始分梳的位置(简称始梳点)，即影响棉层握持点与始梳点之间的距离 A。如图 4-7 所示，刺辊分梳时，锯齿从棉层表面 d 点刺入，并沿着锯齿的圆弧轨迹逐渐深入到隔距点 g 处。所以内外层纤维的始梳点是不同的，最外层纤维始梳点最高，A 值最小；处于 g 处的纤维层，始梳点最低，A 值最大。根据图 4-7 的几何关系，可得任一薄层纤维的 A 与 L_A 的关系：

$$A = L_A + \frac{\pi}{180^\circ}\ (90^\circ - \alpha)\ Y - \sqrt{R^2 - \ (R + \Delta - Y)^2} \tag{4-2}$$

式中：Y—— 任一薄层纤维至给棉板工作面距离 (mm)；

R—— 刺辊半径 (mm)；

Δ—— 刺辊与给棉板间的隔距 (图中$\overline{fg}$) (mm)；

α—— 给棉板工作面与垂直线间的夹角。

由式 (4-2) 可知，当 α、R、Δ、Y 不变时，A 值随 L_A 的减小而减小。若 L_A 减小，A 值小，则始梳点高，棉层的受梳长度长，故分梳后棉束百分率低；若 L_A 过小，纤维损伤多，短绒百分率增大。由式 (4-2) 还可看出：棉层由表到里 A 值是逐渐增大的，相应其分梳效果则逐渐减弱，这就带来分梳不均匀的问题。

生产实践表明，在给棉板分梳工艺长度相同而加工不同长度纤维时，纤维长度越长，纤维损伤越多，棉束百分率低；纤维长度越短，则棉束百分率越高，纤维损伤越少；当 L_A 接近纤维主体长度时，分梳较好，纤维损伤也不显著。故在纺棉时，一般使 L_A 接近纤维的主体长度。A186D 型棉梳机给棉板有三种规格，可参考表 4-2 进行选择。当所加工的纤维长度和给棉板分梳工艺长度不相适应时，可改变给棉板在机框面上的高度来调分梳工艺长度；一般采用给棉板底垫或刨的方法给以调节。垫时，分梳工艺长度增大；刨时，分梳工艺长度缩短。

表 4-2　纤维长度与给棉板规格

纤维主体长度/mm	给棉工作面长度/mm	分梳工艺长度/mm
33 以上	32	31～32
29～31	30	29～30
29 以下	28	27～28

5. 刺辊与给棉板的隔距　刺辊与给棉板的隔距对分梳效果影响很大。此隔距小时，靠近给棉板未被梳理的纤维层就越薄，分梳效果越好。一般此隔距采用 0.18～0.35mm（7/1000～12/1000 英寸）。在机械状态良好、原棉成熟度正常时，应偏小掌握。

（三）给棉、刺辊部分的除杂作用

原棉中的杂质、疵点在开清棉工序仅能去除 60%左右，残留在棉卷中的多为细小的带纤维的或粘附性较强的细小杂质，如不孕籽、破籽、带纤维籽屑、棉结等。梳棉机的除杂作用主要发生在刺辊部分和锡林盖板部分，刺辊部分可除去棉卷含杂的 50%～60%，落棉含杂率达 40%左右；因此刺辊部分除杂的多少直接影响生条中棉结、杂质和短绒的含量。此外，要达到充分除杂的要求，还必须重视气流的作用。

1. 刺辊周围的气流

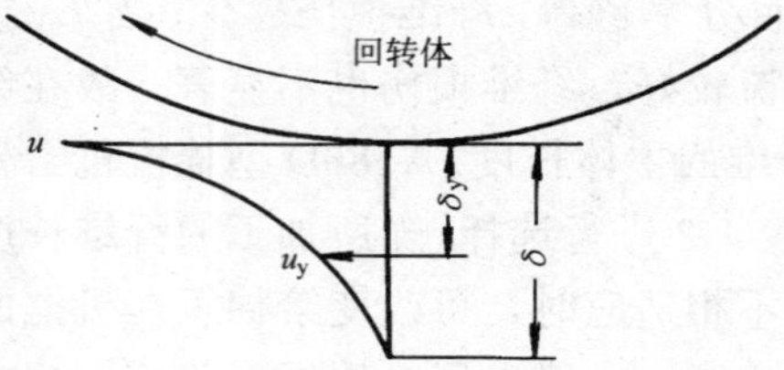

图 4-8　附面层示意图

(1) 气流附面层：刺辊在高速回转时，锯齿带动它周围的空气流动，接着里层空气带动外层空气，这种层层带动，在刺辊周围形成气流层，称为附面层，如图 4-8 所示。附面层中的各层气流速度形成一种分布。同锯齿直接接触的一层，气流速度最大，等于刺辊的表面速度 u，被它带动的其余各层气流速度为 u_y，由于受空气粘性阻力的影响，自里到外逐层减小，直到最外层的流速为零。δ 为附面层的厚度，它从刺辊与给棉板隔距点沿回转体表面逐渐增厚，可增厚至 10～16mm。

(2) 刺辊附面层中纤维、杂质的运动：刺辊对棉层进行分梳时，纤维与杂质被锯齿抓走，并随其作回转运动。部分纤维与杂质脱离锯齿，悬浮于附面层中。杂质、纤维和短绒的重量与体积不同，在附面层中悬浮的时间亦不相同。重量大的杂质或纤维，在随附面层运动时所受到的离心力大，在附面层中悬浮时间短；而重量轻的纤维、短绒因离心力小而随附面层前进的距离长。且由于离心力的不同，在附面层外层杂质多于纤维，而在内层纤维多于杂质。生产上常利用纤维、杂质在附面中的基本运动规律，对附面层给予不同的切割程度来达到调节落棉的目的。

(3) 刺辊周围的气流运动：如图 4-9 所示，在刺辊与给棉板隔距点处，因隔距小且有棉层，可看作是附面层的形成点。在隔距点与除尘刀之间，刺辊带动的气流 3 逐渐增加，附面层也随之加厚。附面层的形成与增厚，要求自给棉板下补入气流1，这对刺辊上的纤维有托持作用。增厚的附面层至除尘刀处，因刀与刺辊间隔距很小，大部分气流被刀挡住而沿刀背向下流动，形成气流2。部分气流通过除尘刀后，附面层又开始逐渐增厚，至小漏底入口处，气流5的大部分进入小漏底，其余部分则进入后车肚。由于除尘刀与小漏底入口间附面层增厚，要求除尘刀由下向上补入气流4，因而由刀背下流的气流有部分重新流向小漏底入口，使沿刀背落下的部分纤维有可能随气流进入小漏底。

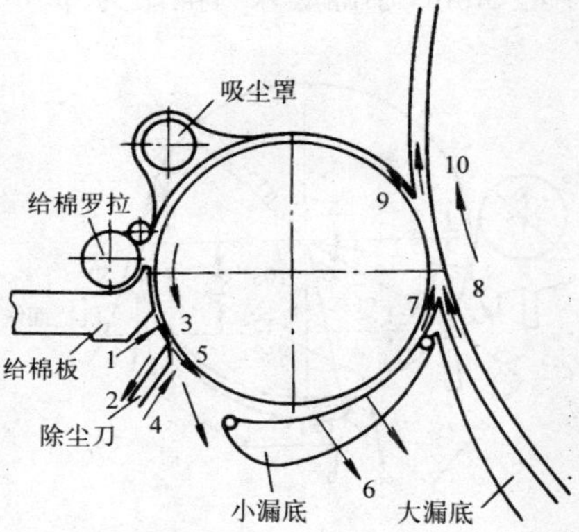

图 4-9　刺辊周围的气流运动情况

进入小漏底的气流，因小漏底与刺辊隔距的逐渐收小而有部分气流6和短绒尘屑一起溢出网眼。在小漏底出口处，气流7流向刺辊与锡林三角区，并在大漏底出口处与锡林所带动的气流8汇合，通过刺辊与锡林隔距点后，又一分为二，气流9进入刺辊罩盖至吸尘罩；气流10进入后罩板流入锡林、盖板工作区。

(4) 后车肚落杂区划分：后车肚落杂区由三部分组成。给棉板与刺辊隔距点至除尘刀与刺辊隔距点的区域称为第一落杂区；除尘刀隔距点至小漏底入口间的区域称为第二落杂区；小漏底入口至出口间的区域称为小漏底落杂区。在A186D型梳棉机上，当除尘刀高出机框3.2mm，给棉板鼻尖高出刺辊中心5mm，小漏底入口隔距为8mm时，各落杂区长度及其所对应的包围角如图4-10所示。三个落杂区长度之和基本上为一常数，应根据喂入棉卷的含杂率和含杂情况，全面兼顾，进行调节。

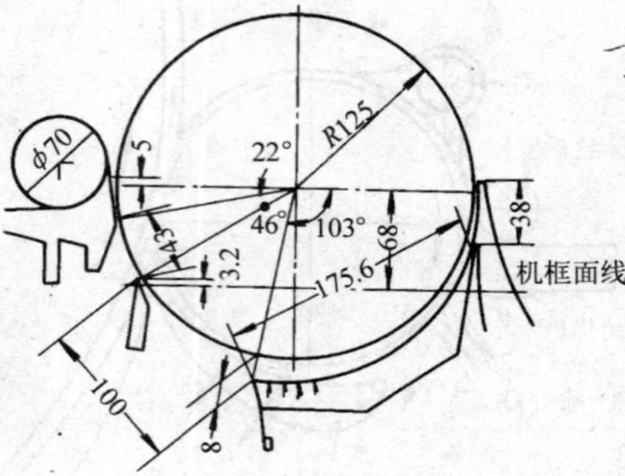

图4-10 后车肚落杂区划分

2. 影响刺辊落棉的因素 影响后车肚落棉的因素很多，可归纳为两大类：一类是分梳强度改变，如刺辊速度、棉层定量等，另一类是某些部件的相对位置不同及结构与型式差异。在分梳强度不变时，影响除杂的因素主要是除尘刀的位置、小漏底与刺辊隔距及小漏底弦长。

（1）除尘刀的位置：除尘刀的位置包括高低、安装角度及其与刺辊的隔距。

除尘刀的高低以机框水平面为基准，分高于车面、与车面平齐和低于车面三种。采用低刀（即低于机框水平面）时，第一落杂区长度增加而第二落杂区长度减短，使棉籽、不孕籽和籽屑等较大的杂质有较多机会下落，整个后车肚的落棉增加。抬高除尘刀，缩短了第一落杂区长，落棉减少；第二落杂区的长度增加，带纤维的杂质下落较多，但整个后车肚的落棉减少。因此除尘刀的高低，应根据棉卷含杂情况而定。A186D型梳棉机除尘刀的高低可在离机框水平面±6mm范围内调节。

除尘刀的安装角是指除尘刀的工作面与机框水平面间的

夹角。它的大小影响其工作面气流的流动及小漏底入口处的回收作用，因而影响落棉。当安装角较小时，除尘刀工作面对气流的阻力大，气流流动不很通畅，纤维易积聚在除尘刀的工作面而造成落棉；当安装角大时，除尘刀对气流的阻力小，流动畅通，有利于小漏底入口处的纤维回收。A186D型梳棉机除尘刀安装角的调节范围为85°～100°。

除尘刀与刺辊间的隔距，生产上一般采用0.31～0.41mm。隔距大时，通过此隔距点的气流附面层厚，除尘刀击落杂质的作用降低，第一落杂区的落棉减少，第二落杂区的落棉负荷相应增加。

(2) 小漏底与刺辊间的隔距：小漏底与刺辊间的隔距自入口至出口逐渐收小，其内部气流静压随隔距收小而逐渐增大，使气流从尘棒间和网眼中均匀而缓和地排出，以达到排除短绒和尘屑的目的。如果小漏底内部静压过高，网眼中排出的气流过急，常会使网眼堵塞，并使小漏底入口的气流不能畅通地流入，导致入口积花。这种积花会间断地带入漏底或落入车肚，造成棉网云斑或落白花。

小漏底入口隔距一般采用4.7～9.5mm。当此隔距增大时，进入小漏底的气流量增多，从小漏底排出的气流、短绒和尘屑也略多，但由于入口处进入漏底的附面层气流多，从而使后车肚总落棉率较入口隔距小时为少。

小漏底出口隔距一般采用0.4～1.6mm。当此隔距增大时，刺辊带出小漏底的气流量增多，引起刺辊与锡林隔距点附近的静压增大，从而使小漏底出口处的静压也随之增大，有助于网眼部分排除短绒和杂质，但过高又会引起网眼堵塞。生产上，常用小漏底的出、入口隔距来调节小漏底的落棉和短绒排除量。

（3）小漏底弦长：当小漏底的高低位置不变时，缩短弦长，相当于增加第二落杂区长度，使纤维和杂质在该区有较多的下落机会。同时随着第二落杂区的加长，附面层增厚，故在小漏底入口处被挡落的杂质也多。A186D型梳棉机小漏底弦长有175.6mm和200mm两种规格，通常在纺棉时采用175.6mm，纺化纤时采用200mm。

三、锡林、盖板和道夫部分的结构与作用

（一）锡林、盖板和道夫部分机构

1. 锡林　锡林是梳棉机的主要机件，由滚筒和针布组成。A186D型梳棉机锡林滚筒的结构如图4-11所示，其直径为1282mm，包覆针布后的工作直径为1290mm。由于锡林直径大，转速较高（360r/min），同相邻机件的隔距很小，因而滚筒的圆整度、同心度以及动平衡要求很高。锡林轴承采用

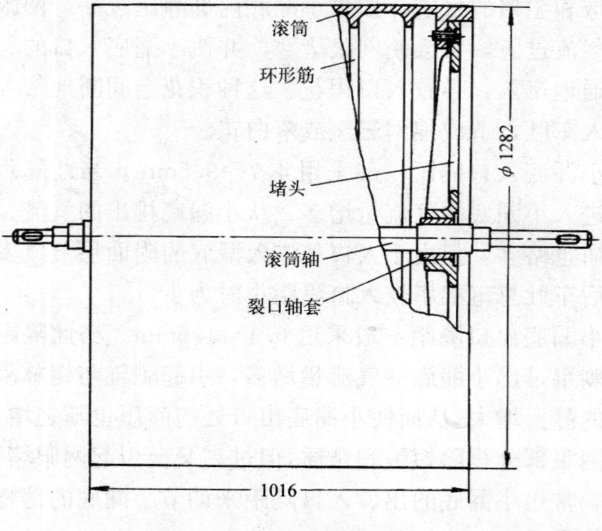

图4-11　锡林滚筒结构

滚动轴承，以利高速回转。

2. **盖板** 盖板由盖板铁骨和针布组成。A186D型梳棉机盖板铁骨结构如图4-12所示。它是一狭长铁条，长1072mm，宽33.3mm，工作面包覆针布后针面宽度为22mm。为防止弯曲变形及增加强度，盖板铁骨的截面呈T形。每根盖板与锡林针面的隔距是入口大，出口小，以使每块盖板的针面梳理作用逐步增强。A186D型梳棉机共有盖板106根，其中工作盖板为40根。盖板间由链条连接，并随链条一起运动。

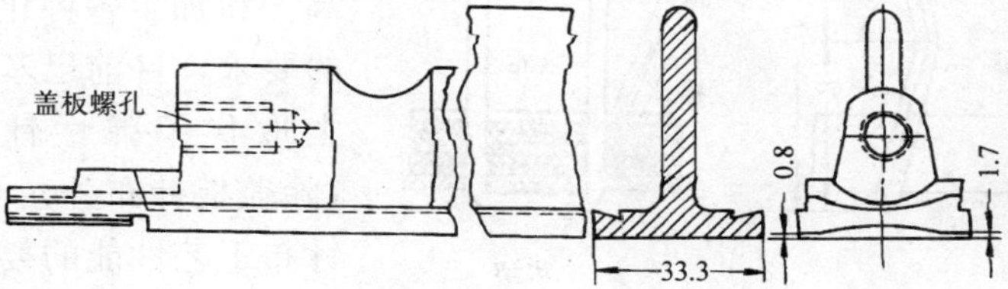

图4-12 盖板铁骨

3. **道夫** 道夫的结构与锡林辊筒相似，其直径为698mm，包上针布后的工作直径为706mm。由于它的直径小、转速低（25r/min左右），因而对它的动平衡等要求不如锡林那样高。

4. **前、后罩板** 包括后罩板、前上罩板、前下罩板和抄针门。它们的作用是罩住锡林针面上的纤维，以免飞散；并能调整落棉量的多少。前、后罩板由钢板制成，上下呈刀口形，中间厚，以增加其刚度。

5. **大漏底** 由镀锌铁皮制成，分前后两段。漏底中部为尘棒，前后两端为平滑弧板。其主要作用是托持锡林上的纤维，而部分短绒和杂质在离心力的作用下，由尘棒间落下。大漏底的入口隔距一般较大，出口最小，中间逐步收小，以使锡林带动的气流均匀地流出尘棒，排除短绒和细小杂质。

（二）针布

锡林、盖板和道夫针布是分梳工作的主要元件，它的结构和规格参数在很大程度上影响梳理质量。梳棉机的针布分为弹性针布和金属针布两大类。金属针布是弹性针布的发展，它更能适应梳棉机高产和加工各种化纤的要求，目前已基本上取代了弹性针布（除盖板针布外）。对针布工艺性能的要求是：

（1）针齿能抓取纤维进行梳理，并易于从一个针面向另一针面转移纤维。

（2）针齿尖端能保持其锐利度，耐磨且针面平整，以保持两针面间有准确的隔距。

（3）具有一定的针隙容量，以提高梳棉机的均匀混和作用。

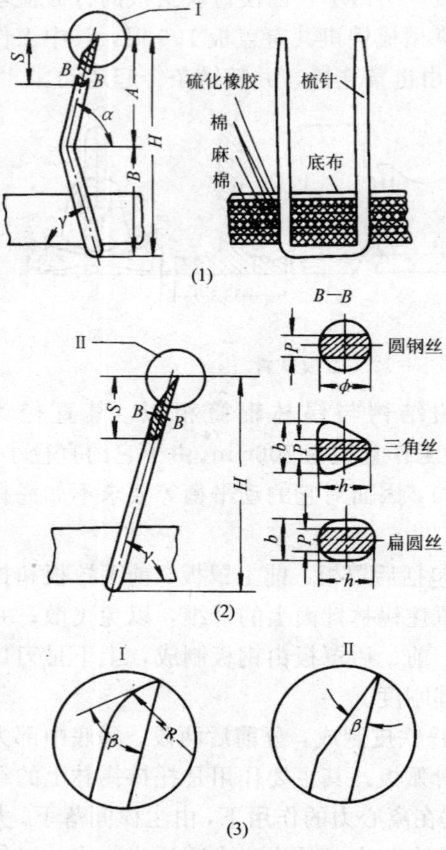

图 4-13 弹性针布

1. 弹性针布　弹性针布由底布和钢针组成，钢针按一定形式植于底布上，如图 4-13 所示。底布是植针的基础，要求强力高、弹性好、伸长小。底布由硫化橡胶、棉织物、麻织物等多种织物用混炼胶胶合而成，如 VCLCCC（橡胶、棉织物、麻织物、棉织物、棉织物、棉织物）。

钢针一般用优质碳素钢拉制而成，以 U 形按一定的植针角 γ 植在底布上。由于梳理时钢针受力后仰，影响相邻两分梳件的隔距，因而将钢针设计成膝状，以减少这种影响。钢针的垂直高度 H 一般为 8～9mm，钢针尖部一般经压磨和侧磨，针尖呈刀口形，使针齿锋利。钢针的截面形状有圆形、三角形和扁圆形三种。常用的几种弹性针布的规格参数见表 4-3、表 4-4。

表 4-3　锡林、道夫弹性针布规格参数

规格 \ 名称	709		736		737	
	锡　林	道　夫	锡　林	道　夫	锡　林	道　夫
截面形状	三角形	三角形	扁圆形	扁圆形	三角形	三角形
钢丝尺寸 h/b / mm	0.40/0.30	0.40/0.30	0.33/0.25	0.33/0.25	0.33/0.28	0.33/0.28
针尖数 / $(25.4mm)^2$	360	480	420	500	420	500
动角 α/°	74±2	68±2	74±2	68±2	74±2	68±2
植角 γ/°	76±2	76±2	76±2	76±2	76±2	76±2
针高 H/mm	9±0.2	9±0.2	9±0.2	9±0.2	9±0.2	9±0.2
上膝高 A/mm	4.5±0.1	4.5±0.1	3.5	3.5	3.5	3.5
下膝高 B/mm	4.5±0.1	4.5±0.1	5.5±0.2	5.5±0.2	5.5±0.2	5.5±0.2
底布组织	五层橡皮面	五层橡皮面	五层中橡皮	五层中橡皮	五层中橡皮	五层中橡皮
底布层次	VCLCCC	VCLCCC	CVCLCC	CVCLCC	CVCLCC	CVCLCC
适纺范围 单产/kg/(台・h)	棉粗中特纱 15～20		棉中细特纱 10～14		适纺中细特纱 15 左右	

表 4-4 盖板针布的规格参数

规格	652	709	672	702
针尖数/$(25.4mm)^2$	380	460	256	180
截面形状	三角形	三角形	扁圆形	扁圆形
动角 α/°	72±2	74±2		
植角 γ/°	74±2	76±2	74±2	74±2
针高/mm	9±0.20	9±0.20	8±0.2	8±0.2
下膝高/mm	5.5	4.5		
底布组织	五层橡皮面	五层橡皮面	八层橡皮面	八层橡皮面
层次	VCLCCC	VCLCCC	VCCLCCCCC	VCCLCCCCC
植针宽度/mm	22	22	22	22
适用范围	与金属针布配用	与709锡林、道夫针布及一般金属针布配用，适纺中特纱	与金属针布配用，适纺化纤及棉中特纱	与金属针布配用，适纺化纤
单产 kg/(台·h)		20	20～25	20～25

2. 金属针布　金属针布是由钢丝轧扁、冲齿、淬火后制成，形如刺辊锯条，用以包覆锡林与道夫。金属针布的各种齿形和规格参数见图 4-14 和表 4-5。新型金属针布的齿形规格参数见图 4-15 和表 4-6。

（三）锡林与刺辊间剥取作用

锡林针面与刺辊针面间的针齿和速度配置决定了它们之间将产生剥取作用，导致纤维从刺辊向锡林转移。如果纤维不能完全转移给锡林，会造成刺辊返花，影响刺辊的分梳作用；同时纤维再次进入给棉部分，会被搓成棉结和产生棉网云斑，影响棉网质量。影响剥取作用的主要因素有以下几个方面：

1. 锡林与刺辊的速比　锡林与刺辊的速比（指表面线

表 4-5　金属针布的规格参数

型　号	齿　形	用途	$\frac{T}{mm}$	$\frac{W}{mm}$	$\frac{H}{mm}$	$\frac{h}{mm}$	α	γ	β_1/β_2	$\frac{a}{mm}$	$\frac{b}{mm}$	$\frac{c}{mm}$	$\frac{d}{mm}$	$\frac{针尖数}{(25.4mm)^2}$	适　用　范　围
JT—49	弧背、负角	锡林	1.6	0.8	3.6	1.5	75°		圆弧背	0.10	0.15	0.40	1.30	508	适纺棉中特纱，亦可纺化纤，单产 25kg/(台·h)
JT—38	凸背齿	道夫	1.8	0.9	4.7	2.8	60°	20°		0.15	0.20	0.50	1.30	398	与 JT—40 配套使用
JT—205	凹背负角	锡林	1.4	0.8	3.0	0.9	78°	20°		0.10	0.15	0.45	1.10	575	适纺化纤，单产 10～20kg/(台·h)
JT—206	凸背齿	道夫	1.6	0.8	4.0	2.0	65°	20°		0.15	0.20	0.40	1.30	508	与 JT—205 配套使用
SC—3	弧背、负角	锡林	1.27	0.8	3.2	1.1	75°	30°		0.10	0.15	0.40	1.35	635	棉与化纤通用，棉单产 25kg/(台·h)
SD—3A	直齿	道夫	1.95	0.75	4.5	2.3	58°	18°		0.10	0.15	0.50	1.40	441	与 SC—3、SC—12 配用
JT—57		锡林	1.25	0.8	3.0	1.2	78°	18°		0.10	0.15	0.4	1.36	653	

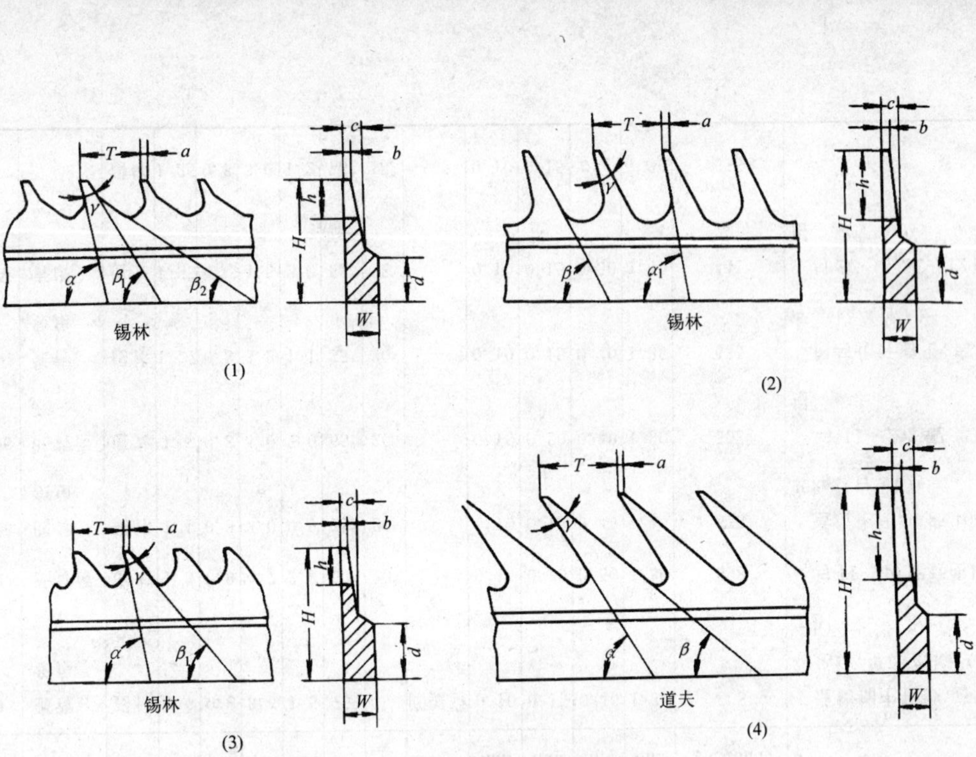

图 4-14　金属针布的齿形和规格参数

α—锯齿工作角　T—齿距　H—齿总高　h—齿尖高　W—基部厚度

d—基部高度　γ—齿尖角　a—齿顶宽度　b—齿顶厚度

c—齿根宽度　β_1—齿背角

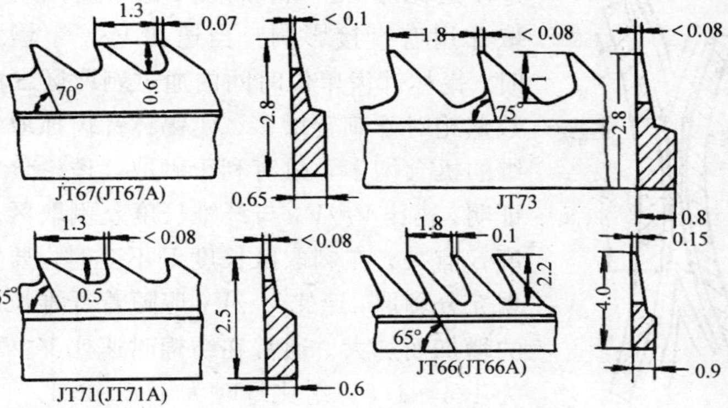

图 4-15　新型金属针布的齿形规格参数

表 4-6　新型金属针布的主要规格参数

型号	用途	产地	主要规格							
			P/mm	W/mm	H/mm	h/mm	α	b/mm (齿尖厚)	齿顶面积 mm²	针尖数 (25.4mm)²
JT67 (JT67A)	锡林	青岛	1.3	0.65	2.8	0.6	70°	<0.10	<0.007	742
JT71 (JT71A)	锡林	青岛	1.3	0.6	2.5	0.5	65°	<0.08	<0.007	445
JT73	锡林	青岛	1.3	0.8	2.8	1.0	75°	<0.08	0.007	445
JT66 (JT66A)	道夫	青岛	1.8	0.9	4.0	2.2	65°	<0.015	<0.015	395
SAC42X	锡林	上海	1.5	0.67	3.0	0.9	70°	0.10	0.005	641
SAC35X	锡林	上海	1.27	0.62	3.0	1.1	75°	0.10	0.005	820
SAC—53	锡林	上海	1.3	0.67	2.8	0.6	70°	0.10	尖齿	740
SAC—54	锡林	上海	1.5	0.67	2.8	0.75	72°	0.10	0.007	641

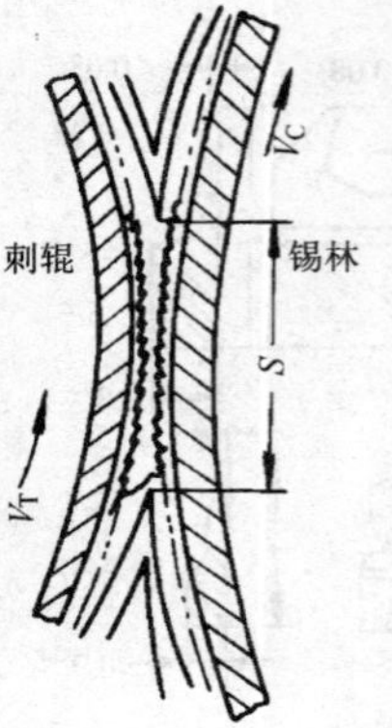

图 4-16　锡林刺辊剥取区

速度之比即 V_C/V_T，如图 4-16 所示）对剥取作用有直接影响。当速比 V_C/V_T 增大时，锡林针齿单位时间内通过剥取区 S 的数量相对于刺辊增多，使锡林针齿抓取纤维的机会增多，故有利于剥取。理论分析证明，速比 V_C/V_T 与纤维长度及剥取区长度 S 有关；在剥取区长度 S 不变时，要实现充分剥取，速比 V_C/V_T 应随着纤维长度的增加而加大。通常在纺棉时速比 V_C/V_T 为 1.4～1.8；纺化纤时为 1.8～2.4。

2. 刺辊与锡林的隔距　此隔距愈小，剥取愈完全。因为隔距小，锡林针齿抓取纤维的机会多、时间早，有利于纤维的转移。A186D 型梳棉机此隔距一般采用 0.13～0.18mm。

3. 其它因素　影响剥取的其它因素有：锡林针齿的角度和密度；刺辊锯齿的角度和密度、剥取区的气流和压力等。

（四）锡林和盖板间的分梳作用

1. 作用过程　锡林从刺辊上剥取的纤维，经后罩板进入锡林盖板工作区。由于锡林、盖板间为梳理作用，故两针面都能抓取纤维。由于条件不同，两针面抓取纤维的能力不同，抓取能力强的针面握持纤维，抓取能力弱的针面与纤维产生滑动——梳理纤维（梳开、伸直）。情况变化，针面抓取能力变化，纤维的握持和梳理也发生变化；此时此处甲针面握持，乙针面梳理；彼时彼处变为乙针面握持，甲针面梳理，握持点和梳理点瞬时变化。这种握持点和梳理点改变的现象，叫做两针面间纤维的转移。

工作盖板头几根抓取能力强，主要表现为盖板握持锡林梳理。20 根盖板之后，由于盖板充塞纤维，抓取能力减弱，变为盖板握持、锡林梳理和锡林握持、盖板梳理两种状态。

在某种条件下，两针面抓取能力相同，则纤维束被分解或将纤维拉断。

由此可见，梳理作用要求纤维既要握持在针齿上，避免浮于两针面间或沉入针齿隙，又要使纤维在两针面间反复转移。

2. *影响分梳作用的因素* 主要有锡林速度、台时产量、针布规格和锡林盖板间隔距等。

（1）锡林速度：在梳棉机的台时产量一定时，提高锡林转速，由于纤维所受的作用齿数增加，造成分梳作用增强。锡林增速与分梳效果的关系试验见表 4-7。可以看出，在相同产量下提高锡林转速，棉网中未分解的棉束重量和只数均减少。

表 4-7 棉束试验

产量 kg/（台·h）	锡林转速 r/min	260	310	360	410
	刺辊转速 r/min	1160	1360	1520	1820
10	棉网中红棉束重量 mg	46.6	—	24.5	—
15		67.0	52	41.2	42.3
20		74.4	—	54.7	—
25		97.2	83.8	70.4	68.6
30		106.6	—	76.7	—
10	棉网中红棉束只数 只	255.3	—	169.4	—
15		382.5	314.2	280.9	247.5
20		378.7	—	325.4	—
25		506.5	461.0	388.0	404.8
30		539.5	—	382.8	—

注 试验方法是用 30 只重量为 980mg 的红棉束，夹入棉卷中喂入，然后在棉网中拣出红棉束，计算只数并称重。

（2）梳棉机的产量：在原有状态下增加产量时，会使锡林和盖板负荷增加，削弱了针齿对纤维的握持作用，梳理效果下降。其实验结果见表 4-7。可以看出，在相同的速度下提高产量时，棉网中未分解的棉束重量和只数均增加。

（3）针布规格：锡林、盖板和道夫的针布规格对分梳作用均有影响，这里重点介绍锡林针齿工作角 α、齿密和齿深三个主要规格参数对分梳、转移、除杂、混和、均匀的影响。当 α 小时，对纤维握持好，但针隙易充塞纤维，针面负荷大；当 α 过大时，针齿握持纤维的能力差，但针面负荷小。一般 α 为 70°～82°。针齿密度增大时，针齿对纤维的握持增强且作用于每根纤维上的平均齿数增多，有利于增强分梳作用；但过密时会损伤纤维，一般纺细特纱时采用密齿针布。齿顶高 h 对分梳作用也有较大的影响。h 小时，纤维常处于针齿尖部，分梳充分，转移良好，并能提高齿尖强度；h 过小时，容纤量少，对均匀混和不利。

（4）锡林与盖板间隔距：锡林和盖板间隔距分五点校正，一般隔距配置为 0.25、0.23、0.2、0.2、0.23mm。进口的隔距大，可减少纤维充塞，并符合棉束逐步分解的要求。出口一点位于盖板传动部分，盖板上下易走动，隔距也稍大些。锡林与盖板间隔距小时，针齿刺入纤维层深，接触纤维多，纤维被梳理的长度长；隔距小时还能使两针面转移的纤维量多，浮于两针面间的纤维少，不易被搓成棉结。因此采用紧隔距是充分发挥盖板工作区分梳效能的重要工艺措施。

（五）锡林与道夫间的作用

1. 作用过程　根据锡林、道夫两针面间针齿配置和速度配置情况，锡林与道夫间为梳理作用，故两针面都能抓取纤维。锡林针面上的纤维离开盖板工作区后，在离心力作用下，部分浮升在针面上，当走到锡林道夫三角区时，纤维的一端被道夫针面抓取，有少量纤维未经梳理就交给了道夫。随后纤维在工作区弧段中进行梳理，有少量纤维在两针面间反复转移。经工作区梳理之后，被道夫抓取的纤维以棉网的形式输出；被锡林针面抓取的纤维经过大漏底后与刺辊输入的新纤维汇合在一起，再次回到盖板工作区进行重复梳理。

锡林与道夫间的作用常被称为凝聚作用，这是因为道夫转速慢而锡林转速快，它们之间的线速比一般为1∶20～1∶30。

2. *棉网中纤维的形态*　认真观察棉网结构可知，其内的纤维绝大多数并非是伸直的，而是呈现各种弯曲状态。国内曾用示踪纤维研究了生条中的纤维形态，并统计了各种形态纤维所占的比例，其试验结果见表4-8。可以看出，棉网中大部分纤维为后弯钩状态。这是因为在作用过程中被道夫针面握持的纤维，其伸出的一端受锡林针面的快速梳理，被梳理的一端在前，而道夫针面握持的一端在后，这样纤维随道夫输出时就形成了后弯钩。在生产中常根据大多数纤维的弯钩方向，合理配置纺纱工艺参数；并以此确定纺纱加工道数是奇数还是偶数。

表4-8　棉网中纤维的形态

形　态	形态（行进方向←）	比例/%
无弯钩		22.41
前弯钩	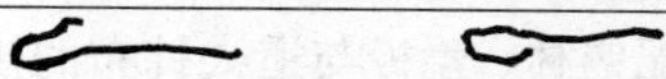	5.46
后弯钩	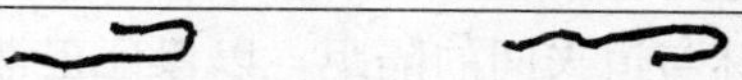	51.91
两端弯钩	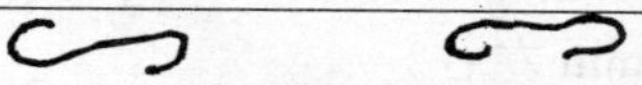	9.29
其他型		10.93

3. 道夫转移率　锡林向道夫转移纤维的多少，可用道夫转移率表示。所谓道夫转移率是指锡林一转转移给道夫的纤维量占转移前锡林针面上全部纤维量的百分率。用公式表示为：

$$\gamma=\frac{g}{Q}\times 100\% \tag{4-3}$$

式中：γ——道夫转移率；

Q——转移前锡林一周的纤维总量（g）；

g——锡林一转转移给道夫的纤维量（g）。

它可根据梳棉机产量和锡林转速计算，算式为：

$$g=\frac{P\times 1000}{n_c\times 60} \tag{4-4}$$

式中：P——梳棉机产量［kg/（台·h）］；

n_c——锡林转速（r/min）。

道夫转移率γ与梳理质量有着密切的关系。当γ值大时，Q小，即锡林负荷小，增强了针齿对纤维的握持、分梳及转移能力，有利于提高梳理质量。但γ值过大时，锡林带到盖板工作区重新梳理的纤维量减少，梳理作用减弱。若γ值过小，锡林带回盖板工作区重新梳理的纤维量增多，针面负荷大，反复梳理过分。因此在高产梳棉机上γ值一般控制在6%～15%。

道夫转移率的控制，主要是结合梳棉机产量、锡林转速的情况，合理选配锡林、盖板与道夫针布的规格参数。另外，应尽量缩小锡林与道夫间的隔距，以保证正常转移，此隔距一般要求为0.12mm左右。

（六）锡林、盖板和道夫部分的混和、均匀作用

1. 混和作用　由于道夫转移率一般在6%～15%，因此

锡林将其余大部分纤维返回，与从刺辊上剥取的新纤维重叠；并一起被锡林带入盖板工作区梳理与反复转移，从而实现单纤维之间的充分混和。同时由于道夫针面抓取纤维的随机性，使纤维在梳棉机内停留时间存在差异，从而造成同一时间喂入的纤维，不可能同时输出；不同时间喂入的纤维，却存在于同时输出的棉网内，因此不同时间喂入的纤维得到了混和。

锡林、盖板和道夫部分的混和作用可以通过试验进行观察。在正常生产的梳棉机中，在白色棉卷后喂入红色棉卷，观察道夫输出棉网的变化：先是白色棉网输出，接着是白红相混的淡红色棉网，颜色逐渐加深，待棉网输出 10～20m 长后才完全变红。这种现象说明先喂入的白色纤维和后喂入的红色纤维具有混和作用。

2. 均匀作用　如将正常生产的梳棉机突然停止给棉，则可发现梳棉机输出的棉条不是立刻中断，而是逐渐变细，一般金属针布梳棉机可持续 3～7s，弹性针布梳棉机持续时间更长。将变细的棉条逐段称重，则可得到如图 4-17 所示的曲线 2—7—8。如果在棉条变细过程中恢复给棉，棉条也不会立即达到正常的定量，而是有一个逐渐增重的过程，见图 4-17 的曲线 7—6。可见在机器停止给棉和恢复给棉过程中，棉条并不按图中 1—2—3—4—5—6 那样变化，而是按 1—2—7—6 变化。从而表明，在停止给棉时，针齿放出纤维，放出的纤维量为 2—3—4—7 所包围的面积；在恢复给棉后，针齿吸收纤

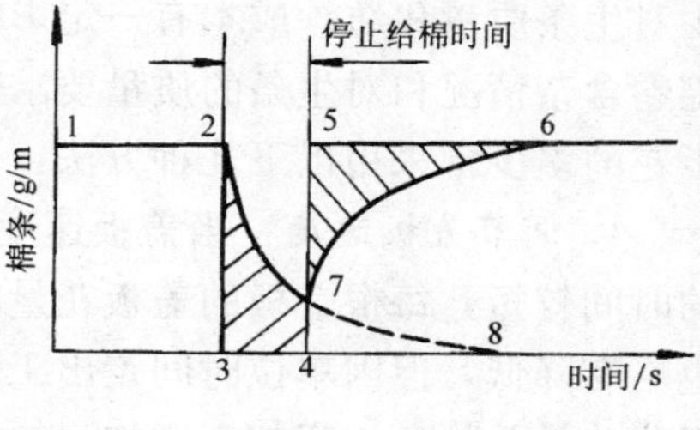

图 4-17　均匀作用试验

维，吸收量为5—6—7所围的面积。针齿这种吸放纤维的性能有利于缓解喂入量波动对棉条均匀度的影响。这种现象称梳棉机的均匀作用。

（七）锡林盖板的除杂作用

在盖板工作区内，锡林与盖板对纤维进行梳理的同时，还有除杂作用。盖板上的杂质在盖板花中排除，而锡林上的杂质则采用抄针的方法除去。在金属针布梳棉机上，不需要日常抄针，一般5～10天抄一次，以清除嵌入针齿间的破籽，且抄针花极少。故锡林盖板的除杂作用，主要表现在盖板花上。根据检验结果可知，盖板花中短绒含量约占40%，可纺纤维占50%左右，而杂质约占10%。其中大部分杂质为带纤维籽屑、软籽表皮和僵瓣，并有少部分棉结。可见，盖板花的多少对生条质量和纺纱成本有一定影响，因此在生产中常根据棉卷含杂情况和对生条的质量要求来控制盖板花量。控制盖板花的多少常采用以下几种方法：

1. *调节盖板速度*　当盖板速度较快时，盖板经过工作区的时间较短，每根盖板的盖板花量略有减少，盖板花含杂率也略有降低，但因单位时间走出工作区的盖板根数增加，盖板花总量及除杂效率却有增加。在A186D型梳棉机上，盖板速度的可调范围为81～266mm/min。

2. *调节前上罩板上口与锡林间隔距*　此隔距对盖板花的多少影响很大，尤其对长纤维进入盖板花的影响非常显著。如图4-18（1）所示，较长的纤维在盖板工作区最前方一、二根盖板针齿的共同握持下，受到前上罩板上口的机械作用。当前上罩板上口与锡林间隔距小时，如图中（2）所示，纤维被前上罩板压向锡林，故纤维与锡林针齿接触数量较隔距大时为多，增强了锡林针齿对纤维的握持，纤维易于被锡林带走而使盖板花减少。此隔距的调整范围是 0.47～0.60mm。

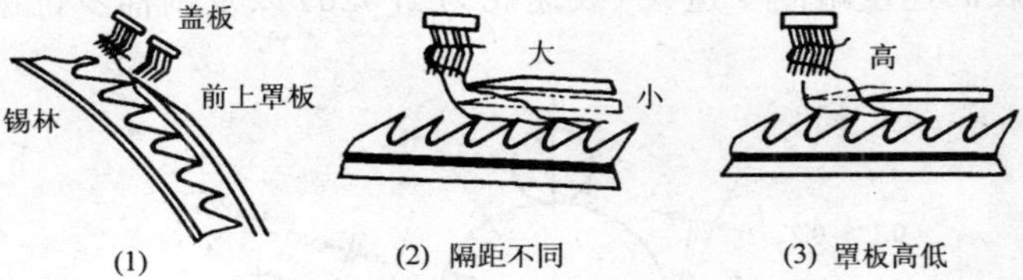

图 4-18　前上罩板对盖板花的作用

3. 调节前上罩板的高低位置　前上罩板的高低位置对盖板花的影响也很明显，如图中（3）所示。当前上罩板位置较高时，其效果和缩小前上罩板上口与锡林间的隔距相似，也使盖板花减少。

四、剥棉、成条和圈条部分

（一）剥棉装置

剥棉装置的作用是将道夫上的棉网剥离，并将其输出机外。

剥棉装置可分为间歇式和连续式两类。在低速梳棉机上采用间歇式斩刀剥棉，它利用斩刀的高速摆动（1500～1800次/min）间歇性地剥取棉网，当道夫转速提高到 15～20r/min 以上时，此种装置不能满足工艺要求，表现在棉条条干恶化，断头多，道夫返花。因此在高产梳棉机上，普遍采用了连续式罗拉剥棉装置，常用的有四罗拉和三罗拉两种。

1. 四罗拉剥棉装置　A186D 型梳棉机采用四罗拉剥棉装置，其结构如图 4-19 所示，它是由一个剥棉罗拉 2、一个转移罗拉 3 和一对轧辊 4、5 组成。剥棉罗拉和转移罗拉上均包有锯条（其结构见图 4-19），这种锯条既能有效地从道夫上剥取棉网，又能使光滑的轧辊从转移罗拉上剥取棉网。由于剥棉罗拉与道夫的隔距很小（0.125～0.225mm），剥棉罗拉的表面速度略高于道夫（线速比为1.026）以及剥棉罗拉锯齿

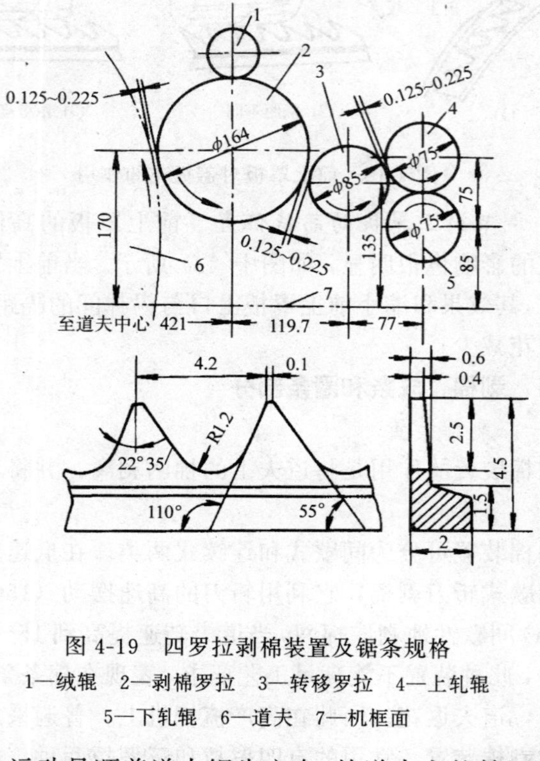

图 4-19　四罗拉剥棉装置及锯条规格

1—绒辊　2—剥棉罗拉　3—转移罗拉　4—上轧辊

5—下轧辊　6—道夫　7—机框面

在该处的运动是顺着道夫锯齿方向，故道夫上的棉网能顺利地剥下。转移罗拉与剥棉罗拉的作用，同剥棉罗拉与道夫间的作用基本相同。上轧辊和转移罗拉间的隔距很小（0.125～0.225mm），而下轧辊和转移罗拉间的隔距则有10mm，轧辊与转移罗拉间的线速比为1.123。在生头时，转移罗拉上的棉

网在上轧辊处受到轧辊的摩擦作用而被剥离，并由轧辊输出。上、下轧辊间隔距很小，轧辊本身较重，对棉网中的杂质有压碎作用。上、下轧辊各有一把刮刀，可清除轧辊上的飞花、杂质，防止棉网断头后卷绕在轧辊上。在剥棉罗拉上放有一根绒辊，由剥棉罗拉摩擦传动，可防止棉网返回道夫而轧坏针布。当绒辊绕花过多时，绒辊芯子上抬，通过限位开关使梳棉机停车，以保证安全生产。

2. 三罗拉剥棉装置

FA201型梳棉机采用三罗拉剥棉装置，其结构如图4-20所示，它由一个剥棉罗拉和一对轧辊组成。三罗拉剥棉装置的作用原理与四罗拉剥棉装置基本相同。其特点是较四罗拉剥棉装置简单，且下轧辊直径大，对剥离的棉网有一定的托持作用，可防止棉网下坠而引起断头。

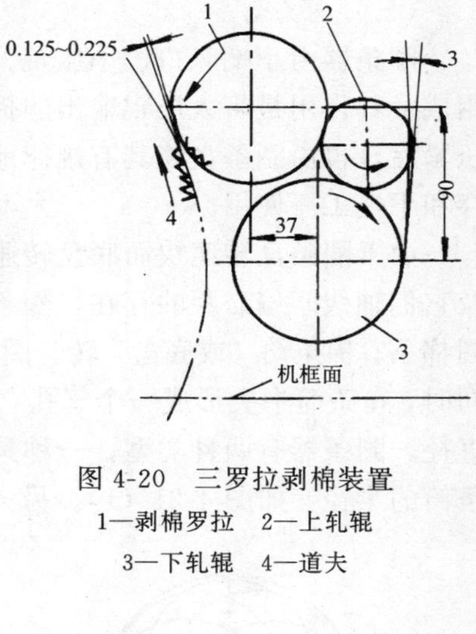

图4-20 三罗拉剥棉装置
1—剥棉罗拉 2—上轧辊
3—下轧辊 4—道夫

（二）成条机构

成条机构由喇叭口和大压辊组成，其作用是将轧辊输出的棉网集拢成棉条，并将棉条压紧，以提高其强力，防止断头和意外牵伸；同时还可增加条筒容量。

1. 喇叭口 喇叭口直径大小，对棉条的紧密程度有较大影响，喇叭口的直径应与生条定量相适应。如果直径过小，棉条在喇叭口与大压辊间造成意外牵伸，会影响棉条的均匀度；

如果直径过大，达不到压缩棉条的作用，会影响棉条强力和条筒容量。A186D 型梳棉机喇叭口的直径有 6.5mm 和 8mm 两种供选用。

2. 大压辊　上、下大压辊的直径均为102mm。压辊的加压大小也会对输出棉条的紧密度产生影响。压辊压力的大小可以调节，一般纺化学纤维时比纺棉压力大些，因为化纤比棉膨松、易堵。

（三）圈条器

圈条器由小喇叭口、小压辊、圈条盘、圈条柱和底盘等组成。其作用是将大压辊输出的棉条通过喇叭口，经小压辊压紧后，再由圈条盘将其有规律地圈放在棉条筒内，以便储存和下道工序使用。

由于圈条盘转速快而底盘转速慢（转速比为38～80）以及它们轴线间偏心距的存在，圈条盘转一转，棉条筒形成一圈棉条；棉条筒（或底盘）转一圈时，条筒内形成一层棉条。同时，在条筒中央形成一个气孔，如图 4-21 所示，d_0 为气孔直径。圈条器有两种类型，一种是大圈条，即圈条直径大于条筒的半径，如图 4-21（1）。另一种是小圈条，即圈条直径

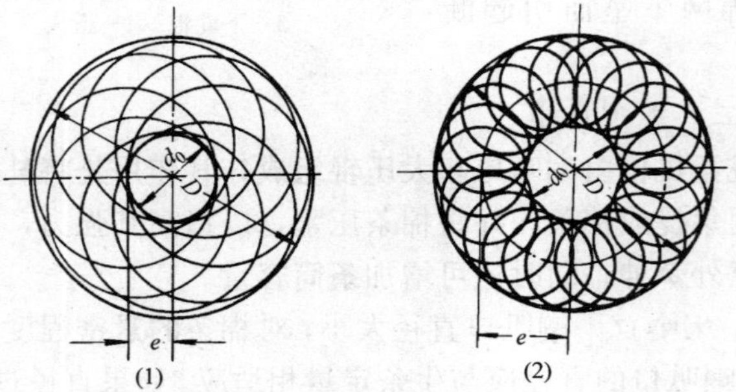

图 4-21　大、小圈条

小于条筒的半径，如图 4-21（2）。

五、梳棉机的传动与工艺计算

（一）A186D 型梳棉机的传动系统

如图 4-22 所示，A186D 型梳棉机由两个电动机传动，3.3kW 的主电动机传动锡林、刺辊和盖板；1.1/0.6kW 的双速电动机传动道夫和给棉部分，高速用于正常生产，而低速用于生头。其传动系统为：

3.3kW电动机→锡林→刺辊
3.3kW电动机→锡林→盖板皮带轮→盖板星形导盘轴
3.3kW电动机→锡林→盖板皮带轮→螺旋毛刷
3.3kW电动机→锡林→盖板皮带轮→盖板斩刀

1.1/0.6kW电动机→道夫→牵伸变换齿轮→给棉罗拉→棉卷罗拉
1.1/0.6kW电动机→道夫→剥棉罗拉→转移罗拉→轧辊
1.1/0.6kW电动机→道夫→张力齿轮→大压辊→圈条器

（二）梳棉机的工艺计算

1. 主要机件的速度

（1）锡林转速（r/min）：

$$锡林转速=电动机转速\times\frac{电机皮带轮直径(D_m)}{锡林皮带轮直径}\times(1-皮带滑溜率)=1450\times\frac{D_m}{540}\times98\%$$

D_m 有 125、136mm 两种，由上式计算得出锡林转速，见表 4-9。式中皮带滑溜率为 2%，下同。

（2）刺辊转速（r/min）：

$$刺辊转速=锡林转速\times\frac{D_1}{D_2}\times(1-2\%)$$

锡林皮带轮 D_1 和刺辊皮带轮 D_2 备有两组配套，可供选

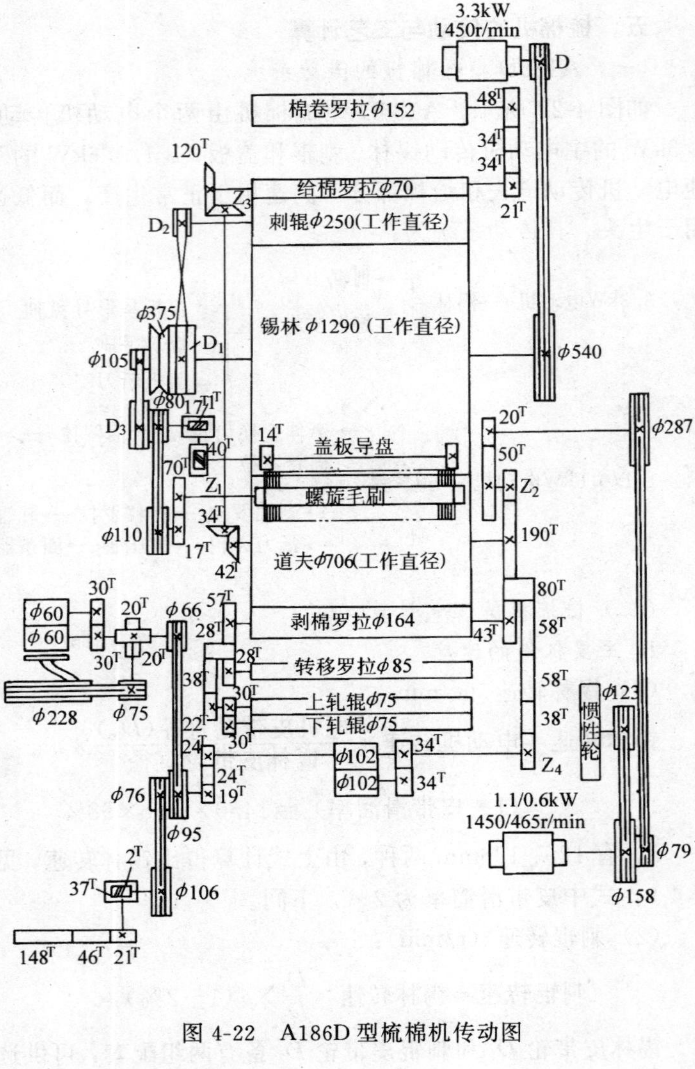

图 4-22　A186D 型梳棉机传动图

用。两组配套皮带轮与转速间的关系见表 4-9。

表 4-9 锡林、刺辊转速同皮带轮直径的关系

D_m/mm	锡林转速/r/min	D_1/mm	D_2/mm	刺辊转速/r/min
125	330	400	132	980
		412	136	
136	360	400	132	1070
		412	136	

(3) 盖板速度 (mm/min)：星形导盘为 14 齿，即导盘一转走过盖板 14 根。导盘节距为 36.5mm，即为盖板链条节距。

$$盖板速度=锡林转速\times\frac{105}{盖板皮带轮直径}\times(1-2\%)\times\frac{1}{17}\times\frac{Z_1}{40}\times14\times36.5$$

盖板皮带轮直径 D_3 有 210、260、315mm，可供选用。一般纺棉时选用 $Z_1=2$，纺化纤时 $Z_1=1$，代入上式可计算出盖板速度。盖板速度的可调范围是 81～266mm/min。

(4) 道夫转速 (r/min)：在双速电机传动道夫的过程中，有一变换齿轮 Z_2，称为快慢牙，可按工艺要求选用，Z_2 的齿数范围是 18～34 齿。

$$道夫转速=双速电机转速\times\frac{79}{287}\times\frac{20}{50}\times\frac{Z_2}{190}\times(1-2\%)$$

正常运转时，电机转速为 1450r/min，道夫转速范围为 15～28r/min；当慢速生头时，电机转速为 465r/min，道夫转速范围为 4.8～9r/min。

2. 牵伸倍数　梳棉机的总牵伸倍数是指棉卷罗拉至小压辊的牵伸倍数。由 A186D 型梳棉机传动图可求得总牵伸 E：

$$E=\frac{48}{21}\times\frac{120}{Z_3}\times\frac{34}{42}\times\frac{190}{Z_4}\times\frac{24}{19}\times\frac{95}{66}\times\frac{60}{152}\times(1-2\%)$$

$$=\frac{29670}{Z_4\times Z_3}$$

在 A186D 型梳棉机上 $Z_3=19\sim21$ 齿，$Z_3=13\sim21$ 齿，由此得总牵伸倍数 E 的范围是 67.3～120.2。

以上按输出与输入机件的表面速度求得的牵伸，称为计算牵伸。棉卷定量与生条定量之比，称为实际牵伸。在梳棉机上由于落棉的存在，故实际牵伸大于计算牵伸。它们之间的关系如下：

$$实际牵伸=\frac{计算牵伸}{1-落棉率}$$

一般情况下，梳棉机的落棉率为 3.5%～4.5%。在生产中常根据计算牵伸与实际牵伸的关系来合理地选配牵伸变换齿轮 Z_3。

3. *理论产量 G* 梳棉机的理论产量决定于生条定量和小压辊的速度。在生产上常用道夫转速来大体表述梳棉机的产量水平。A186D 型梳棉机的理论产量可按下式计算：

$$G=道夫转速\times60\times\frac{190}{Z_4}\times\frac{24}{19}\times\frac{95}{66}\times(1-2\%)\times\frac{60\pi}{1000}\times生条定量\times\frac{1}{5}\times\frac{1}{1000}$$

$$=道夫转速\times产量常数\times生条定量$$

理论产量的单位是 kg/（台·h）。当 $Z_4=19$、20、21 齿时，产量常数分别为 $\frac{0.766}{19}$、$\frac{0.766}{20}$、$\frac{0.766}{21}$。

例 在 A186D 型梳棉机上，若道夫转为 25r/min，生条定量为 20.5g/5m，$Z_4=20$ 齿，则：

$$G=25\times\frac{0.766}{20}\times20.5=19.63\ [\text{kg/（台·h）}]$$

第三节　清梳联与梳棉除尘系统

一、清梳联合机

（一）清梳联的意义和类型

将开清棉机和梳棉机利用联接装置连接起来，使清、梳形成一个自动连续生产的整体，称为清梳联。采用清梳联具有以下优越性：

（1）实现了清梳纺纱生产的连续化、自动化。

（2）取消成卷，遵循逐步开松的原则，工艺上合理。

（3）由于省去了落卷、搬运和上卷等工作，减轻了工人的劳动强度和看管负担，提高了劳动生产率。

（4）消除了棉卷退解时的粘层（特别是化纤）或棉卷接头不良而影响梳棉机生条的质量和断头。

（5）消除了清棉的回卷，减少了梳棉的回花，使清梳总制成率提高。

清梳联有两种类型。一种是将清棉机输出的棉量通过输棉管道输送给各台梳棉机，多余的棉量再经回棉管返回中间的储棉箱，称为有回棉清梳联；另一种是输棉管道将棉流均匀地分配给各台梳棉机，称为无回棉清梳联。有回棉清梳联存在的突出问题是：对每台梳棉机分配棉量的均匀性不能保证，因此纺出生条的均匀度差，并且在纺纱品种多时，翻改调整不便，趋于淘汰。无回棉清梳联节省了中间储棉箱，没有回棉重复打击的问题，因此减少了棉结产生的机会，有利于提高生条质量，是发展的方向。

（二）无回棉清梳联的作用原理

一台清棉机的产量为 250kg/h 左右，一般与 6～12 台高产梳棉机组成一个联合机组。图 4-23 为清梳联工艺过程图，各台梳棉机喂入部分设置了喂棉箱，使其串接在同一根配棉管道上，一般采用气流配棉。清棉机打手输出的棉束，由输棉风机送入输棉管道，棉流通过各台梳棉机上方的配棉头落入喂棉箱，并进入梳棉机。

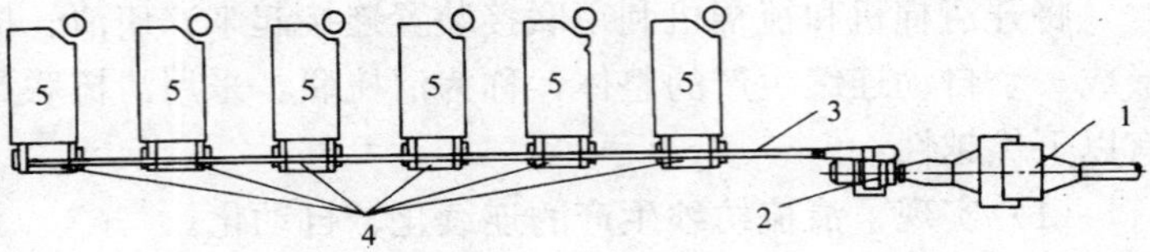

图 4-23　无回棉清梳联工艺过程

1—清棉机　2—输棉风机　3—输送管道　4—喂棉箱　5—梳棉机

靠近清棉机的第一台配棉头装有电子压力开关，按给定的压力控制清棉机出棉罗拉的开停。风机速度和清棉机出棉罗拉速度可根据梳棉机的开台数进行输棉量调节。

喂棉箱的结构如图 4-24 所示，分为上下两部分。上棉箱给棉罗拉由单独电动机传动，棉层经角钉打手的作用进一步松解成均匀的小块，鼓风板来回摆动，为下棉箱提供气流，以提高箱内原棉的密度。下棉箱前壁有网眼板排风孔，以使棉气分离。每只下棉箱都有一只电子压力开关，可控制上给棉罗拉电机的开停，以保证输出棉层的均匀。

风机将棉流送给各台的配棉头，分配给各台喂棉箱的上棉箱，空气逸出，纤维则落入棉箱。当所有上棉箱充满后，压力增高到使第一只喂棉箱上的压力开关达到给定压力时，使清棉机的输出罗拉停转，中断棉流。这时输棉风机仍运转，以维持配棉头一定的压力。

当下棉箱需要原料时，上棉箱的给棉罗拉由下棉箱的压力开关控制而转动，向下棉箱供应原料。随着下棉箱棉层高度的增多，静压也随之增加，当达到给定值时使上给棉罗拉停转。由于下棉箱底部的一对出棉罗拉不断地将棉层输向梳棉机给棉罗拉，滤网透气量会随之增加，造成静压减小，当达到给定值时，上给棉罗拉会重新给棉。此时，上棉箱储棉高度慢慢下降，排气滤网的排气面积逐渐增大，配棉头及输棉管道中的压力逐步降低，当压力降到给定值时，清棉机的输出罗拉转动，立即向配棉管道输送棉流。这样就达到清梳联无回棉的目的。

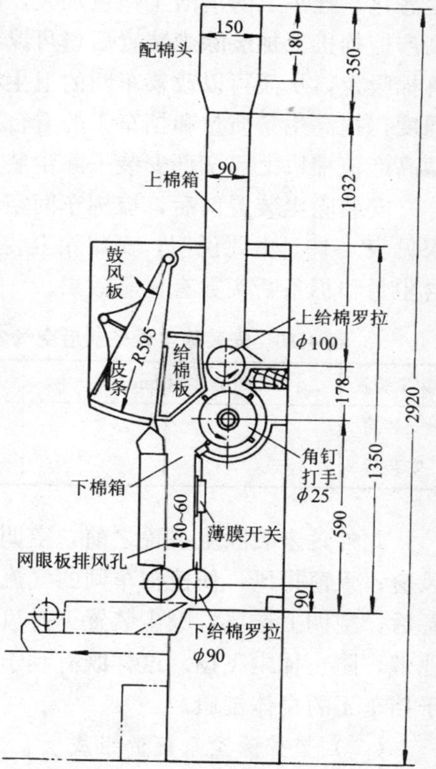

图 4-24　喂棉箱

二、梳棉除尘系统

（一）梳棉除尘的意义

随着梳棉机速度和产量的提高，后车肚落棉和盖板花都明显增多；且车间飞花尘屑增多，空气含尘量增高，环境卫生恶化，挡车工的清洁工作量加大，同时生条质量降低。在高产梳棉机上加装除尘装置后，可以将梳棉机散发的棉尘及落棉吸走，从而可以改善车间的卫生状况，减轻工人的劳动强度，提高生条质量和挡车工的看台能力。因此在国内外新型高产梳棉机上已全部安装了除尘装置。

安装除尘装置前后，梳棉车间空气含尘量及断头测定结果见表4-10。由此说明，安装除尘装置后对降低梳棉车间的含尘量和棉条断头数有显著效果。

表4-10　安装除尘设备前后空气含尘量及断头测定

除尘装置	空气含尘量/mg/m³	台时断头根数
安装前	10～12	2
安装后	2～4	0.2～0.5

此外，未装除尘装置之前，空调上送风，但排风依靠回风窗、天窗排风，使梳棉车间的气流极为紊乱。加装除尘设备后，空调上送风，吸尘装置下排风，使新鲜空气经过操作地带，防止棉尘飞扬。这样既有利于温湿度的调节，又有利于挡车工的身体健康。

（二）梳棉除尘系统的组成

梳棉除尘系统由吸尘罩、输送管道、风机和除尘设备四部分组成，可表示如下：

吸尘罩——→输送管道——→分离器——→风机——→除尘器——→排气
　　　　　　　　　　　　　↓　　　　　　　　　↓
　　　　　　　　　　　　尘杂　　　　　　　　尘杂

吸尘罩直接接触尘源，它借助通风风机在罩口造成一定的吸风速度，有效地将机台散发的棉尘和落棉吸走。吸尘罩对控制尘源、降低工作点的棉尘浓度关系极大。

输送管道是除尘系统的主要组成部分，通过它将吸尘罩、风机与除尘设备联成一体，它担负着输送和分配气流的作用。

风机是产生气流的设备。利用风机使管道中的空气流动，输送气流、棉尘和落棉。

除尘设备的作用是将风机及输送管道送来的气流和尘杂分离开来，而把分离后的空气排往车间或室外。

（三）梳棉机棉尘溢出的部位与吸尘点的布置

梳棉机上的吸尘点必须布置在棉尘和落棉散发较多的地方。梳棉机上大量散发棉尘的部位有：刺辊罩盖与给棉罗拉处、后罩板与后区盖板处、大毛刷与前上罩板处、道夫罩盖处、剥棉罗拉处、大压辊上面及圈条喇叭口处。落棉较多的位置有：后车肚、盖板斩刀处和大漏底下部。根据棉尘溢出和落棉情况，在机上布置吸尘点。A186、A186C 和 A186D 型梳棉机采用三个吸尘点，称为“三吸”，即位于道夫罩盖与剥棉罗拉处的机前吸点、机后刺辊罩盖吸点及后车肚吸点，如图 4-25。国产 FA201 型梳棉机上采用“五吸”。梳棉机上吸尘点越多，则除尘效果越好。但吸尘点过多时，设备投资和耗

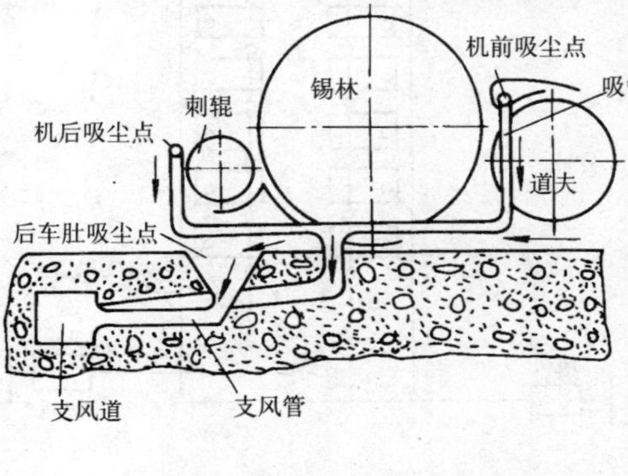

图 4-25　A186 型梳棉机的三吸

电量太大。

（四）吸尘方式

目前吸尘方式有两种，即连续吸和间歇吸。一般机上吸点（如刺辊罩盖、道夫与剥棉罗拉处等）采用连续吸；而机下吸点即后车肚吸点可用连续吸，也可采用间歇吸。间歇吸与连续吸相比具有吸风量小、管道直径小、耗电少，所需要的除尘设备少等优点；其缺点是吸风与不吸风时车肚落棉与气流有差异。

（五）除尘管道的布置

一般一套除尘设备可以配 10～50 台梳棉机，构成一个机组。图 4-26 是一个机组配 16 台梳棉机。和吸尘罩相连接的是支风管；两列梳棉机之间的管道称为支风道；和风机及除尘设备相连接的为总风道。棉尘与落棉由吸尘罩经过支风管进入支风道，再经总风道进入风机和除尘设备，经过滤后的空气送往空调室或排出室外。A186、A186C、A186D 及 FA201

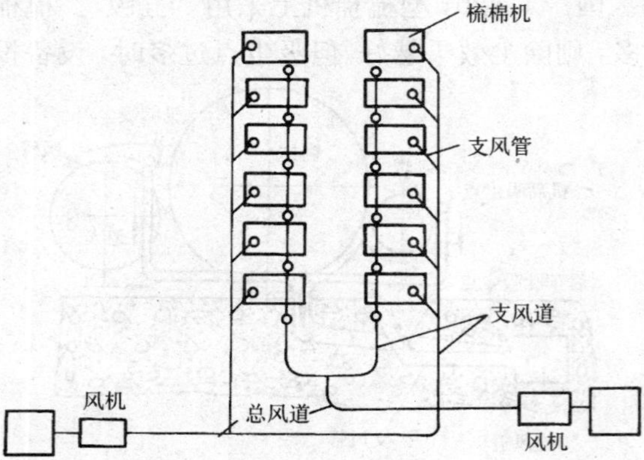

图 4-26　除尘管道布置

型梳棉机除尘管道的布置多采用机上吸点和机下吸点分开式，其布置方式如下：

刺辊吸点
道夫剥棉吸点 ⌉ ——→支风道——→总风道——→风机和除尘设备

后车肚吸点——→支风道——→总风道——→风机和除尘设备

此种方法管道弯头少，管道阻力小，不易堵塞，有利于可纺纤维的回收；但管道较多，施工不便。

第五章 精梳工程

第一节 概 述

一、精梳工序的任务

在粗梳纺纱系统中，梳棉生条中还存在缺陷，如含有较多的短纤维和棉结杂质，纤维的伸直平行不够好等。这些缺陷将影响成纱质量，因此，对质量要求较高的纺织品，如滑爽匀薄的纯棉高档汗衫，柔滑细密的高级府绸，细洁挺括的涤棉织物等，均采用精梳纺纱系统纺成的纱线。另外，有些特种用纱，如轮胎帘子线、高速缝纫线、工艺刺绣线等，为了提高纱线质量，也采用精梳纱线。

精梳工序由精梳准备机械和精梳机组成。精梳工序的任务是：

1. 排除一定长度以下的短纤维，提高纤维的整齐度，使纱线的毛羽减少，成纱强力提高。

2. 进一步清除棉条中的棉结、细小杂质等疵点，改善成纱外观质量。

3. 进一步分离纤维，提高纤维的伸直平行度，提高纱线的条干和强力，改善纱线的光泽。

4. 制成均匀的精梳棉条。

精梳工序要完成上述任务，主要是依赖精梳机细致的间歇性动作，使棉层在有效握持状态下进行梳理。首先握持棉层后端梳理前端，继而再握持前端梳理后端。由于采用了这种有效的握持梳理，使棉层中的短绒、棉结、杂质与纤维疵点得到进一步的清除，提高了纤维的伸直平行度。经精梳加工后的棉条质量，比加工前的生条质量有显著提高。

1. 排出生条中的短绒 40%～50%；

2. 排出生条中的杂质 50%～60%；

3. 排出生条中的棉结 10%～20%；

4. 精梳条纤维平行伸直度可由 50%提高到 85%～95%。

精梳棉纱与同样线密度梳棉纱相比，强力高 10%～15%；棉结杂质少 50%～60%，条干均匀度有显著提高，使精梳纱具有“光泽好、条干匀、结杂少、强力高”的特性。

但须注意，经过精梳工序要增加较多落棉，其中也含有部分可纺纤维，并且增加设备、用人和加工费。因此，对精梳工序的选用要从提高成纱质量和节约用棉、降低成本等方面综合考虑其技术经济效果。

二、精梳机的工艺过程

精梳机有很多类型，但其工艺过程都是周期性的分别梳理纤维的两端，再依次接合成棉网，连续输出。现以 A201C、D 型精梳机为例（图 5-1），说明其工艺过程。

小卷 1 放在承卷罗拉 2 上，由于承卷罗拉的回转，将小卷退绕，棉层经导卷板 3 引导向下，喂入下钳板 6 上的一对给棉罗拉 4 中，给棉罗拉间歇转动，每次给出的棉层长度称为给棉长度。给出的棉层被导向上、下钳板 5、6 的钳口间，当钳板闭合时，上、下钳板的钳唇能有力地握持棉层。钳板作周期性的前后摆动，当钳板后摆钳口闭合时，精梳锡林 7 上的梳针也到达钳口下方，由于梳针的配置是自前向后植针密度逐渐增加，植针细度也是愈后愈细，故针排上的梳针能逐

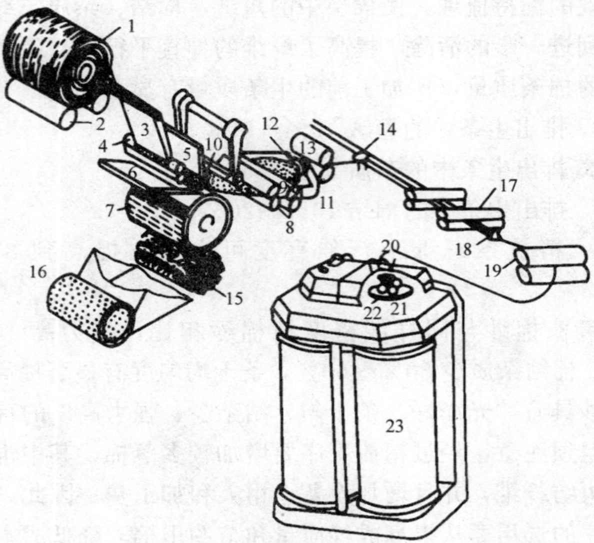

图 5-1　A201C、D 型精梳机工艺过程

1—小卷　2—承卷罗拉　3—导卷板　4—给棉罗拉　5、6—上、下钳板　7—精梳锡林　8—分离罗拉　9—分离胶辊　10—顶梳　11—托盘　12—集合器　13—压辊　14—导条钉　15—圆毛刷　16—尘笼　17—胶辊　18—牵伸集合器　19—大压辊　20—圈条集合器　21—圈条压辊　22—圈条斜管齿轮　23—棉条筒

步刺入在钳口外悬垂的棉层须丛中，并梳理纤维的前端使纤维伸直平行，梳去未被钳板握持的短绒和棉结杂质。锡林梳理后，随着钳板前摆，须丛逐步靠近分离罗拉 8 和分离胶辊 9。在钳板前摆时，上钳板逐渐开启，梳理好的须丛因纤维的弹性而向前抬头挺直，送向分离罗拉。同时分离罗拉和胶辊握持的上一周期的棉网因分离罗拉的倒转而倒入机内一定长度，准备与送来的须丛前端接合。分离罗拉在规定时刻由倒

转变为顺转，当顺转加速到一定程度时，钳板送来的须丛前端也恰好到达分离罗拉上面，与上一周期的棉网尾端接合，一起进入分离罗拉和胶辊组成的分离钳口。此时，顶梳10也向前向下摆动，随着须丛被分离钳口牵引拉紧而挺直，顶梳就插入须丛梳理纤维后端。当分离钳口握持的纤维随分离罗拉顺转向前运动时，被分离的纤维就从须丛中抽出，其尾端通过顶梳受到梳理，而部分短绒、棉结杂质被阻留在须丛中，在下一次锡林梳理时被排去。接合后的棉网沿托盘11汇集到车面集合器12集束成条，由车面压辊13压紧后输出到车面平台上。各眼输出的车面条绕过导条钉14作90°转向后，在平台上平行排列，每3根车面条汇成一组，棉条分两组同时进入一对牵伸罗拉和胶辊17中，经牵伸后再经牵伸集合器18、大压辊19输出。输出的2根精梳棉条分别经圈条集合器20、圈条压辊21、圈条斜管齿轮22，圈放在2只棉条筒23中。被锡林梳除的短绒、棉结杂质随着锡林针面转到机台下方时，被高速回转的圆毛刷15刷下，再由气流吸附到尘笼16表面凝聚成落棉层，由滤尘室风机产生的气流将落棉用吸斗吸走。

第二节 精梳准备

一、精梳准备工序的任务和流程

梳棉棉条中纤维排列混乱，伸直度差，且具有弯钩，如直接由精梳机加工，将会使纤维在精梳过程中损伤，产生过多的落棉，同时影响精梳机的生产效率。

为了适应精梳机工作的要求，提高精梳机的产量、质量，节约用棉，生条在进入精梳机前应经过精梳准备工序以改善生条中的纤维状态，将其做成均匀的小卷，便于精梳机加工。

因此，精梳准备工序的任务为：

1. 提高纤维的平行伸直程度，以减少精梳时纤维的损伤和梳针的断裂，减少落棉中长纤维的含量，节约用棉。

2. 制成定量正确、卷绕紧密、边缘整齐、层次清楚以及纵横向厚度均匀的小卷，便于在精梳机上加工，并使钳板钳口握持均匀可靠。

由于梳棉机中多数纤维呈现后弯钩状态，所以精梳准备工序的工艺道数，一般采用偶数，以保证喂入精梳机时，小卷中的纤维多数呈前弯钩状态，以提高精梳效果和节约用棉。

目前国内外一般有以下三种精梳准备工艺流程：

(1) 预并条机→条卷机：预并条机和条卷机的总并合数为(6～8)×(20～24)＝120～192，条卷机制成的小卷层次较清晰，不粘卷，但横向条痕较明显，均匀度较差。

(2) 条卷机→并卷机：条卷机和并卷机的总并合数为(20～24)×6＝120～144，并卷机制成的小卷横向均匀度较好，小卷在精梳机上退绕时较易粘连发毛。

(3) 预并条→条并卷联：预并条和条并卷联合机的总并合数为(6～8)×(48～60)＝288～480，条并卷联合机制成的小卷均匀度和伸直度都较好，小卷退绕时棉层较易粘连发毛。

目前国内采用第一种工艺流程较多，国外则采用第二、三种工艺流程为多。

二、精梳准备工序的机械和作用

在上述三种精梳准备工艺流程中，共包括了四种精梳准备机械，即预并条机、条卷机、并卷机和条并卷联合机。

(一) 条卷机

条卷机由喂给机构、牵伸机构、棉层加压机构、成卷机构以及自动落卷换管机构等组成，FA331 型条卷机工艺过程如图 5-2 所示。在机后导条台两侧放置 24 只棉条筒。棉条从筒中引出，经导条辊及压辊引导，绕过导条台上的导条钉弯转 90°后，平行排列在 V 形导条板上，再经导条罗拉引导进入牵伸机构。经牵伸后形成棉层，由紧压辊压紧，然后由棉卷罗拉卷绕到筒管上制成小卷。小卷由棉卷罗拉表面摩擦传动，筒管两端由夹盘夹紧并对小卷加压，使小卷卷绕紧密。满卷后，由自动落卷换管机构将小卷落下，换上空筒管，再自动开车生产。

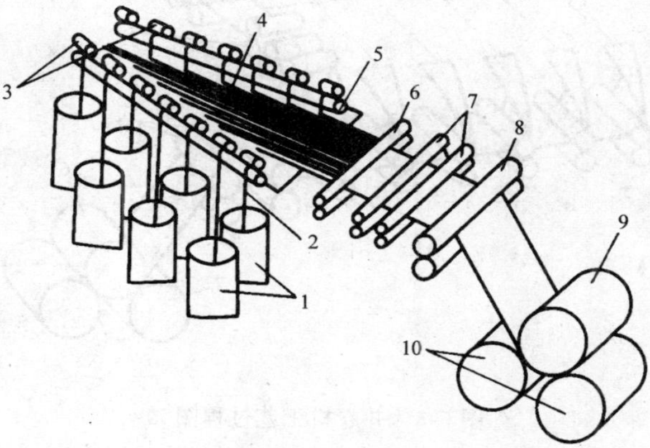

图 5-2　FA331 型条卷机工艺过程

1—棉条筒　2—棉条　3—压辊　4—V 形导条板　5—导条辊　6—导条罗拉　7—牵伸罗拉　8—紧压辊　9—条卷　10—棉卷罗拉

（二）并卷机

并卷机由喂入机构、牵伸机械、并合机构、棉层加压机构、成卷机构和自动落卷换管机构等组成，其工艺过程如图

5-3 所示。由条卷机制成的六个小卷分别放在机后的棉卷罗拉上，棉卷罗拉回转，退解的棉层喂入各自的牵伸机构，牵伸后输出的棉网经过光滑的曲面导板，转过 90°后到达机前平台上，相互并合成棉层，经紧压罗拉加压，由棉卷罗拉再次卷绕成小卷，最后由自动落卷换管机构落下，换上空筒管，再自动开车生产。

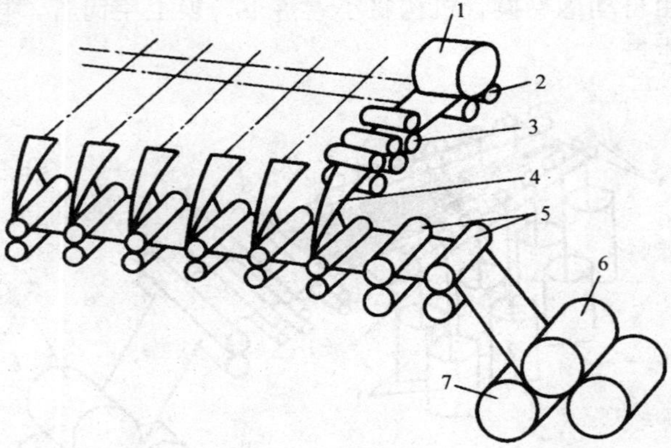

图 5-3　并卷机工艺过程图

1—条卷　2—棉卷罗拉　3—牵伸罗拉　4—曲面导板

5—紧压罗拉　6—并卷　7—棉卷罗拉

（三）条并卷联合机

条并卷联合机实际上是将条卷机与并卷机组合成一台机器，由喂入机构、牵伸机构、棉层加压机构和成卷机构等组成，其工艺过程如图 5-4 所示。该机喂入部分分成三组，各有 16～20 根棉条喂入，经各自的导条辊和导条凸钉后转 90°，再分别进入牵伸机构，经牵伸后成为棉网，三层棉网在机前车面上并合成棉层，由紧压辊压紧，最后由棉卷罗拉卷绕成小卷。

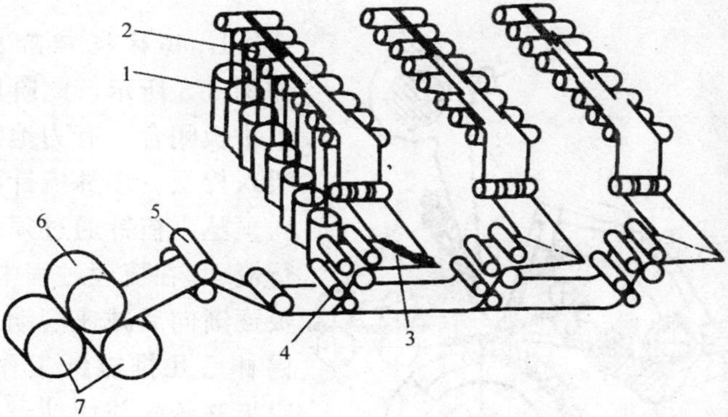

图 5-4　条并卷联合机工艺过程简图

1—条筒　2—导条辊　3—导条凸钉　4—牵伸机构

5—紧压辊　6—并卷　7—棉卷罗拉

第三节　精梳机的工作特点和运动配合

一、精梳机的工作特点

由精梳机的工艺过程可知，精梳机的工作特点是：能对纤维的两端进行梳理，且棉网能周期性地分离、接合。由于精梳机的给棉、梳理、分离、接合等动作都是间歇进行的，为了连续生产，精梳机上各主要机件的运动相互间必须紧密配合，才能正确并周而复始地不断完成精梳机的工作。精梳锡林每回转一转，精梳机就完成一个工作循环。按精梳机作用过程的特点，精梳机每一工作循环可划分为：锡林梳理、分离前准备、分离接合与顶梳梳理、锡林梳理前的准备四个阶段。

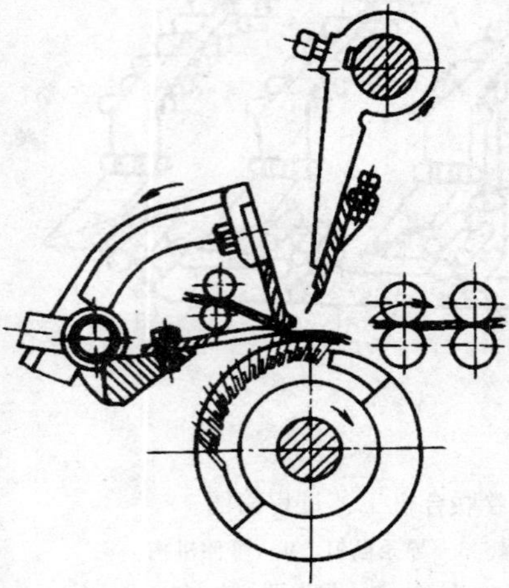

图 5-5　锡林梳理阶段

1. 锡林梳理阶段　如图 5-5 所示，此阶段上下钳板闭合，有力地钳持喂入棉层。锡林梳针面转向须丛，梳针通过须丛进行梳理。在梳理过程中，钳板逐渐向后减速摆动。在锡林后几排梳针工作时，钳板开始向前摆动，在此过程中，后分离胶辊向后滚动，将上一周期中停留在分离钳口内棉网尾端下压。在这一阶段，分离罗拉和给棉罗拉均处于静止状态，顶梳则随钳板前后摆动，但未参与梳理工作。

2. 分离前的准备阶段　如图 5-6 所示，锡林梳理阶段结束后，钳板继续向前摆动，逐渐接近分离罗拉。分离罗拉则由静止开始倒转将上个周期的棉网尾端倒入机内，然后再由倒转改变为顺转。在此阶段中，后分离胶辊除随分离罗拉作倒、顺转，还沿分离罗拉向前滚动。钳板钳口逐渐开启，给棉罗拉开始给棉，顶梳仍随钳板向前摆动，但仍未参与梳理工作。

3. 分离接合与顶梳梳理阶段　如图 5-7 所示，钳板继续向前摆动，钳口外须丛前端已抵近分离罗拉表面，使倒入机内的棉网与刚梳理好的须丛前端相叠合，并由分离罗拉顺转

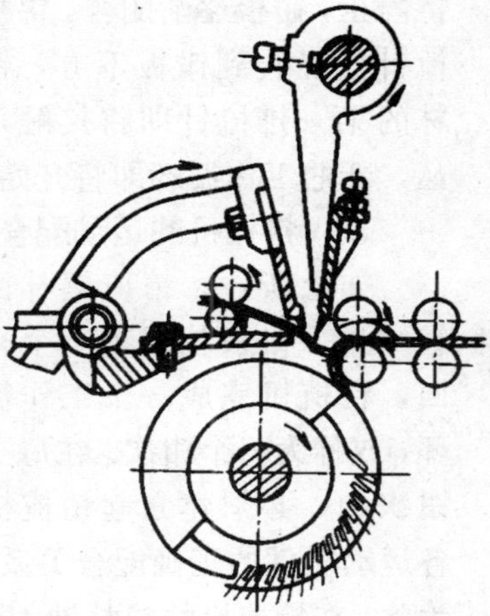

图 5-6　分离前的准备阶段

而向外输出，完成分离接合。当须丛前端进入分离罗拉钳口后，须丛被抽引张紧、挺起，呈直线状态。由于此时顶梳已下降至较低位置，挺起的须丛即嵌入顶梳，被分离的纤维尾端从顶梳针隙间拖过，产生了顶梳的梳理作用。由于分离罗拉的表面速度大于钳板和顶梳向前摆动的速度，故分离纤维层被牵伸拉薄成棉网状态。钳板、顶梳继续前摆至最前位置，直至不再有纤维进入分离罗拉钳口而使分离结束。在分离过程中，给棉罗拉继续给棉、后分离胶辊继续向前滚动。当钳板摆至最前位置时，给棉停止。

4. 锡林梳理前的准备阶段　如图 5-8 所示，此阶段中钳板向后摆动，分离罗拉继续顺转，然后停止转动。本阶段开始时，顶梳仍停留在须丛内并随钳板后摆。当上钳板下降时，将须丛压下，使其脱离顶梳梳针。给棉罗拉保

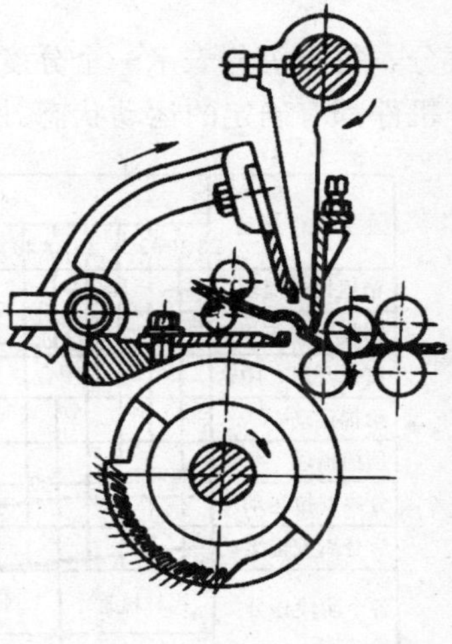

图 5-7　分离接合与顶梳梳理阶段

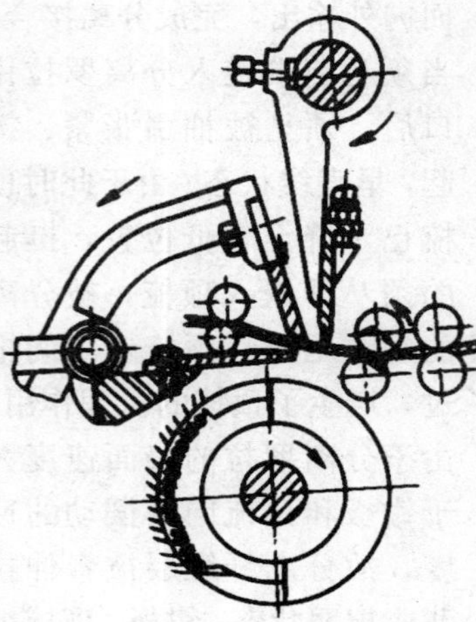

图 5-8　锡林梳理准备阶段

持静止，钳板逐渐闭合，锡林梳针面已转到钳板下方，锡林的第一排梳针即将接触须丛，新的工作循环即将开始。

二、精梳机的运动配合

如上所述，精梳锡林回转一周，钳板就摆动一个来回，精梳机完成一个工作循环，或称为一个钳次。在每一钳次中，必须建立起精梳机各运动机件的正确配合关系。为此，在精梳机的锡林轴（即动力分配轴）端装有分度指示盘，盘上沿圆周划分为 40 等分，每一等分表示一个分度，对应每一分度精梳机的各工作机件都有确定的运动状态。图 5-9 所示为 A201C、D 型精梳

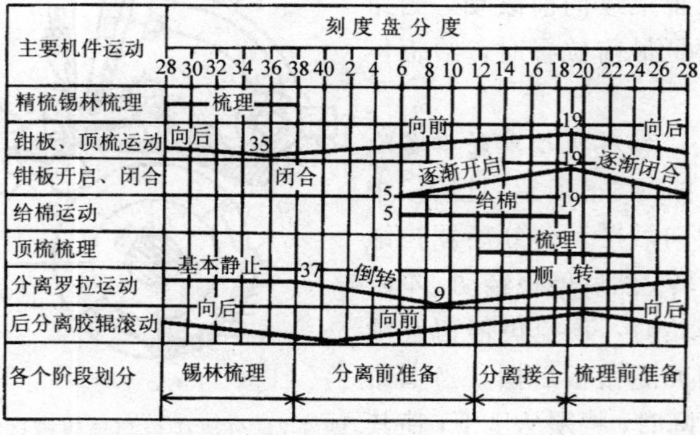

图 5-9　A201C、D 型精梳机运动配合阶段与划分

机各主要机件的运动配合图，图中各个阶段的划分随机台的工艺条件不同而变化。图中给棉长度为 5.72mm，落棉隔距为 9.5mm，锡林弓形板定位为 1.5 分度。

FA251A 型精梳机各主要机件的运动配合如图 5-10 所示，四个阶段的划分与工作情况与 A201C、D 型精梳机基本相同，只是分度数不同。图中给棉长度为 6mm，落棉隔距为 20mm。

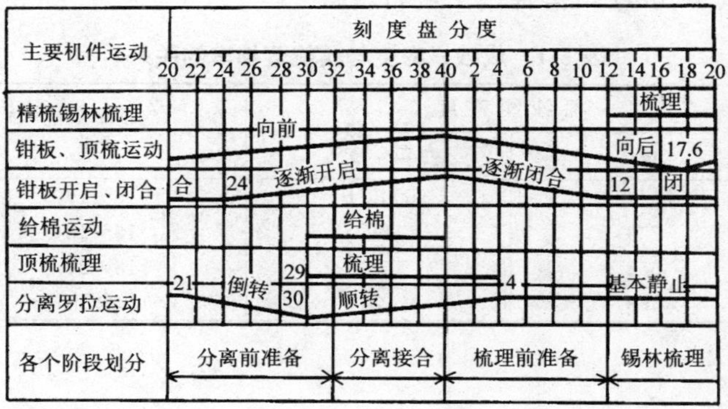

图 5-10　FA251A 型精梳机运动配合阶段与划分

第四节　精梳机的落棉

精梳落棉的多少，应根据原棉或梳棉棉条所含短绒率及成纱的质量要求来制订，同时也应该考虑到用棉量。一般精梳落棉率范围与成纱线密度的关系如表 5-1 所示。

精梳落棉的数量和质量与许多因素有关，如小卷的均匀度，小卷中纤维的伸直平行度，小卷含短绒率的多少等。当喂入小卷状态一定时，影响落棉质量的主要因素是锡林、顶梳状态和分梳作用的好坏，以及毛刷状态和清除作用的强弱。影响落棉数量的主要因素是落棉隔距的大小以及顶梳的安装尺度等。所谓落棉隔距，是指钳板摆动到最前位置时，下钳板钳唇前缘与后分离罗拉表面间的距离。它可用落棉隔距块测量校正，如图 5-11 所示。落棉隔距的大小影响落棉的多少，因此调节落棉隔距是控制精梳落棉率的主要手段。落棉隔距增减 1mm 时，落棉率一般将增减 2%～2.5%。

表 5-1　成纱线密度与精梳落棉率的关系

棉纱线密度		落棉率范围 %
tex	英　支	
9.7 以上	60 以下	13～16
7.3	80	16～18
5.8	100	18～20
4.8	120	20 以上

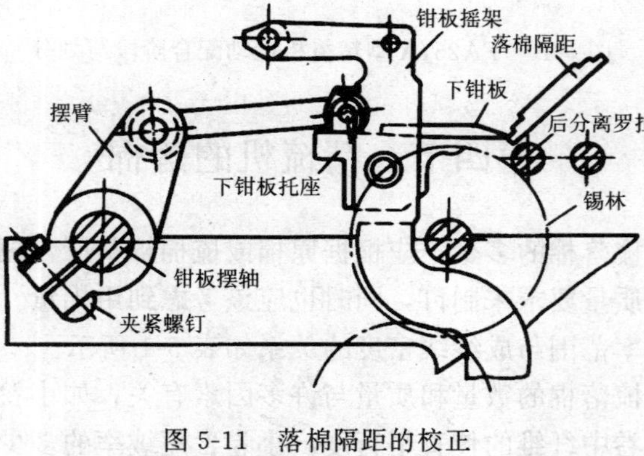

图 5-11　落棉隔距的校正

在 A201C 型精梳机上，顶梳可按不同的尺度安装调节。顶梳安装尺度标尺固装在车头机架上，如图 5-12 所示。上连杆销子的伸出部分形似指针，摆动轨迹与安装尺度标尺弧形相同，可用来指示顶梳的安装尺度。顶梳安装尺度的大小影响落棉率的大小。顶梳安装尺度小，插入须丛早，顶梳能较早发挥梳理作用，落棉率会稍有增加。一般当安装尺度增或减 1 尺度时，落棉率将减或增 0.5%左右。

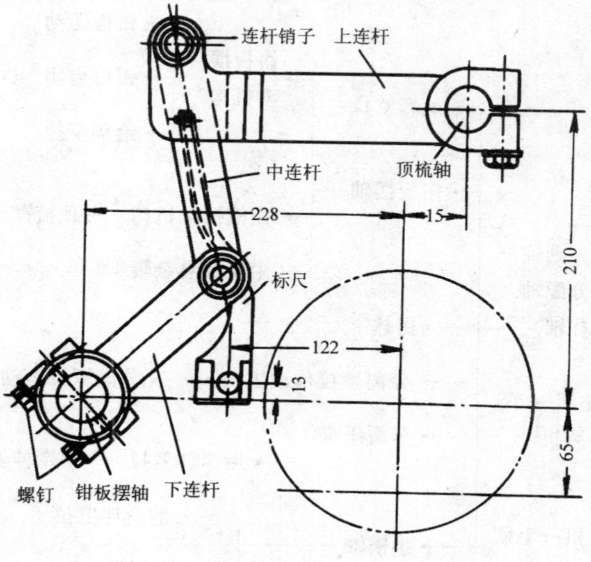

图 5-12　顶梳传动机构

为了简化工艺，A201D 型和 FA251A 型精梳机的顶梳不再调节安装尺度。在有些引进的高速精梳机上，为了简化机构适应高速，顶梳不再有单独的摆动机构，而是附装在钳板上，随钳板的运动而插入须丛。

第五节　精梳机的传动和工艺计算

一、传动系统

FA251A 型精梳机的传动如图 5-13 所示。

FA251A 型精梳机传动系统如下：

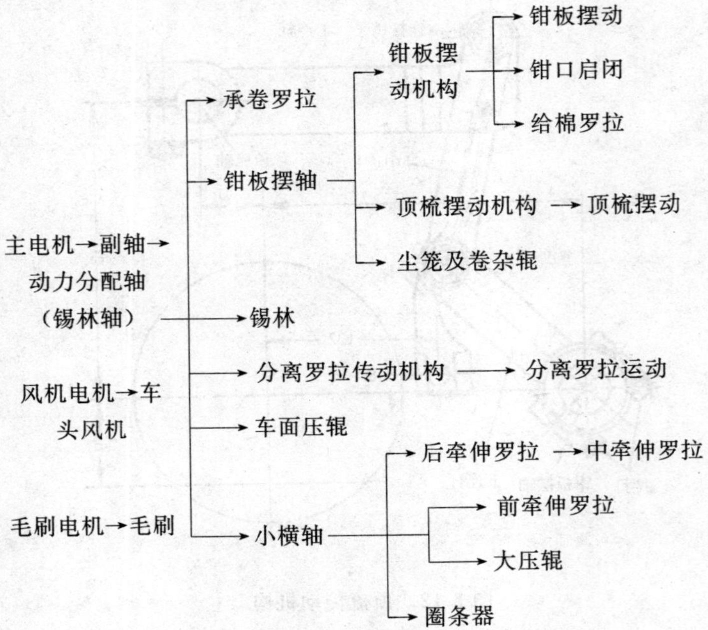

二、工艺计算

1. 机械总牵伸倍数 E_m　精梳机的机械总牵伸倍数是指圈条小压辊和承卷罗拉间的牵伸倍数。

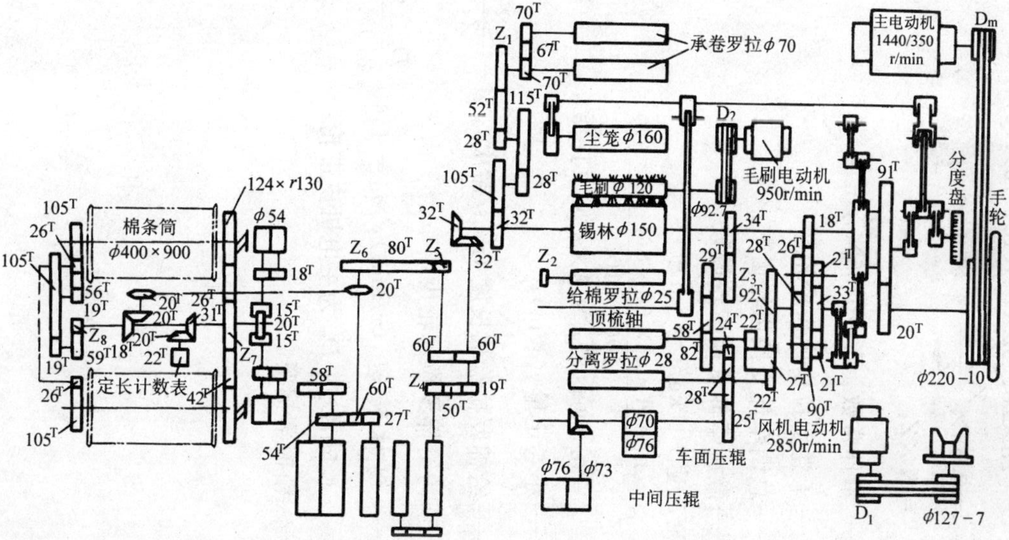

图 5-13　FA251A 型精梳机传动图

$$E_m = \frac{Z_1 \times 115 \times 105 \times Z_5 \times 20 \times 20 \times 54 \times \pi}{28 \times 28 \times 32 \times Z_6 \times 18 \times 15 \times 70 \times \pi}$$

$$= 0.55 \times \frac{Z_1 \times Z_5}{Z_6}$$

$$= K \times Z_5 \qquad (5\text{-}1)$$

式中：K——牵伸常数，$K = 0.55 \times \frac{Z_1}{Z_6}$；

Z_1——承卷罗拉变换齿轮轮数；

Z_5——总调牵伸变换齿轮齿数；

Z_6——微调牵伸变换齿轮齿数。

2. 理论产量 P〔kg/(台·h)〕

$$P = \frac{g_1 \times A \times n_1 \times 60 \times 8 \times (1-q)}{1000 \times 1000}$$

$$= 0.00048 \times g_1 \times A \times n_1 \times (1-q) \qquad (5\text{-}2)$$

式中：g_1——小卷定量（g/m）；

A——给棉罗拉给棉长度（mm/钳次），$A = \frac{25 \times \pi}{Z_2}$，$Z_2$ 为给棉罗拉棘轮齿；

n_1——锡林转速（r/min），$n_1 = 1440\ \frac{D_m \times 20}{210 \times 91} = 1.507D_m$，$D_m$ 为主电机皮带轮；

q——精梳落棉率。

第六章　并条工程

第一节　概　述

一、并条工程的任务

纤维经粗梳或精梳之后，制成了条子，已初步具有纱的几何形态，但还不能直接纺纱。因为粗梳工序制成的生条，长片段不匀率较高，而且生条中的纤维排列也很紊乱，伸直度较差，大部分纤维呈弯钩卷曲状态，并有部分小纤维束存在，因此，还需经过并条工程的加工。精梳纤维条，虽然纤维的伸直度较好，但是条干均匀度较差，也必须经过并条工程的加工。因此，并条工程的主要任务是：

1. 并合　利用并合时粗细条子的随机叠合，改善熟条的长、中片段的不匀。

2. 牵伸　用牵伸的方法将喂入品拉细，使输出条子不致增粗。在牵伸的过程中，还可改善条子中纤维的平行伸直度和分离度。

3. 混和　在反复并合和牵伸中，可实现单纤维间的充分混和。在混纺工艺中，将不同纤维制成的条子，按一定混比在并条机上混和，既能保证混比准确，也可防止染色后形成“色差”。

4. 成条　经过并合、牵伸、混和后的纤维层，再经集束、压缩制成熟条，然后有规律地圈放在条筒内，便于搬运和后道工序的加工。

二、并条机的发展

建国以来，棉纺并条机的发展非常迅速。50 年代初期，设计制造出了我国第一代并条机——1242、1243 型并条机，牵伸型式为四上四下渐增牵伸或四上四下双区牵伸，出条速度为 30～70m/min。60 年代中期开始到 80 年代初期，先后设计制造出了我国第二代并条机——A272 系列并条机，出条速度提高到 120～250m/min，牵伸型式先为三上四下曲线牵伸，后在 A272F 型并条机上改为压力棒曲线牵伸。自 80 年代中期起，我国不断研制出第三代并条机——FA 系列并条机，如 FA302、FA305、FA311 型等，均采用压力棒曲线牵伸，高架积极式顺向喂入，自动清洁系统，牵伸传动油浴，适纺纤维长度为 22～76mm，纺纱质量可达较好水平，出条速度达到 150～400m/min。近年来，又设计制造出了配有自调匀整装置、出条速度高达 600m/min 的 FA306、FA308 型并条机。

目前，国内外制造的新型棉纺并条机，都在向高速、优质、大卷装、自动化方向发展。较为先进的新型并条机的输出速度最高可达 800m/min，如 SH802E 型等并条机。新型并条机采用的牵伸型式渐趋统一，即大量采用了压力棒曲线牵伸型式。实践证明，压力棒牵伸型式具有结构简单、纺纱质量好、工艺适应性强的特点，所以这种牵伸型式被广泛采用。为适应并条机的高速化发展，新型并条机的卷装和容量普遍增大，如青泽 720 系列并条机的条筒直径已增大到 1000mm，条筒高度也达到了 1200mm，条筒容量大大增加。自动化新技术在并条机上得到了广泛应用，如自动清洁装置、自动换筒装置、自调匀整装置等。目前还发展到利用多功能电子监控、检测及微机系统的应用。

三、并条机的工艺过程

棉纺并条机一般都由喂入、牵伸、成形三部分组成。现以 FA302 型并条机为例，说明其工艺过程。FA302 型并条机工艺过程简图如图 6-1 所示。

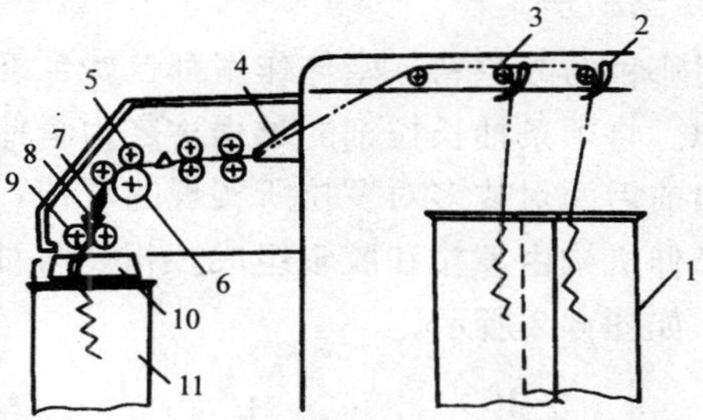

图 6-1　FA302 型并条机工艺过程

1—喂入条筒　2—分条叉　3—导条罗拉　4—集束板
5—胶辊　6—牵伸罗拉　7—集束器　8—喇叭口
9—紧压罗拉　10—圈条器　11—输出条筒

积极回转的导条罗拉将棉条（6～8 根）从喂入条筒中引出，借助分条叉将棉条隔开，经集束板将棉条收拢后并排喂入牵伸装置。牵伸后的须条经导向胶辊、集束器及喇叭口凝集成条，由紧压罗拉压紧后，通过圈条器将棉条有规律地圈放在输出条筒内。

由 6 根或 8 根棉条并合喂入，经牵伸后制成一根棉条，这样一个单位称为一眼，FA302 型并条机每台有两眼。一般生条通过 2 或 3 道并条机并合、牵伸，根据先后顺序，分别称为头道、二道或三道。制成的棉条依次称为半熟条和熟条（最后一道称为熟条）。

第二节　罗拉牵伸基本原理

一、罗拉牵伸概述

（一）实施牵伸的条件

不论采用哪种纺纱原料，牵伸作用都自始至终贯穿于整个纺纱过程中。将须条抽长拉细的过程称之为牵伸。利用表面速度不同的前后两对或多对罗拉所实现的牵伸，称为罗拉牵伸。罗拉牵伸机构由罗拉和胶辊组成，相邻两对罗拉组成一个牵伸区，如图 6-2 所示。

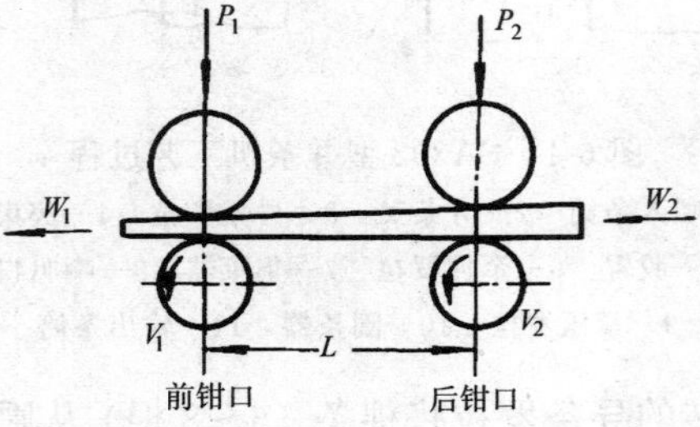

图 6-2　简单罗拉牵伸区

每个牵伸区实现牵伸必须具备三个基本条件：

1．必须对胶辊施加一定压力，使罗拉钳口对须条产生足够的握持力；

2．前一对罗拉的表面线速度要大于后一对罗拉表面线速度，否则就不存在牵伸；

3．罗拉中心距应比纤维的品质长度略大，以免损伤纤维。

因此，罗拉的加压、表面速比和罗拉中心距是罗拉牵伸的三个重要工艺参数。

（二）机械牵伸与实际牵伸

牵伸的程度用牵伸倍数来表示，有机械牵伸和实际牵伸之分。

1. 机械牵伸倍数 E_m　通常机械牵伸倍数定义为前后罗拉表面线速度之比。

$$E_m=\frac{V_1}{V_2} \tag{6-1}$$

式中：V_1——前罗拉表面线速度（m/min）；

V_2——后罗拉表面线速度（m/min）。

2. 实际牵伸倍数 E_p　在牵伸过程中，因为有飞花损失或胶辊滑溜等因素的影响，使得实际牵伸倍数并不等于机械牵伸倍数。把牵伸前后须条的实际定量或特数之比定义为实际牵伸倍数。

$$E_p=\frac{W_2}{W_1}=\frac{Tt_2}{Tt_1} \tag{6-2}$$

式中：W_2、W_1——分别为输入和输出产品单位长度的重量；

Tt_2、Tt_1——分别为输入和输出产品的特数。

3. 牵伸差异率 p　生产中，往往已知喂入和输出须条的定量或特数，继而可求得实际牵伸倍数。但是求牵伸变换齿轮时，要用机械牵伸倍数进行计算，因此，工艺上对实际牵伸倍数和机械牵伸倍数引入牵伸差异率 p。

$$p=\frac{E_p-E_m}{E_m}\times100\% \tag{6-3}$$

或

$$E_m=\frac{E_p}{1+p}$$

上式中 p 值根据生产厂同机台、同类产品的长期实践资料而定。

（三）总牵伸和部分牵伸

在棉纺中，一个牵伸装置常由几对牵伸罗拉组成，相邻两对罗拉间的牵伸倍数为部分牵伸倍数，而最后一对喂入罗拉到最前一对输出罗拉间的牵伸倍数称为总牵伸倍数。如有四对罗拉组成三个牵伸区，如图 6-3 所示，罗拉线速度为 $V_1>V_2>V_3>V_4$，则各部分牵伸倍数分别是：

$$e_1=\frac{V_1}{V_2} \qquad e_2=\frac{V_2}{V_3} \qquad e_3=\frac{V_3}{V_4}$$

总牵伸倍数 $$E=\frac{V_1}{V_4}=\frac{V_1}{V_2}\times\frac{V_2}{V_3}\times\frac{V_3}{V_4}=e_1\times e_2\times e_3 \qquad (6\text{-}4)$$

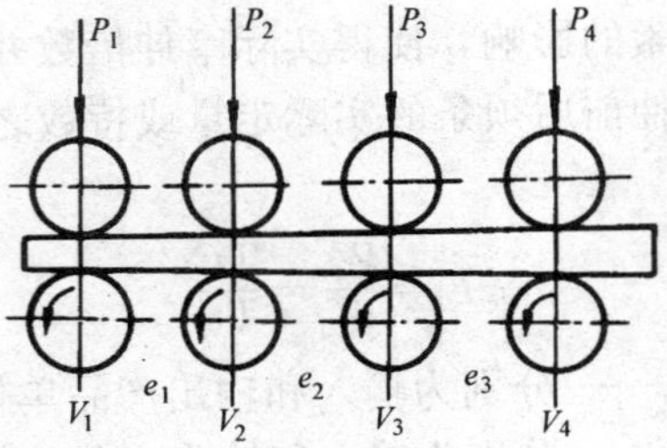

图 6-3 总牵伸与部分牵伸

由公式（6-4）可知：总牵伸倍数等于各部分牵伸倍数的连乘积，即总牵伸是由各部分牵伸来完成的。根据工艺要求按总牵伸倍数来分配牵伸倍数的大小，称之为牵伸分配。

二、牵伸区内纤维与须条的运动及其控制

生产实践证明：通过并条机的并合与牵伸，输出条子的长片段不匀有很大改善，但其条干均匀度总比喂入条子的要差些。例如，喂入生条条干不匀率一般在 15%左右，经过两道并条机，熟条的长片段不匀有很大的改善，但条干不匀率

要比喂入的生条条干差，一般在20%左右。这说明并条机上的牵伸机构恶化了须条的条干。这就促使人们对牵伸的研究，逐步深入到牵伸过程中纤维的受力情况及其运动、罗拉钳口下须条的受力及其运动方面，以便改进牵伸型式，合理选配工艺参数，使牵伸后的须条不匀率降到最小程度。

（一）摩擦力界及其分布

1. 摩擦力界的形成与定义　由于须条在罗拉钳口下纵横向受到胶辊压力和纤维间的抱合力的作用，当纤维间产生相对滑动时即产生摩擦力，这种摩擦力作用的空间称为摩擦力界。在摩擦力界的范围内，各点摩擦力强度的分布，称为摩擦力界分布。

图6-4（1）中曲线m_1为罗拉钳口下纵向摩擦力界分布。在钳口线O_1O_2截面上，须条受到的压力最大。纤维相对运动时，产生的摩擦力也最大，沿须条轴线方向向两侧逐渐减小。在ab线左方或cd线右方，胶辊对须条的摩擦力影响趋近于零。但因纤维间还存在抱合力而仍有一定的摩擦力强度。在须条横断面上，由于胶辊压力的作用，同样纤维作相对滑动时也形成摩擦力的分布，但分布较为均匀，如图6-4（2）所

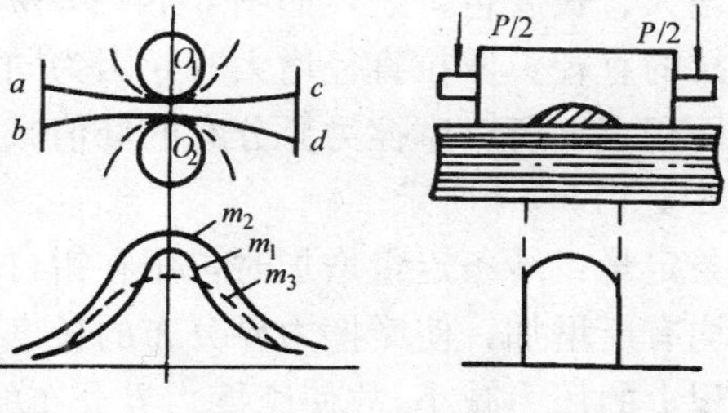

(1) 纵向　　(2) 横向

图6-4　罗拉钳口下摩擦力界分布曲线

示。横向摩擦力界分布只要求均匀即可，故下面所说摩擦力界分布均指其纵向摩擦力界分布。

在简单罗拉牵伸区中，前、后钳口各自形成的摩擦力界分布连贯起来，就构成该牵伸区内须条的摩擦力界分布，如图 6-5 所示。

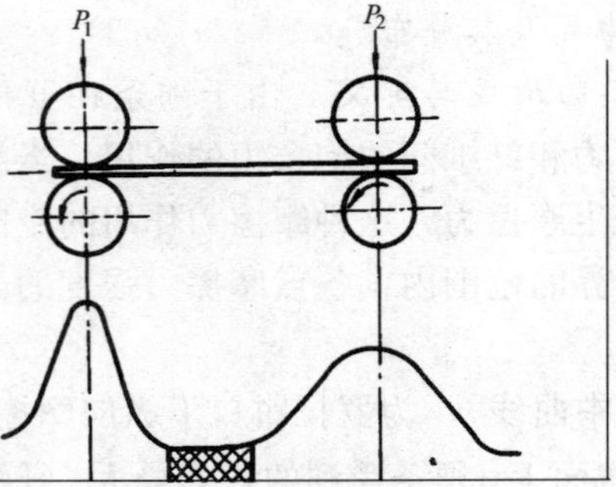

图 6-5　简单罗拉牵伸区内须条摩擦力界分布

2. 影响摩擦力界分布的因素

（1）压力的大小：上罗拉的压力增加时，钳口内纤维更有力地被压紧，须条与上下罗拉接触的边缘点外移，使摩擦力界的峰值增大、长度也扩展，如图 6-4（1）m_2 所示。

（2）罗拉的直径：罗拉直径增大时，因为同样的压力分布在较大的面积上，所以摩擦力界分布的峰值减小，但长度扩大，如图 6-4（1）m_3 所示。

（3）纱条定量：纱条定量增加时，压在钳口下的须条的厚度与宽度均有所增加，使摩擦力界分布的长度扩大，但因须条单位面积上的压力减小，故使摩擦力界分布的峰值降低。

牵伸区中部的须条摩擦力界强度还因罗拉隔距的大小变化而有所不同。隔距小时，其摩擦力界强度较强；隔距较大时，其中部的摩擦力界强度较小，甚至完全由纤维之间的抱合力所产生。

（二）牵伸区内纤维的运动

1. **牵伸区内纤维的分类与数量分布** 牵伸区内的纤维按控制情况可分为被控制纤维和浮游纤维两类。被后罗拉钳口所握持，并按后罗拉表面速度运动的纤维称为后控制纤维（简称后纤维）；被前罗拉钳口所握持，并按前罗拉表面速度运动的纤维称为前控制纤维（简称前纤维）。这两种纤维都属于被控制纤维。当纤维的两端在某瞬时既不被后罗拉所控制，又不被前罗拉所控制，处于浮游状态时，称为浮游纤维。牵伸区内的纤维按运动速度又可分为快速纤维和慢速纤维两类。凡以前罗拉表面速度运动的纤维，称为快速纤维；凡以后罗拉表面速度运动的纤维，称为慢速纤维。

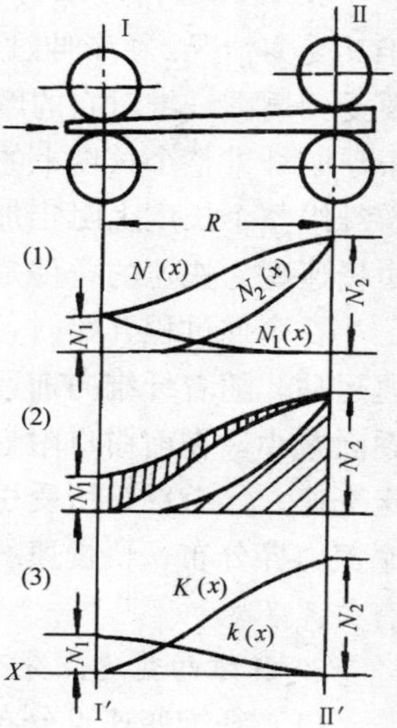

图 6-6 简单罗拉牵伸区内纤维数量的分布

牵伸区内各类纤维数量分布如图 6-6 所示。图中（1）的 $N(x)$ 是须条各截面内纤维数量的分布曲线，也称之为变细曲线。$N_1(x)$ 是前纤维数量分布曲线，$N_2(x)$ 是后纤维数量分布曲线。为便于分析，将前纤维数量分布曲线 $N_1(x)$ 离底线的垂直距离相应地移至 $N(x)$ 之下，这样直线阴影部分即表示前纤维在牵伸区内的数量分布，斜线阴影部分为后纤维在牵伸区内的数量分布，介于两者之间的空白部分则表示牵伸区内浮游纤维的数量分布，如图 6-6（2）所示。由图可见，牵伸区中部浮游纤维数量最多，向两端逐渐减少。为便于对牵伸区中纤维运动进行分析，可以将上述三种纤维数量分布归结为快速纤维曲线 k（x）和慢速纤维曲线 K（x）分布，如图 6-6（3）所示。由图可知，牵伸区中由后向前慢速纤维逐渐减少至零，而快速纤维由零逐渐增加，这主要是牵伸区中浮游纤维受力变化而由慢速纤维变为快速纤维的结果。

2. 牵伸区内纤维的受力及变速条件　纤维的运动取决于其受力情况。在牵伸过程中，对任何一根浮游纤维来说，都要受到周围纤维对它的摩擦力。通常，把作用在牵伸区内一根浮游纤维整个长度上的加速力称为引导力，作用在一根浮游纤维整个长度上阻止加速力称为控制力。显然，浮游纤维由慢速变为快速的条件是：引导力＞控制力。

在牵伸过程开始时，要求控制力大于引导力，纤维以慢速运动。随着纤维向前运动，引导力要逐渐增加，控制力要逐渐减小，在前钳口附近应有足够而稳定的引导力使纤维稳定变速。浮游纤维所受引导力和控制力的大小，与牵伸区内摩擦力界分布、快慢速纤维数量分布和浮游纤维本身的长度有关。

3. 纤维的变速点分布与纱条不匀

（1）纤维变速点分布：牵伸区内的每一根纤维都要经历一个由慢速纤维变为快速纤维的过程。牵伸过程中纤维头端变速的位置称为变速点。实验表明，牵伸区内纤维并不都在同一位置上变速，而是形成一种分布。简单罗拉牵伸区内纤维变速点分布如图 6-7 中曲线 1 所示。纤维变速点分布与纤维的长度、罗拉隔距及牵伸机构对纤维的控制能力有关。

①纤维长度对变速点分布的影响如图 6-7 所示，图中曲线 2 为须条中长纤维变速点分布，曲线 3 为须条中短纤维的变速点分布。纤维长度越短，变速点分布离前钳口愈远，分布愈分散。

②罗拉隔距对变速点分布的影响是隔距大，变速点分布离钳口远，分布分散。

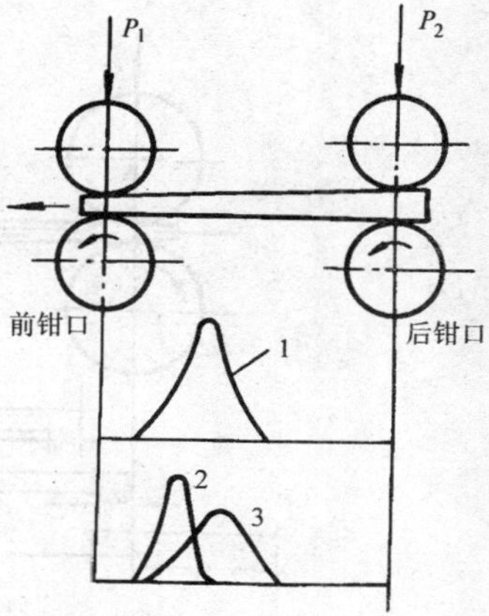

图 6-7　纤维变速点分布曲线

③牵伸机构对纤维控制愈完善，变速点分布愈接近前钳口，分布愈集中。在其他条件相同的情况下，简单罗拉牵伸型式对纤维的控制能力最差，因而其纤维变速点分布距前钳口远且分散。

(2) 理想牵伸后纤维头端移距的变化：所谓理想牵伸，即纱条中纤维都是平行顺直而且等长的，同时，每根纤维都是当其头端运动到前钳口某一固定位置时变速。如图 6-8 所示，假设有两根纤维 A 和 B，牵伸前它们的头端移距为 a_0，开始均以后罗拉速度 V_2 运动，前钳口线为它们的变速位置。牵伸后，两根纤维头端距离为：

$$a_1 = V_1 t = V_1 \frac{a_0}{V_2} = E \cdot a_0 \tag{6-5}$$

即须条经过 E 倍牵伸后，两根纤维头端的距离增加了 E 倍。$a_1 = E \cdot a_0$ 称为牵伸后的正常移距。这种牵伸对须条并未产生附加不匀。

(3) 实际牵伸后纤维头端移距的变化：事实上，须条在

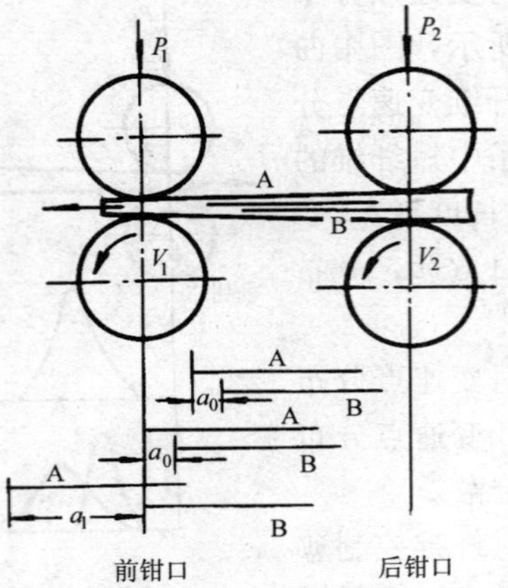

图 6-8　纤维头端在前钳口变速时的移距

牵伸过程中纤维头端变速位置是有差异的。由于纤维在不同位置变速，引起牵伸后纤维头端间距离的变化，从而给须条带来附加不匀。如图 6-9 所示，假设纤维 A 在 $X_1—X_1$ 截面上变速，纤维 B 在 $X_2—X_2$ 截面上变速，x 为两截面间的距离。则可导出：

$$a_1 = a_0E + x\ (E-1)$$

同理，若纤维 A 在 $X_2—X_2$ 截面上变速，而纤维 B 在 $X_1—X_1$ 截面上变速，则可得：

$$a_1 = a_0E - x\ (E-1)$$

两种情况综合后，两根纤维在不同截面上变速后的头端距离为：

$$a_1 = a_0E \pm x\ (E-1) \qquad (6\text{-}6)$$

式中 a_0E 为纱条经 E 倍牵伸后纤维头端的正常移距；x（$E-$

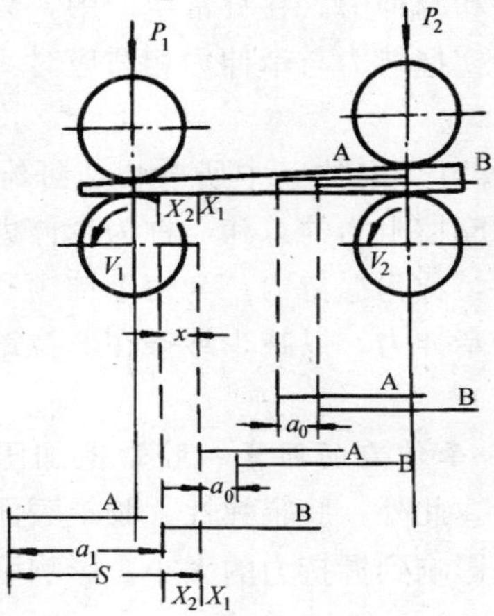

图 6-9　纤维头端在不同位置上变速时的移距

1)为牵伸过程中纤维头端在不同截面上变速而引起的移距偏差。其值有正负，正值表示牵伸后纤维头端移距 a_1 大于正常的移距，负值表示 a_1 小于正常的移距。因此，实际牵伸中，正是由于纤维不在同一截面上变速而产生了移距偏差，才使须条牵伸后产生了附加不匀。从移距偏差 x（$E-1$）可知，纤维变速位置离前钳口越远，即 x 值越大，或牵伸倍数越大，移距偏差值越大，条干越不均匀。因此，牵伸过程中，应加强对纤维运动的控制，使纤维变速点尽量靠近前钳口，使 x 趋近于零。这是设计牵伸装置和配置工艺参数的重要理论依据之一。

（三）罗拉钳口下须条的受力及其运动

以上分析牵伸区内纤维运动时受到的引导力和控制力是对一根纤维而言的，整根须条在罗拉钳口握持下运动时受到的一对力称为握持力和牵伸力。在日常生产中，只有在罗拉钳口充分握持须条，使握持力与牵伸力相适应时，牵伸才不会产生严重的附加不匀。

1. *牵伸力和握持力*　牵伸区中所有快速纤维从慢速纤维中抽出时所受到的摩擦阻力的总和，称为牵伸力。罗拉钳口对须条的动摩擦力，称为握持力。为使牵伸顺利进行，必须保证握持力略大于牵伸力，以减少纱条在罗拉钳口下的打滑，降低纱条的不匀。

2. *影响握持力和牵伸力的因素*　胶辊上加压大小是决定握持力的主要因素。此外，胶辊弹性、胶辊表面状态以及罗拉沟槽棱角等，也影响到握持力的大小。影响牵伸力的因素较多，主要有：

（1）牵伸倍数：当喂入纱条特数不变时，牵伸力与牵伸倍数的关系如图 6-10 所示。当牵伸倍数等于 1 时，因不发生牵伸，牵伸力为零。随着牵伸倍数的提高，纱条呈紧张状态，牵伸力迅速上升。当牵伸倍数接近 E_c 时纤维间开始产生滑动。当牵伸倍数超过 E_c 时，牵伸力随前钳口下纤维数量的减少而下降。在 E_c 处牵伸力达到最大值，E_c 称为临界牵伸倍数。棉纺中，一般临界牵伸倍数 $E_c=1.2\sim1.3$。

当输出纱条特数不变而改变喂入纱条的特数时，牵伸力与牵伸倍数的关系如图 6-11 所示。此时牵伸倍数的增加，意味着喂入纱条变粗，前罗拉握持的纤维数量虽然不变，但由于慢速纤维的增加，以及后钳口摩擦力界向前扩展，因而每根快速纤维抽出时受到的阻力增加，牵伸力也相应增加。

（2）摩擦力界：当罗拉隔距变化时，牵伸力的变化如图 6-12 所示。在隔距很大时，隔距稍减小对牵伸力影响很小。随着隔距继续减小，牵伸力逐渐增大。当隔距减小到一定程度

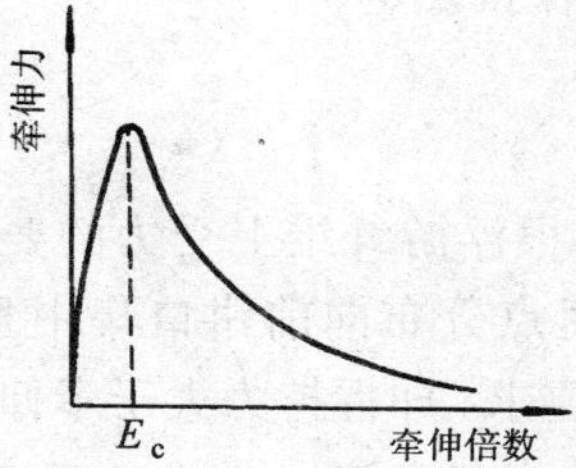

图 6-10 喂入纱条特数不变时牵伸力与牵伸倍数的关系

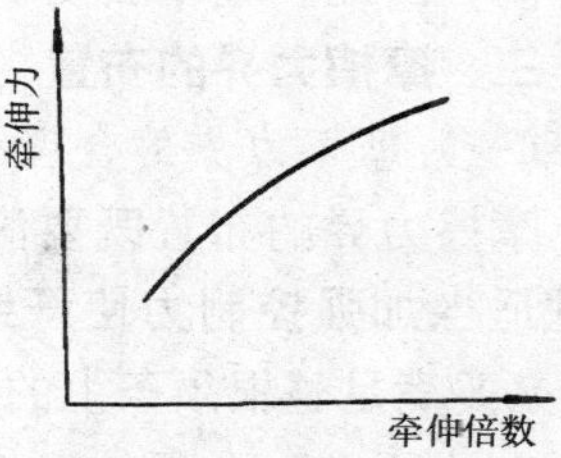

图 6-11 输出纱条特数不变时牵伸力与牵伸倍数的关系

(R_c)以后，因有部分快速纤维的尾端还未能脱离后钳口，所以前罗拉钳口不仅要克服纤维之间的摩擦阻力，还要将部分纤维自后钳口抽出，引起牵伸力急剧上升。

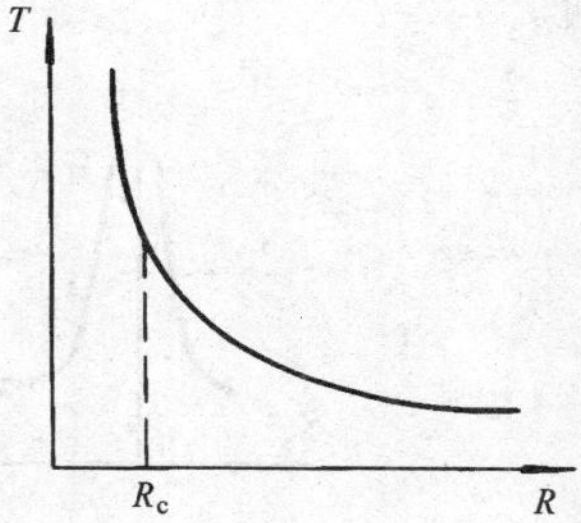

图 6-12 隔距与牵伸力关系曲线

当胶辊上加压增加时，摩擦力界的强度和幅度都相应增加，因而牵伸力也增大。

当喂入纱条厚度增加时，牵伸力相应增大。

(3) 其他因素：纤维的长度、细度、平行伸直程度以及车间温湿度，都影响纤维之间的接触情况，因而也影响牵伸力。此外，当喂入品为有捻度的纱条时，捻度大小也会影响牵伸力的大小。

由于影响牵伸力的因素较多，因此，在实际生产中，牵伸力是波动的。一般说来，牵伸力不匀率愈高，纱条不匀率也愈高，因此，应设法使牵伸力保持稳定。

三、摩擦力界的布置

（一）摩擦力界的合理布置

摩擦力界的布置既要满足各根浮游纤维上受力的要求，通过适当加强控制力使纤维变速点分布向前钳口集中且稳定，又要满足整根须条上的受力要求，即握持力大于牵伸力。按照上述要求，合理的摩擦力界分布应该如图 6-13 实线所示，即后部摩擦力界向前扩展成一足够长的斜坡，而在前钳口处有范围较小的突出高峰。这样就可使纤维在脱离后钳口的控制之后，始终保持控制力大于引导力，直至其前端到达前钳口附近，再转化为引导力大于控制力，缩小变速区间 x 值。

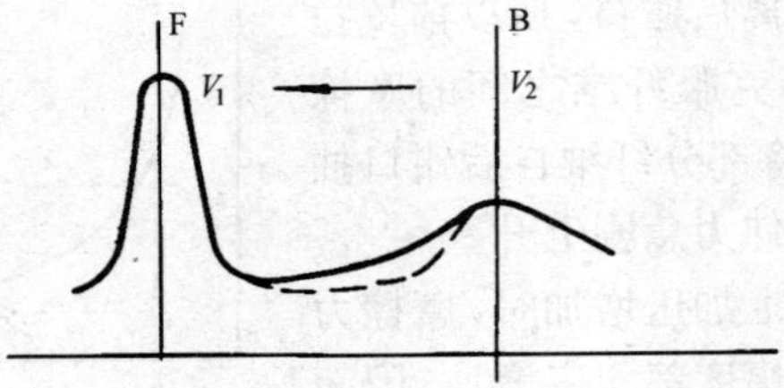

图 6-13　摩擦力界的合理分布曲线

显然，简单罗拉牵伸区摩擦力界分布不能达到图 6-13 实线所示的合理状态。由于简单罗拉牵伸区中后部的摩擦力界强度较弱（如图中虚线所示），浮游纤维通过这个区域时，其运动就难以保持稳定，扩大了纤维变速点分布的范围与不稳定性，于是导致纱条条干恶化。增加罗拉加压、缩小罗拉隔距，能在一定程度上弥补上述不足，但十分有限。因为罗拉隔距不能小于最长纤维长度；增大罗拉加压，也只能使摩擦力界扩展一定幅度。因此，需要在牵伸区中设置附加摩擦力界，以便更有效地控制纤维的运动。

（二）附加摩擦力界的应用

所谓附加摩擦力界是指除了罗拉加压所产生的摩擦力界外，在牵伸区中依靠罗拉钳口的合理布置或是采用附加的中间机构所形成的摩擦力界。它能对浮游纤维进行较完善的控制，提高纱条条干的均匀度，因此在并、粗、细各道工序中得到了广泛的应用。

在棉纺并条机上，广泛采用借罗拉钳口的不同配置而形成的曲线牵伸，利用须条在罗拉表面形成的包围弧来扩展并增强其中后部摩擦力界，如图 6-14 所示。或在前牵伸区加装一根能作间歇回转（或固定）的压力棒构成压力棒曲线牵伸，如图 6-15 所示，使前牵伸区中后部摩擦力界有明显的增强。

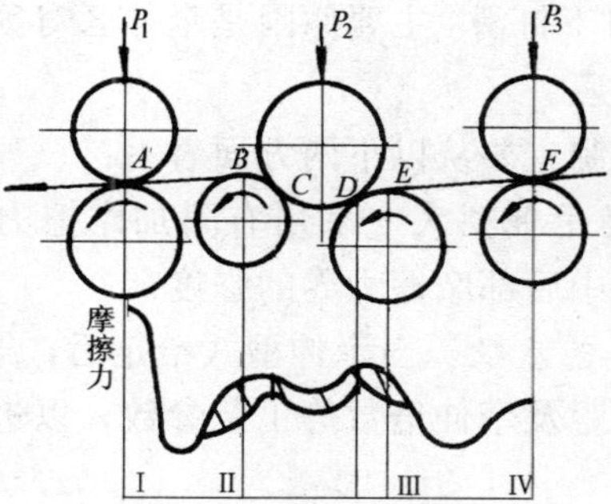

图 6-14　三上四下曲线牵伸的摩擦力界分布

以上讨论分析了牵伸过程中产生纱条不匀的主要原因及控制不匀的措施，现归纳如下。

牵伸不匀产生的原因有：

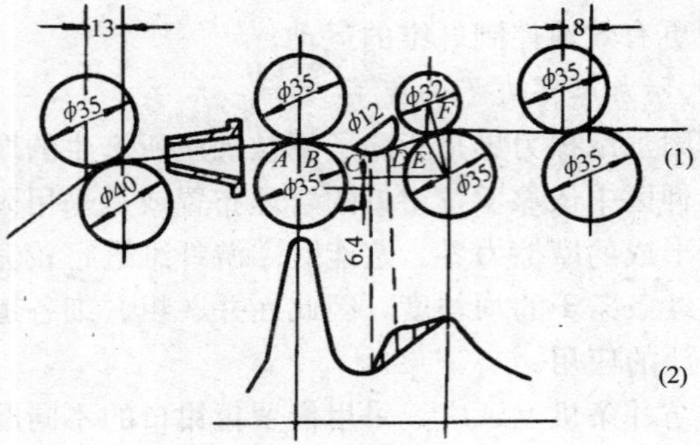

图 6-15　A272C 压力棒曲线牵伸

1. 须条中的纤维在不同界面上变速，产生移距偏差。主要原因是在牵伸区中单根纤维所受到的控制力和引导力不相适应。

2. 须条在钳口下打滑。主要原因是牵伸区对须条的握持力与牵伸力不相适应。

牵伸不匀的控制主要从以下两方面着手：

1. *选用良好的牵伸型式*　采用有附加摩擦力界的牵伸装置，加强牵伸区中后部摩擦力界的强度。

2. *合理选配工艺参数*　当牵伸型式给定后，合理选用罗拉加压、罗拉握持距及牵伸倍数等工艺参数，以进一步改善纱条不匀。

四、牵伸过程对纤维的伸直平行及分离作用

除抽长拉细作用外，纤维的伸直平行和分离是牵伸的另外两个重要作用。

（一）伸直平行作用

牵伸时，快速纤维从慢速纤维中抽出，其后端受到了慢

速纤维的摩擦而得以伸直。同样，慢速纤维的前端受到快速纤维的摩擦，也有机会伸直。但是，牵伸区中慢速纤维的数量总是比快速纤维多，所以，牵伸过程中纤维的后弯钩比较容易消除和伸直。牵伸倍数愈大，后弯钩纤维的伸直作用愈好，但前弯钩纤维的伸直作用却愈差。棉纺梳棉机上输出的生条中纤维大部分呈后弯钩状态，当条子从条筒中引出喂入下一道工序时，产生一次弯钩倒向，如图 6-16 所示。由于细纱机是伸直纤维的最后工序，而且牵伸倍数最大，有利于消除后弯钩，因此应使喂入细纱机的粗纱中绝大多数纤维呈后弯钩状态。为此，纯棉普梳工艺中，在梳棉与细纱之间的工序，设备道数应按奇数配置，即并条机二道、粗纱机一道。否则，由于纤维的伸直平行度不好，会导致成纱强力下降。

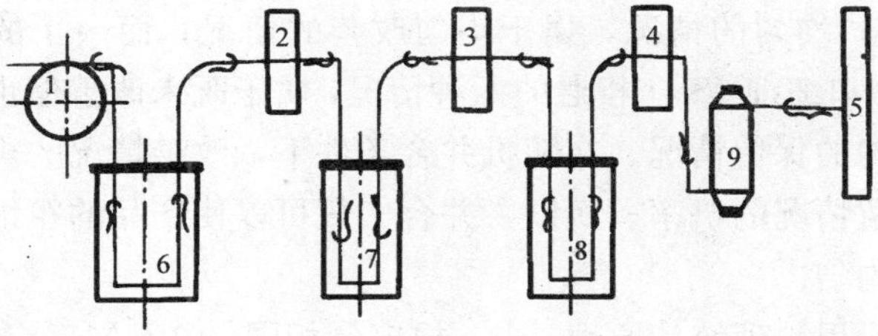

图 6-16　各道半制品的纤维弯钩状态

1—梳棉机　2—头并　3—末并　4—粗纱机　5—细纱机

6、7、8—棉条筒　9—粗纱

由于纤维在伸直的同时，将按垂直于输出罗拉轴线的方向排列并输出，故纤维的伸直平行作用是同时发生的。

（二）分离作用

由于纤维在牵伸过程中有相对运动，故可使须条中残存的小棉束进一步分离。

第三节　并合作用与自调匀整

一、并合的均匀效应

将两根或两根以上的纱条沿其轴向平行地叠合起来成一整体的过程，称为并合。并合的主要作用是使最终产品的粗细不匀得到改善，同时，使纱条中的纤维得到较为细致的混和。

先用一个简单的例证说明并合的均匀作用。设将两根各有粗（R）、中（M）、细（S）三种不同变化片段的条子进行并合，它们的粗细片断并合的情况，有 $C_3^2=6$ 种，其中（MM）恰符合要求；（RS）、（RM）、（MS）互相补偿而接近（MM）均匀的情况，属于均匀改善的情况；而余下的粗粗（RR）和细细（SS）相遇的两种情况，属于既未改善但也不恶化均匀的保留情况。在随机并合条件下，改善情况的机率大于保留情况的机率。所以，并合一般可以使产品的粗细变得比较均匀。

运用数理统计原理，当 n 根定量相同、内不匀率 C_0 相等的条子随机并合时，可导出并合前后条子不匀率的关系式为：

$$C=\frac{C_0}{\sqrt{n}} \tag{6-7}$$

式中：C_0、C——表示并合前、后条子的重量不匀率；

n——表示喂入条子的根数。

公式（6-7）是用来估算并合效果的最普遍的关系式，它的含义是并合后条子的内不匀率为并合前的 $\frac{1}{\sqrt{n}}$。在生产中，条子的并合根数总是大于 1 的，故并合作用能使条子均匀度得到改善。

根据式（6-7），可得并合数 n 与 $\frac{C}{C_0}$ 之间的关系曲线，如图 6-17 所示。由图可见，并合根数较少时，增加并合数，条子不匀率下降明显；但当并合数超过一定范围（如 8 根以上）时，再增加并合数，效果就不明显了。同时并合数过多，还会产生因牵伸增大而带来的条干均匀度恶化的后果。所以，在全面考虑并合与牵伸的实际效果时，棉纺并条机一般采用 6 根或 8 根并合。

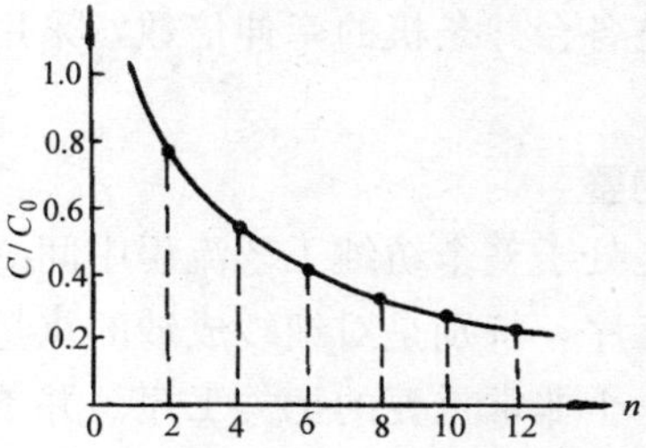

图 6-17　并合效果

通过并合，可以改善条子的内不匀率，但是内不匀率只是问题的一个方面。生产中，根据不同的取样方法，可求得条子的内不匀率、外不匀率和总不匀率。通常把同一卷装内部的重量不匀率称为内不匀率（C_N），例如，并条机同一眼生产的条子的不匀率就是内不匀率。外不匀率（C_W）是指不同卷装之间纱条的不匀率，例如，并条机不同眼之间的不匀率就是外不匀率。实际生产中测试时，样品取自各台、各眼或各锭，而且同一台、同一眼或同一锭上取若干个试样进行测试，反映出来的不匀率是总不匀率（C_Z）。根据数理统计原理，总不匀率与内不匀率和外不匀率之间有如下关系：

$$C_Z=\sqrt{C_N^2+C_W^2} \tag{6-8}$$

所以，为提高成纱质量，除了在并条机上采用适当的并合数，降低每根棉条的内不匀率外，还要注意降低各根棉条间的外不匀率，才能达到降低棉条总不匀率的效果。目前各生产厂采取的主要措施是：轻重条搭配，即以并条机眼为单位划定若干台梳棉机固定供应，使头道并条机每眼喂入的生条都做到轻重搭配。同样，在半熟条喂入二道并条机时，也采取轻重搭配。至于同一品种各台末道并条机之间的熟条轻重差异，则可以分别调整各台并条机的牵伸倍数，采用定量控制的办法来解决。

二、自调匀整

并条工序是处于整个纺纱工艺流程中间的一个工序，是质量上的把关工序，特别是对细纱成纱的重量不匀率和重量偏差而言，是一个非常重要的把关工序。并条机上的并合作用在一定程度上能改善纱条的随机不匀和在负相关情况下的不匀，但不能改善正相关情况下的不匀或同步不匀，而且并合的同时，必须施以相当于并合数的牵伸，以使纱条不致变粗，牵伸又会给纱条带来新的不匀。所以，并合只是一种消极的均匀方法。随着自动控制技术在纺纱中的广泛应用，近代纺纱工艺中，已在粗梳或并条工程中越来越多的采用自调匀整技术来改善条子的均匀度,以达到提高产品质量的目的。所谓自调匀整，就是根据条子的粗细变化，相应调整可变牵伸区的瞬时牵伸倍数，以改善条子的均匀度。所以，从原理上讲，它是一种积极的均匀方法。自调匀整装置不但能匀整随机不匀和负相关下的不匀，而且对正相关下的不匀（或同步不匀）具有同等的匀整能力，同时，能控制条子的定量，降低条子的重量偏差。因此，通过并合和匀整装置相结合，就能获得重量一致和符合定量要求的条子。

（一）自调匀整装置的组成

自调匀整装置一般由以下几部分组成：

(1) 检测部分：对喂入和输出品在运转中测定其不匀的变化。它有机械式（如凹凸罗拉）、电气式（如电容式）或气流式（如气压喇叭口）等之分。

(2) 转换部分：把检测到的信号转变成所需要的信号（如电信号）。

(3) 调节部分：将信号按比例放大或加以积分累计并与标准值比较，决定调节量。

(4) 执行部分：即变速机构。利用调节部分送来的信号及时使可变牵伸区的前罗拉或后罗拉发生相应的速度变化，自动地调节瞬时牵伸倍数。

（二）自调匀整装置的分类及其主要特性

1. 开环系统　如图 6-18 所示，其主要特点是先检测后控制，系统中的控制回路为非封闭的。在检测信号传至变速机构时应延迟一段时间，使半制品从检测点走到变速点时才

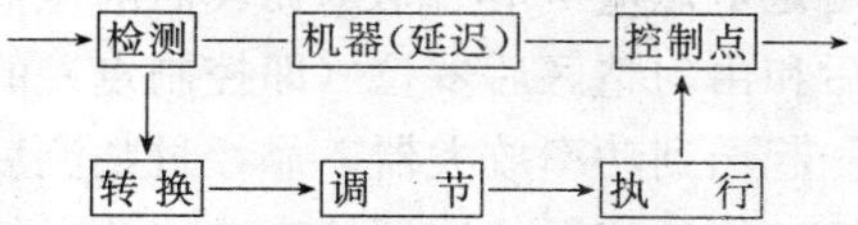

图 6-18　开环系统

开始变速，因而必须有延时记忆机构。由于该系统是喂入处检测，输出处变速，变速时间可与检测时间相配合，对短片段不匀的匀整能力较好。但它匀整后的效果不再反馈回去，不能自动修正由于各环节变化或外界扰动所引起的偏差。同时，

由于开环系统必须有延时记忆装置，结构比较复杂。

2. 闭环系统　如图 6-19 所示，其主要特点是先调节后

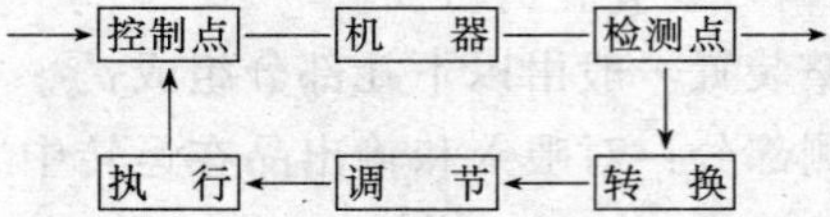

图 6-19　闭环系统

检测，在系统中控制回路为封闭的，即具有反馈回路。该系统由于反馈回路的作用，能自动修正各种因素波动所造成的偏差，从而使输出纱条的定量符合正常水平，即对中长片段不匀的匀整效果较好。但由于它是先匀整后检测，因此不能匀整波长等于或小于匀整点到检测点距离的不匀波，即不能匀整短片段不匀。FA312 型并条机上采用闭环式自调匀整装置，该装置检测全部喂入条子，而匀整其中 2 根（当 6 根喂入时）或 3 根（当 8 根喂入时）条子，如图 6-20 所示为此种装置的示意图。在匀整区的出口处安置一对凹凸罗拉作为检测点，用来连续检测 6 根喂入条子的实际定量。此定量讯号经传感器转换成相应的直流电压讯号，设为 V_x。将 V_x 与条子标准定量的给定电压值 V 作比较，比较后的差值讯号由电压放大器放大后和由匀整区后罗拉（即控制点）的测速发电机输出的电压一起送到功率放大器，靠经过整流后的电压来驱动变速电动机，使匀整区的后罗拉变速（此时的后罗拉速度为后罗拉的基本速度和由差值讯号所产生的附加速度的叠加），以改变匀整区两根条子的牵伸倍数，达到输出条子的定量保持在控制范围内。

3. 混合环系统　其主要特点是在牵伸的调整系统中，既有开环系统，又有闭环系统，两者结合使用。混合环系统兼

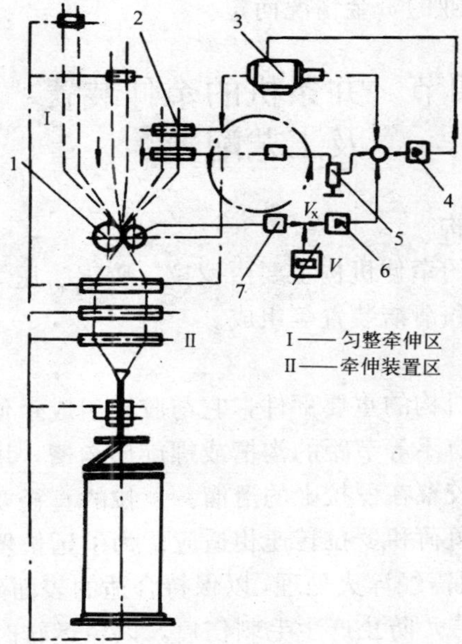

图 6-20 FA312 型并条机闭环式自调匀整装置

1—凹凸检测罗拉 2—匀整变速罗拉 3—直流变速电动机 4—功率放大器 5—输出电压电位器 6—电压放大器 7—传感器

有开环和闭环的优点，既能保持匀整效果，又能自动修正各种波动所造成的偏差，因而对短、中、长片段不匀都能匀整。但结构复杂，设备费用高。

配有自调匀整装置的并条机，在加工棉条过程中，可以有效地改善棉条的短、中、长片段的不匀，因而其加工的产品质量明显地得到提高。所以自调匀整器是加工高档产品的并条机必备的功能设备。自调匀整器的加工制造工艺复杂，价格昂贵，并条机上究竟是否要配备自调匀整器，应根据产品的质量要求和企业的资金情况而定。

第四节　并条机的牵伸装置及工艺配置

一、牵伸机构

棉纺并条机的牵伸机构主要由罗拉、胶辊、压力棒、加压装置、集束器和清洁装置等组成。

（一）罗拉

罗拉是牵伸机构的重要部件，它与胶辊组成牵伸的握持钳口。罗拉表面有不等节距的沟槽或螺旋形沟槽，用来增加握持作用，减少胶辊在罗拉上的滑溜。罗拉的直径要与所纺纤维长度、加压负荷和罗拉转速相适应。为了延长罗拉的使用寿命，罗拉表面需经淬火处理，以保持合适的表面硬度。罗拉表面应保持光洁，防止产生毛刺伤痕，以免运转时挂花绕罗拉。

（二）胶辊

胶辊亦称上罗拉，一般由胶辊芯子、铁壳、弹性包覆物和滚柱轴承组成。其弹性包覆物一般都采用丁腈橡胶套管，既有弹性又有一定的硬度。胶辊是靠罗拉摩擦带动回转的。对胶辊除了要求富有弹性、耐磨、耐老化、圆整度好外，还要求表面“光、滑、燥、爽”，有一定的吸湿、放湿及抗静电性能，以防止牵伸时纤维绕胶辊的现象，为此胶辊应定期进行表面处理。

（三）加压装置

过去老机上采用的是重锤加压，现在普遍采用的是弹簧加压，而近年来气动加压有发展的趋势。

1. 弹簧摇架加压　弹簧摇架加压是利用弹簧的压缩变形所产生的弹性恢复力来对胶辊实施加压，压力大小可以根据需要进行调节。其优点是结构轻巧、加压卸压方便。缺点是使用日久后，弹簧压力会产生衰退现象，故必须加强日常测定检修，否则，弹簧加压的差异较大，将影响条子质量。棉纺 FA302 型并条机即为弹簧摇架加压。

2. 气动摇架加压　气动摇架加压是利用压缩空气的动力，通过稳压由气囊和一套传递机构对胶辊予以加压的一种新型加压型式。其优点是结构轻巧、加压稳定、压力调节和加压卸压方便。FA305 型并条机即采用气动摇架加压。但是，气动加压需要供气机构。图 6-21 为一种气动摇架加压装置。

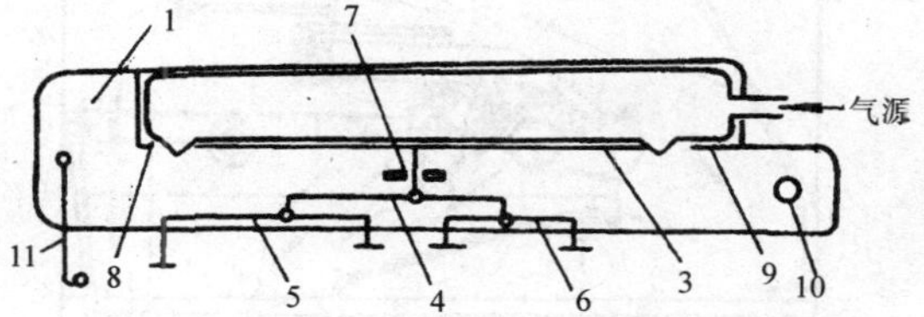

图 6-21　气动摇架加压

1—摇架　2—气囊　3—加压板　4—总杠杆　5—前杠杆　6—后杠杆　7—导板　8—前定位板　9—后定位板　10—摇架轴　11—加压机构

（四）压力棒

压力棒是装在主牵伸区内的一根固定或作间歇回转的金属棒，其作用是利用它的弧形面与被牵伸的须条接触，迫使须条成为曲线形态，从而加强对纤维运动的控制作用。压力棒的安装方法有插入式和悬挂式两种。

（五）集束器

集束器的作用是把牵伸后的棉网收拢送入喇叭口和紧压

罗拉，并可减少边纤维的散失和飞花以及由此而引起的纱疵。

（六）清洁装置

随着并条输出速度的增加，必然导致牵伸区的飞花相应增加。因此，高速并条机必须具备完善、有效的吸风清洁系统。这不仅是为了防止飞花向外扩散，更重要的是减少纱条上飞花附着，防止纱疵产生，提高纱条质量。图 6-22 为FA302型并条机的吸风清洁系统示意图。上清洁器采用间歇回转绒套揩擦胶辊，飞花则由清洁梳集拢后经上吸风口吸入滤棉箱。下清洁器由单胶圈往复摆动揩擦罗拉，飞花经下吸风口吸入滤棉箱。

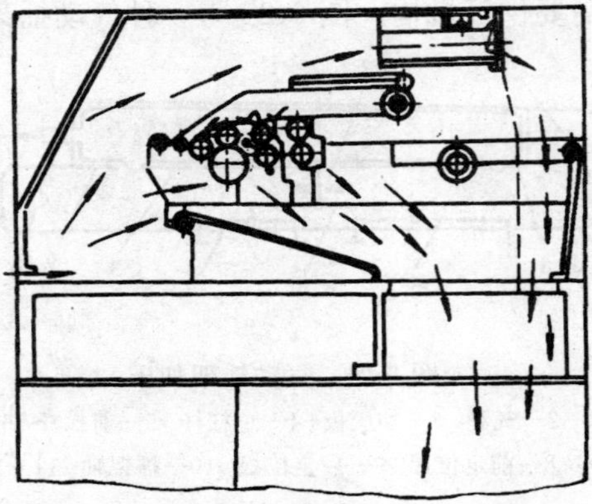

图 6-22　FA302 型并条机吸风示意图

二、牵伸型式及特点

棉纺并条机目前采用较多的是三上四下曲线牵伸和多胶辊曲线牵伸及压力棒曲线牵伸型式。

1. 三上四下曲线牵伸　图 6-14 所示为国产 A272C 型并条机的三上四下曲线牵伸装置，它用一根大胶辊骑跨在第二、三罗拉上，组成了前后两个独立的牵伸区。中区隔距较小，加之须条紧贴于胶辊表面$\overset{\frown}{CD}$弧上，形成较强的附加摩擦力界，减少了胶辊打滑。同时，将第二罗拉表面位置适当提高，使须条在第二罗拉上形成包围弧$\overset{\frown}{BC}$，扩展并增强了前牵伸区后钳口摩擦力界，有效地控制了浮游纤维运动，从而利于条干均匀。但是，后牵伸区须条在第三罗拉表面有一反包围弧$\overset{\frown}{DE}$，影响条干均匀度。另外，这种牵伸型式难以改变罗拉握持距，所以对纤维长度的适应性较差。还有第二罗拉采用消极式摩擦传动，易受外界因素干扰，绕花后胶辊打滑等，都影响正常牵伸。

2. *多胶辊曲线牵伸*　这种装置由于胶辊列数多于罗拉列数，故称为多胶辊曲线牵伸。例如，德国青泽 720/2 型并条机上的五上三下曲线牵伸如图 6-23 所示。这种牵伸型式前后牵伸区都是曲线牵伸，且基本没有反包围弧，有利于条干均匀度。由于罗拉列数较少，所以简化了传动系统。同时，罗拉握持距容易调整，所以对加工纤维长度适应性较强。前胶辊只起导向作用，利于高速。

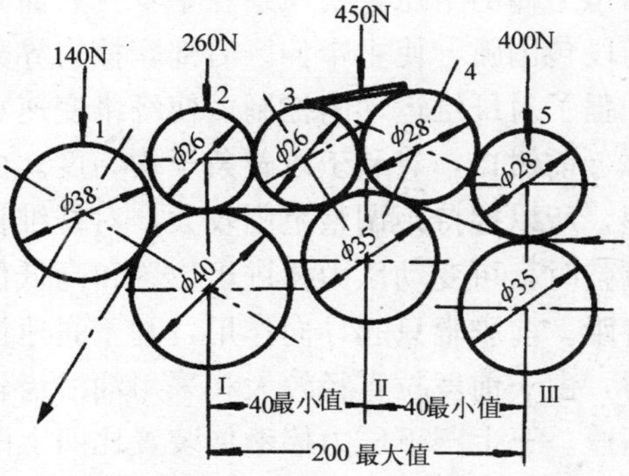

图 6-23　五上三下曲线牵伸装置

3. *压力棒曲线牵伸*　这种牵伸型式是当前国内外新型并条机采用最多的一种。压力棒曲线牵伸一般又分为三上三下压力棒牵伸加导向胶辊和四上四下压力棒牵伸加导向胶辊两种，压力棒又有下压式和上托式两种。图 6-24 为国产

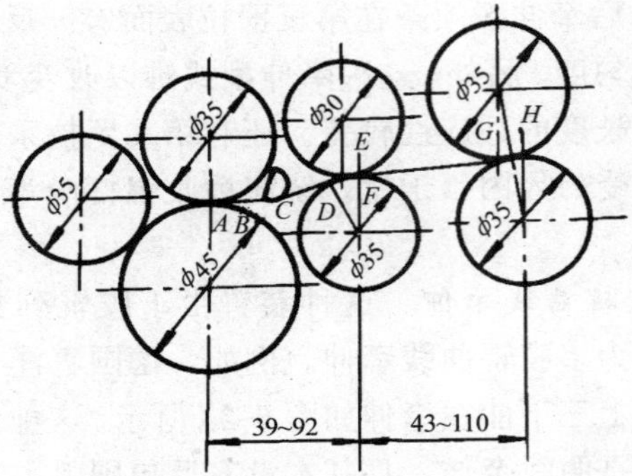

图 6-24　FA302 型并条机牵伸机构

FA302 型并条机三上三下压力棒加导向胶辊牵伸。由于中罗拉的抬高和压力棒的下压，使须条在中罗拉表面和压力棒表面形成了两段包围弧，使主牵伸区后部摩擦力界分布有显著的增强，加强了对纤维运动的控制，使纤维变速点分布集中而稳定地靠近前钳口，有利于改善条干均匀度。由于摩擦力界布置合理，所以握持距调整范围较大，对纤维长度的适应性较好。调整时，可变动压力棒进出位置和高低位置及相应的罗拉握持距。前胶辊只起导向作用，利于高速情况下顺利成条。同时，由于前罗拉直径较大和采用油浴齿轮传动，从而能适应高速。三上三下压力棒牵伸装置比四上四下压力棒牵伸装置结构更为简化，但生产中应注意解决好中胶辊打滑问题。图 6-25 是 FA311 型并条机四上四下附导向胶辊、压力

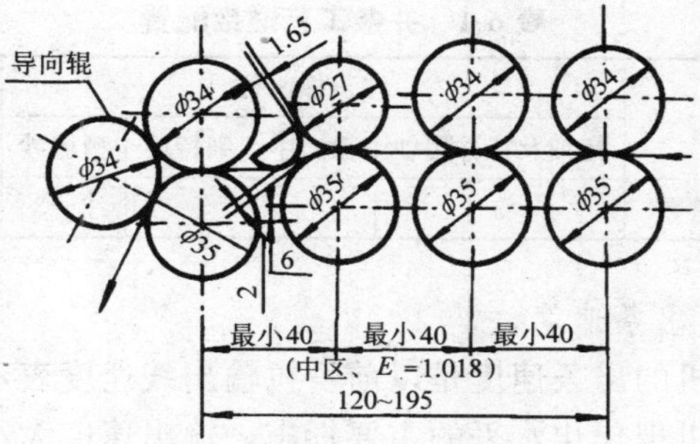

图 6-25　FA311 型并条机牵伸机构

棒式双区牵伸。这种牵伸型式的特点是中区的牵伸倍数为接近于1的略有张力的固定牵伸（$E=1.018$）。这样设置的优点是第二钳口只承担前区的握持作用，第三钳口只承担后区的引导牵伸作用，因此可防止须条在中钳口下打滑，有利于条干质量水平的提高。但这种牵伸型式结构稍有复杂。上述两种压力棒牵伸型式各有所长，只要加强管理，合理配置工艺，都能达到较好的质量水平。

三、并条机的工艺配置

为了获得较好质量的条子，在并条机型确定后，合理确定并条机的输出速度、牵伸倍数、罗拉加压等工艺参数极为重要。

（一）并条机的道数

选择合适的工艺道数，对改善条子长片段不匀和提高混和均匀效果十分重要，这在棉与化纤混纺时更为突出。同时，并条工艺道数还受纤维弯钩方向的制约，一般普梳工艺梳棉至细纱之间的工序设备道数应符合奇数配置，精梳工艺中梳棉至精梳之间的工序设备道数应符合偶数配置，见表 6-1。

表 6-1 并条工艺道数配置

品 种	纯 棉 纺			化纤混纺	
	特细及特种用纱	粗、中、细特纱	精梳纱	预并	混并
并条工艺道数	3	2	2～3	1	3

（二）出条速度

并条机的出条速度是以前罗拉输出线速度表示的，它是衡量并条机现代化水平的主要标志，输出速度大小主要根据机器类型、加工产品及产量供应等因素而定。

1. 机器类型　国产并条机随着牵伸型式、零部件及传动机构的改进和自动化程度的提高，在出条速度方面发展很快，如 1242 型并条机为 30～70m/min，A272 系列并条机提高到 120～250m/min，FA302、FA311 型并条机进一步提高到 150～400m/min，FA306、FA308 型则高达 600m/min。

2. 加工品种　纺化纤时速度过高易产生静电，绕胶辊、绕罗拉，故出条速度比纺纯棉时为低，一般低 10%～20%。精梳前棉预并速度略大于精梳后并条的速度，因为精梳后纤维平行伸直度好，棉条发烂，速度过高易绕胶辊和罗拉。

3. 产量供应　两眼并条机的速度要大于四眼并条机的出条速度，才能满足前、后道机器产量的供应。对同类型机台来说，为了考虑前、后道并条机的供应（定量供应），头道并条机出条速度需略大于二道并条机，才能保证前、后产量供应的要求。

（三）总牵伸倍数

总牵伸倍数应接近于并合数，生产时，一般选择范围为并合数的 0.9～1.2 倍。

（四）罗拉加压

罗拉加压主要根据牵伸型式、罗拉速度、棉条定量、牵伸倍数及罗拉握持距等因素而定。压力的大小应保证罗拉钳口的握持力能与牵伸力相适应，使纱条不在罗拉钳口下打滑，以免产生规律性的条干不匀。例如，FA302 型并条机胶辊加压量，由前至后为（N/单端）：120×300×60（压力棒）×320×300。

第五节　并条机的传动与工艺计算

并条机的工艺计算，包括产量计算以及牵伸计算。现以棉纺 FA302 型并条机为例说明如下（参看图 6-26FA302 型并条机传动图）。

一、产量计算

1. 紧压罗拉输出速度 V（m/min）

$$V=\frac{n\times F\times \pi\times 50}{E\times 1000}\times (1-\varepsilon) \tag{6-9}$$

式中：n——电动机转速（1470r/min）；

E——紧压罗拉皮带轮直径（mm）；

F——电动机皮带轮直径（mm）；

ε——平皮带传动相对滑动系数，ε 取 0.01。

2. 理论产量 Q_e〔kg/(h·台)〕

$$Q_e=V\times\frac{q}{5\times 1000}\times 60\times 2 \tag{6-10}$$

式中：q——棉条定量（g/5m）。

二、牵伸计算

1. 总牵伸倍数 E_m（前罗拉～后罗拉）

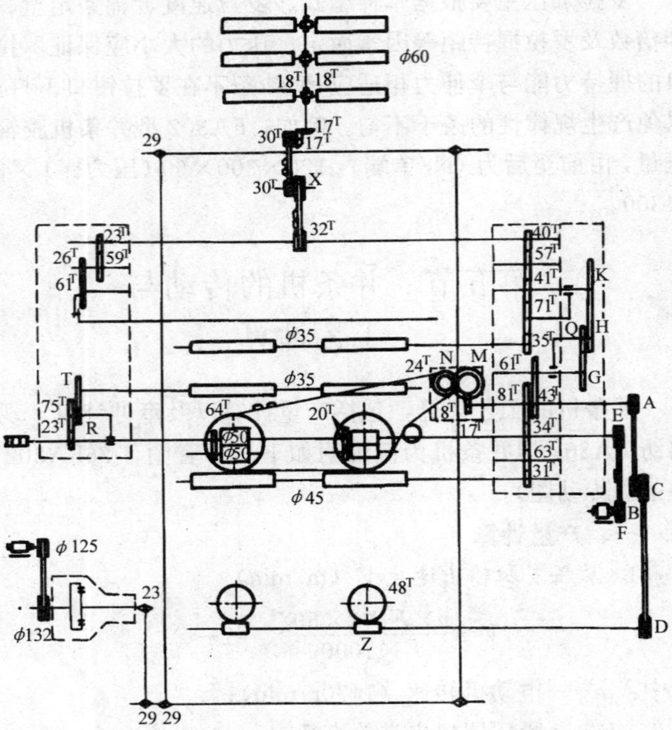

图 6-26　FA302 型并条机传动图

$$E_{\mathrm{m}}=\frac{45\times34\times81\times61\times35\times Q\times K}{35\times31\times34\times43\times41\times G\times H}$$

$$=4.0683\times\frac{Q\cdot K}{G\cdot H} \tag{6-11}$$

式中：H——牵伸变换齿轮（轻重牙）的齿数（42、44、46、48、50、53、55、57 齿）；

K——牵伸微调变换齿轮（冠牙）的齿数（86～90齿）；

Q/G——牵伸阶段变换成对齿轮的齿数（52/45、45/52、38/59）。

2. 主牵伸倍数 e_1（前罗拉～中罗拉）

$$e_1=\frac{45\times 34\times 75\times T}{35\times 31\times 23\times R}=4.5983\times\frac{T}{R} \tag{6-12}$$

式中：T——主牵伸变换齿轮的齿数（73、62齿）；

R——主牵伸变换齿轮的齿数（45、49、63、69、75齿）。

3. 后牵伸倍数 e_2（中罗拉～后罗拉）

$$e_2=\frac{E_m}{e_1} \tag{6-13}$$

第七章　粗纱工程

第一节　概　　述

一、粗纱工序的任务

粗纱工序是纺制细纱前的准备工序。目前除了转杯纺纱机等新型纺纱可用熟条直接喂入外，因一般的环锭细纱机的牵伸能力只有30～50倍，而由熟条到细纱约需150倍以上的牵伸，所以在并条与细纱之间还必须经过粗纱工序。

粗纱工序的任务是：

1. 牵伸　分担一部分牵伸任务，熟条经牵伸后制成的粗纱应适应一般细纱机的牵伸能力。在牵伸过程中使纤维进一步伸直平行。粗纱机的牵伸倍数一般为5～12倍。

2. 加捻　熟条经牵伸后，输出纱条的截面中纤维量减少，纤维的伸直平行度提高，因而纱条的强力降低。因此粗纱工序必须对输出纱条施加适当的捻回，使粗纱具有一定的强力，以承受加工过程中的张力，防止意外牵伸。加捻后，纤维间的紧密度增加，还有利于细纱机的牵伸作用和成纱质量。

3. 卷绕　将粗纱卷绕于筒管上，制成一定形状的卷装，便于搬运、贮存和适应在细纱机上喂入和退绕的需要。

二、粗纱机的工艺过程

为方便操作和适应大直径棉条筒的摆放，粗纱机采用高架喂入的方式，如图7-1所示。熟条由条筒引出后，由导条辊积极输送，通过慢速往复的横动喇叭口后，喂入牵伸装置。经牵伸后的须条由前罗拉输出，引入回转的锭翼，将须条加捻成粗纱。最后将粗纱引导至筒管，卷绕成两端为截头圆锥体的管纱。由于筒管与锭翼系分别传动，而筒管转速大于锭翼转速，筒管在回转的同时作升降运动，所以筒管可以持续地牵引粗纱进行卷绕。

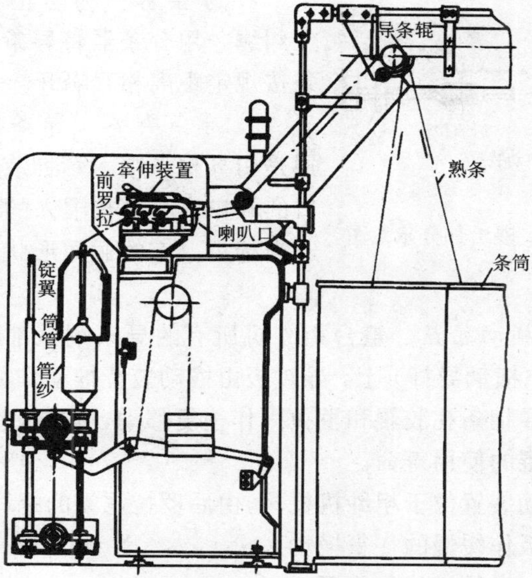

图 7-1　粗纱机的工艺过程

第二节　粗纱机的喂入与牵伸

一、喂入部分的机构与作用

喂入部分由导条辊、分条器、导条喇叭和横动装置等组成。

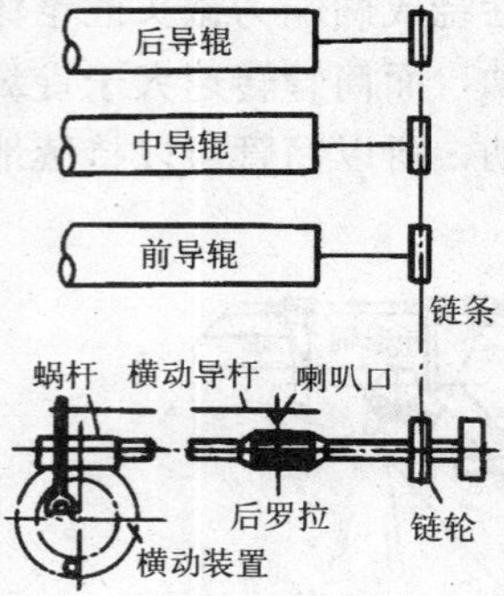

图 7-2 喂给部分示意图

1. **导条辊** 有前、中、后三列，由后罗拉通过链轮、链条积极传动（如图 7-2），使棉条在喂入过程中尽量减少意外牵伸。

2. **分条器** 为防止棉条间相互纠缠，用分条器将导条辊上的棉条按规定距离相互隔开。

3. **导条喇叭** 导条喇叭的作用是引导棉条喂入牵伸装置。喇叭口的开口大小应按喂入的熟条定量适当选用。它的截面形状一般为扁圆形。

4. **横动装置** 整台粗纱机所有的导条喇叭都装在一根导纱板（横动导杆）上，导纱板由横动装置推动作往复运动，从而引导棉条在胶辊和罗拉间作往复移动，可减轻胶辊磨损，延长胶辊的使用寿命。

横动装置位于粗纱机机尾，由后罗拉尾端的蜗杆传动，带动导纱板作缓慢的往复横动。

二、牵伸机构与作用

目前广泛使用的粗纱机牵伸型式除三上四下曲线牵伸以外，新机已普遍使用双胶圈牵伸。在双胶圈牵伸型式中又有三罗拉双短胶圈，三罗拉长短胶圈及四罗拉双短胶圈三种。三罗拉双短胶圈牵伸机构如图 7-3 所示。

它主要由罗拉、胶辊、胶圈、上下胶圈销、集合器、加压装置及清洁装置等组成。

1. **罗拉** 罗拉由多节组成，每节 4～6 锭，逐节用螺纹联

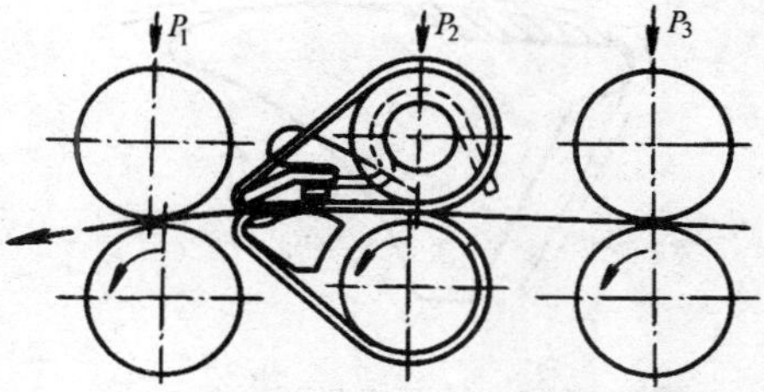

图 7-3　三罗拉双胶圈牵伸机构示意图

接而成。前后罗拉表面具有不等距沟槽，用以保护胶辊。中罗拉表面呈菱形滚花，以加强与下皮圈的摩擦。

2. 胶辊　为双节活芯式，如图 7-4 所示。中间加压，两节受压。支承胶辊芯的方法是：用摇架夹持芯子的中部，同时可给予加压。

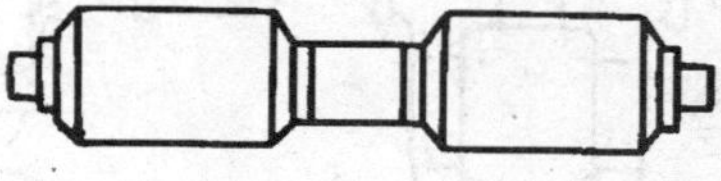

图 7-4　粗纱胶辊

3. 上下胶圈　胶圈为厚薄均匀的丁腈橡胶圈，要求弹性较好。下胶圈套在中罗拉上，随中罗拉回转，并由下销支持其前端，使胶圈张紧；上胶圈套在活芯小铁辊上，并由上销支持其前端而张紧，靠摩擦回转。

4. 上下胶圈销　用以固定胶圈位置，形成弹性钳口。

（1）下销：由碳素钢制成的销棒，每 4～6 锭合用一根，固定在罗拉座上，其断面为阶梯形曲面，如图 7-5 所示。下销的前缘突出，可缩小浮游区长度，加强对纤维运动的控制。

（2）上销：用优质锰钢制成，其形状如图 7-6 所示。后部

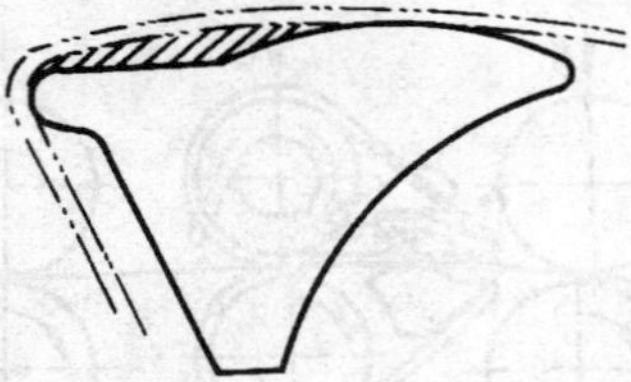

图 7-5　下销截面形状

骑跨在活芯小铁辊的芯轴上，使上销可绕小铁辊中心上下摆动；前部的中间嵌装有隔距块并搁置在下销棒上，使上下两销前端有一个保持统一而准确的最小间隙（即原始钳口）。上销装有弹簧片，可绕小铁辊芯轴灵活摆动，从而使上下销间形成一个弹性钳口。

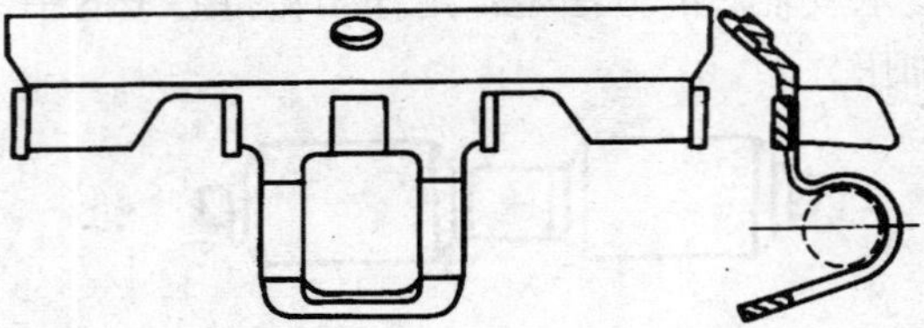

图 7-6　弹性摆动上销

5. **加压机构**　目前粗纱机大多采用弹簧摇架式加压型式，如图 7-7 所示。它由摇架体、手柄、加压杆、加压弹簧、钳爪、加压调节器和紧锁片等组成。

6. **集合器**　集合器的作用是逐渐收拢经牵伸后须条的边纤维，防止纤维扩散，以利下一牵伸区对纤维运动的控制。有前区集合器和中区集合器，分别如图 7-8（1）和（2）所示。集合器的口径大小，前区应和输出定量相适应，中区应和喂入定量相适应。

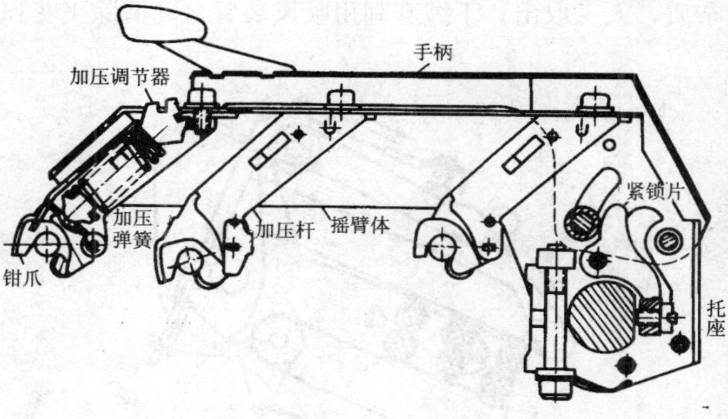

图 7-7　YJ1—150A 型弹簧摇架示意图

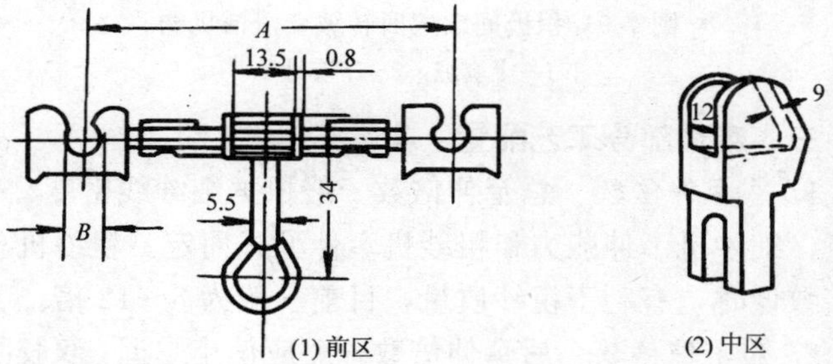

图 7-8　集合器

7. *清洁装置*　主要作用是清除罗拉、胶辊和胶圈表面的短绒和杂质，是防止纤维缠绕这些机件及保证产品不出或少出疵点的必要装置。新型粗纱机采用积极间歇式回转绒套清洁装置，如图 7-9 所示。上下绒套紧贴于各回转件的表面，由偏心轮传动作间歇回转。由于绒布的摩擦作用，将飞花和杂质粘附并连续移出，上绒套利用反复运动的清洁梳收集飞花和杂质，人工取出；下绒套利用吸风装置自动清除飞花和杂质。

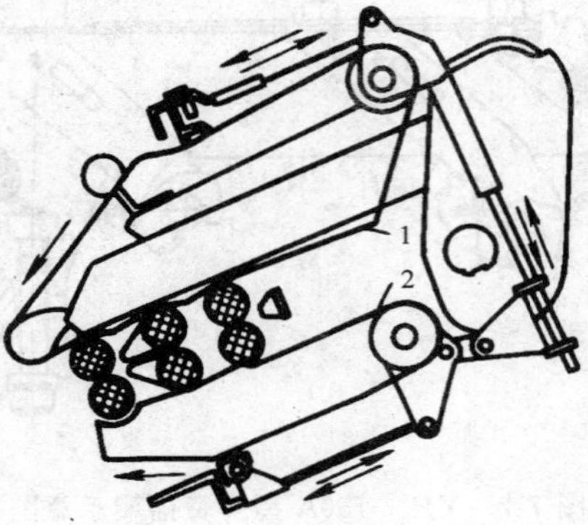

图 7-9　积极间歇式回转绒套清洁机构

1—上套绒　2—下套绒

三、牵伸部分工艺配置

1. *总牵伸倍数*　总牵伸倍数一般根据细纱线密度、熟条定量、细纱机牵伸能力和粗纱机牵伸型式而定。粗纱机总牵伸倍数低时，有利于粗纱质量，目前一般为 8～12 倍。

2. *后牵伸倍数*　后牵伸倍数一般应偏小掌握，双胶圈牵伸型式的粗纱机，由于前区摩擦力界布置合理，可以加大牵伸倍数，这就给后区减小牵伸倍数创造了条件。一般后区牵伸控制范围为 1.18～1.40 倍。四罗拉双胶圈牵伸型式可略大些，为 1.20～1.50 倍。

3. *罗拉握持距*　粗纱机的罗拉握持距主要根据纤维的品质长度（L_p）而定，原则是不使纤维有拉断和牵伸不开的现象出现。

前区握持距一般为：胶圈架长度（或上销控制长度）＋

自由区长度，粗纱机自由区长度一般为15～17mm。后区握持距因有集合器，一般为L_p＋（12～16）mm。

4．罗拉加压　罗拉加压主要根据牵伸型式、罗拉转速、罗拉握持距、牵伸倍数及定量等而定。当罗拉转速高、握持距小、定量重时，则加压应重，使钳口的握持力大于牵伸力。

在化纤混纺时，牵伸力较大，罗拉加压应比纺棉时加重，前罗拉加压一般比纺棉时重20％～25％。

第三节　粗纱机的加捻

一、加捻的目的及过程

从牵伸机构前罗拉输出的须条，纤维呈松散状态，强力很弱，在经过加捻机构时，纱条的一端被握持，另一端绕纱条的轴线回转，使平行伸直的纤维围绕纱条轴线呈螺旋线倾斜状态，纤维间相互抱合使摩擦力增加，从而使纱条成为具有一定强力的粗纱。

粗纱机的加捻过程如图7-10所示，纱条自前罗拉输出后，穿入回转着的锭翼，并绕在筒管上。筒管活套在锭管上，锭翼与锭子同速回转。锭翼每转一周，前罗拉至锭翼侧孔的一段纱条上即得到一个捻回。

二、加捻机构

粗纱机的加捻机构主要由锭子、锭翼、锭管及锭脚油杯等组成。现将主要机件分述如下：

（一）锭子

锭子是用优质钢材制成的圆形长杆，直径为19～22mm，杆长为700～1000mm，图7-11为其示意图。它的作用是支持和带动锭翼一起回转，以便对纱条进行加捻。

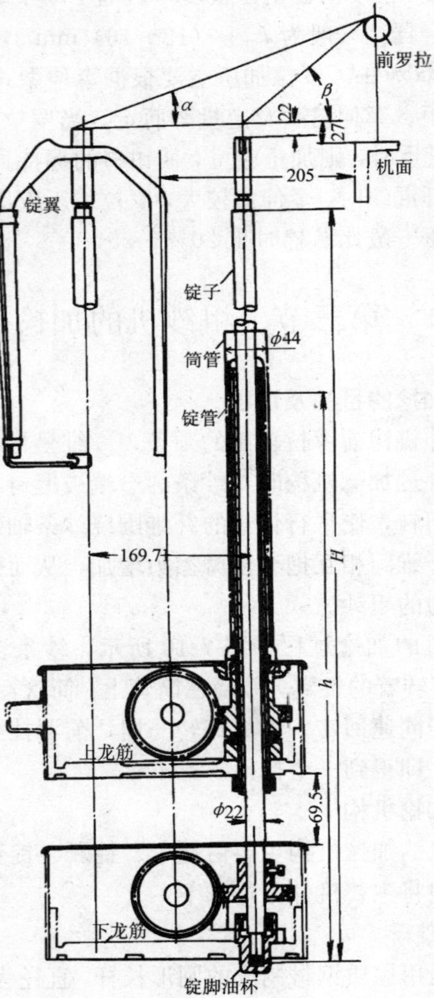

图 7-10　粗纱机加捻部分断面图

锭子的下端由固装于下龙筋上的锭脚油杯托持，中部由固装于上龙筋上的锭管支承，锭管可随上龙筋作升降运动，但不影响对锭子的支承，使锭子得以稳定地回转。锭子顶端有一凹槽，锭翼上的锭翼销便插在凹槽中，因而锭翼可随锭子同步回转。在锭子下部固装有锭脚螺旋齿轮，通过齿轮传动系统，使锭子回转。

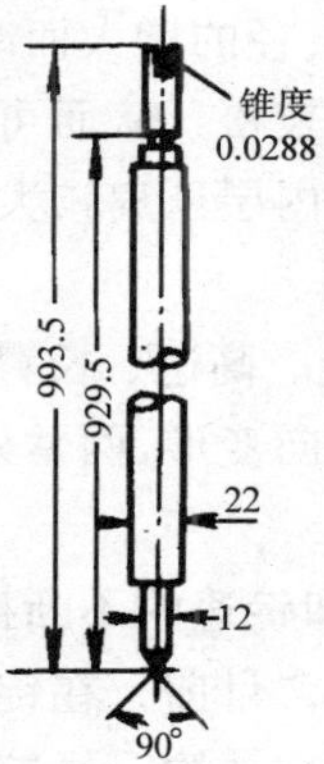

图 7-11　粗纱锭子

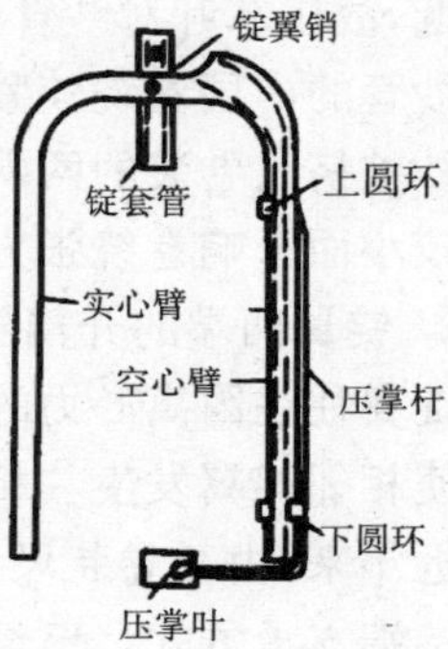

图 7-12　粗纱锭翼

（二）锭翼

锭翼一般由优质软钢制成，新型高速锭翼均采用铝合金材料制造。它由锭套管、实心臂、空心臂和压掌四部分组成，如图 7-12 所示。它的作用除对纱条进行加捻外，还兼引导粗纱至筒管。

1. 锭套管顶部有小孔（即顶孔），前后两边有侧孔，粗纱自顶孔穿入，从侧孔进入空心臂。空心臂要求内壁光滑，其外侧开有倾斜的裂缝，便于引纱，同时防止粗纱因离心力而飞出。实心臂起平衡作用。

2. 压掌由上下圆环活套于空心臂上，压掌可绕空心臂转动一定角度;垂直部分的压掌杆较水平部分的压掌叶稍重,因此当锭翼回转时,压掌杆所产生的离心力矩要比压掌叶大,依靠两者间离心力矩之差,使压掌叶对纱管产生一定的压力,将粗纱紧密地卷绕在筒管上;当纱管卷绕直径由小变大时,迫使压掌绕空心臂作相应的转动,压掌叶的回转半径逐渐增加,离心力随之增加,而压掌杆的回转半径逐渐减小,离心力随之降低,故压掌叶对纱管的压力随卷绕直径的增大而减小,这就使纱管的内层卷绕较紧,而外层卷绕较松,从而可避免内层粗纱被挤出卷装的两端。但同时会使内层压扁较大,外层压扁较小而影响卷绕张力。

3. 锭翼两端的开档随卷装直径而定。高速、长臂、大开档的锭翼往往因离心力的作用而产生径向变形,两臂外张,有可能使相邻锭翼发生“相碰”现象。

近年来,由于卷装尺寸的不断增大和锭速的不断提高,传统的锭端支承方式,已经不能适应需要。目前,在锭翼的结构上,已逐步发展为悬吊式锭翼(吊锭)结构。吊锭装在上龙筋上,因此锭翼本身振动较小。同时,由于落纱时不用拔下锭翼,锭翼本身重量的大小并不影响操作,因此可适当加大断面尺寸,以适应高速回转而减少两臂的外张变形。另外,由于锭翼安装在上龙筋的下边,上窜的气流便受到抑制,从而减少了粗纱飘头。

三、加捻作用及量度

(一)捻回的形成

前罗拉输出的纱条随锭翼回转时,一端被前罗拉钳口握持,一端以锭翼侧孔为加捻点绕纱条轴心回转,锭翼回转一周,该段纱条上便获得一个捻回;前罗拉连续输出纱条的同时,锭翼不断施加捻回,从而持续的纺制成粗纱,如图 7-13

（1）所示。加捻后的粗纱近似地呈圆柱体形状，如图 7-13（2），它的相邻两横截面间产生了相对角位移。假设加捻前外层纤维 AB 平行于粗纱轴线 OO'，加捻后，AB 形成螺旋线 AB'，B 点转移至 B' 点，截面 O' 相对于截面 O 产生了角位移 θ。当锭翼回转一周，即 θ 等于 360°时，纱条便获得一个捻回，如图 7-13（3）所示。

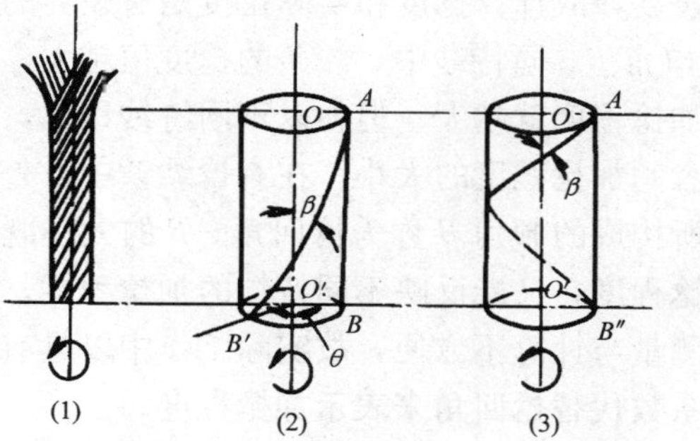

图 7-13　纱条加捻时外层纤维的变形

（二）捻向

当锭翼回转方向不同时，因捻回的螺旋方向不同而有两种捻向，Z 捻或 S 捻。Z 捻又称反手捻；S 捻又称顺手捻，如图 7-14 所示。一般在纺制粗、细纱时多采用 Z 捻，以便于操作。

图 7-14　捻向

（三）加捻的量度

关于加捻的量度，一般有以下几项指标：

1．捻度 T

（1）单位长度纱条上的捻回数称为捻度，一般以每 10cm 的捻回数表示。

（2）根据实测所得的捻度称为实际捻度，通过计算得出的捻度称为计算捻度。设前罗拉输出速度为 V 米/分，锭翼转速为 n 转/分，则纱条的计算捻度（捻/m）为：

$$T=\frac{n}{V}$$

由于纱条在加捻过程中，前罗拉输出长度并不等于加捻后的粗纱长度，故计算捻度和实际捻度是有差异的。

2. 捻回角 β　同特纱中，纱条的捻度值越大，则纤维间越紧密，加捻程度就越大。但如以不同特纱相比，则捻度不能表示两者间加捻程度的大小。在有捻纱条中，外层纤维对纱条轴线所构成的倾角 β 称为捻回角。β 的大小既能反映同特纱的加捻程度，又能反映不同特纱的加捻程度。但是，由于捻回角测量与计算不方便，故实际工作中以具有同等物理意义的捻系数代替捻回角来表示加捻程度。

3. 捻系数 α　经推导，可得下式：

$$\alpha=\tan\beta\cdot\sqrt{\frac{\delta\times10^{7}}{4\pi}} \tag{7-1}$$

式中：δ——纱条单位体积重量（g/cm^3）。

捻度 T 与捻系数的关系：

$$T=\alpha/\sqrt{\mathrm{Tt}}$$

上式称为特数制捻度公式，α 称为捻系数。因 δ 可视作常量，故 α 只随 $\tan\beta$ 而增减，因此捻系数被广泛用来衡量不同特数纱条的加捻程度。

4. 捻系数的选择　在生产中，确定纱条加捻程度的大小，是先选择捻系数，然后用捻度公式计算所需捻度，根据捻度的大小来调整捻度变换齿轮。粗纱捻系数的选择，主要根据纤维长度，粗纱特数和所纺品种而定。当纤维细长、整齐度好、粗纱定量重、纺制精梳纱时，粗纱捻系数可适当减小些；反之应大。粗纱捻系数的选择还应结合细纱机牵伸装置的结构、细纱机工艺设计等不同情况而作相应调整。

四、假捻在粗纱机上的应用

1. 纺纱段与捻陷　如图 7-15 所示，当锭翼回转时，纱条在加捻点 C 处形成捻回，并自加捻点 C 向前罗拉方向的纱段上传递。由于在锭翼套管顶孔 B 点处受阻，故 AB 段的纱条上捻度较小，强力较低，此种现象称为捻陷。AB 段称为纺纱段。

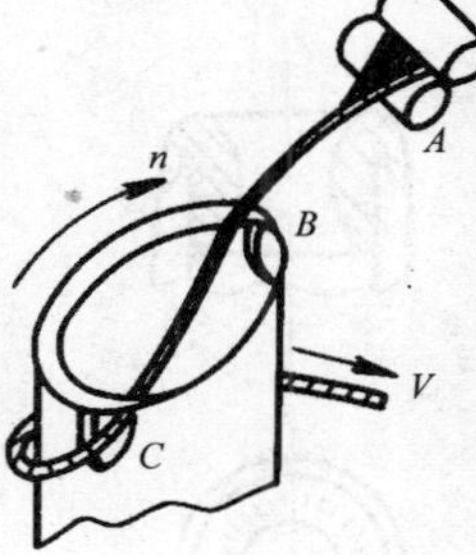

图 7-15　锭翼顶孔的假捻作用

2. 假捻与假捻器　所谓假捻是指纱段上同时存在数量相等捻向相反的捻回，当纱条作轴向运动时，输出端的纱条上正反捻回相互抵消，最终产品中无捻。它的加捻条件是：纱条两端被握持，中间加捻，如图 7-16 所示。粗纱机上采用在锭翼顶端设置假捻器的方法，利用假捻器回转时对纱条的摩擦作用，使纱条在 B 点处滚动而获得假捻。

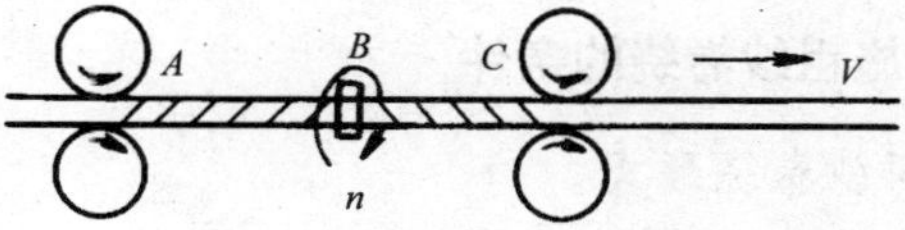

图 7-16　假捻作用

在加捻过程中，纱条一端被钳口 A 握持，一端被 C 点握持，假捻器在 B 点处对纱条施加假捻，使 B 点的两侧纱段上产生正反两个捻向的捻回，而在纺纱段 AB 上得以临时增强了捻回，从而提高了它的强力；当纱段作轴向运动时，正反的捻向互相抵消，故粗纱产品上不存在假捻器所施予的捻回。

粗纱假捻器型式有多种，常用的不外乎锭管顶端刻槽〔图 7-17（1）〕和顶端戴帽〔图 7-17（2）〕，前者大都用于老机，国内外新机均采用后者。

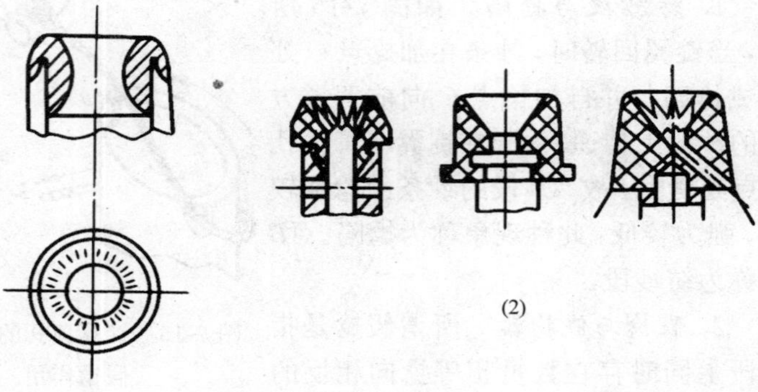

图 7-17　锭帽假捻器型式

第四节　粗纱机的卷绕与成形

一、实施粗纱卷绕的条件

（一）粗纱卷绕形式

前罗拉输出的须条由锭翼加捻后，通过压掌叶上的导纱孔，有规律地将粗纱卷绕于筒管，制成粗纱管，以便于贮存与搬运。为了使粗纱卷装容量大，并且在细纱工序加工时易于退解，粗纱管纱卷绕成如图 7-18 所示形状，中段为圆柱体，两头呈截头圆锥状。卷绕时，沿筒管长度方向以一定的绕纱密度和卷绕动程逐圈卷绕；当绕至筒管的一端，卷完第一层纱后，便改变卷绕方向，并缩短卷绕动程，进行第二层卷绕。这样由里到外逐层卷绕，卷绕动程逐层缩短，使管纱两端卷绕成为截头圆锥形，以防止粗纱脱圈或倒塌。

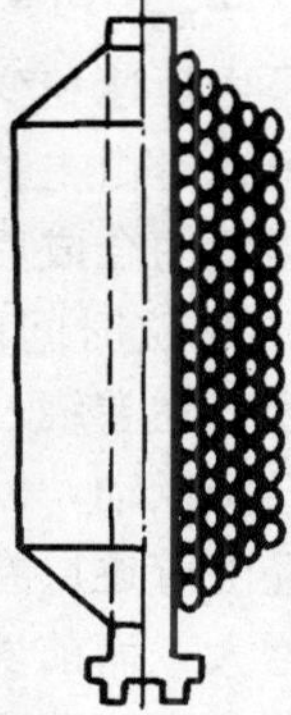

图 7-18　粗纱纱管

（二）实现粗纱卷绕的条件

1. 单位时间内筒管的卷绕长度应等于前罗拉输出长度。筒管与锭翼系同向回转，两者间的速度差便产生卷绕，棉纺粗纱机上的筒管转速大于锭翼转速，称之为管导式卷绕。在卷绕过程中，单位时间内卷取的长度应等于同时间内前罗拉输出纱条的长度，以保证正常的卷绕。由于前罗拉的输出速度不变，而粗纱的卷绕直径是在逐层增大，要使卷绕线速度也保持不变，则应使卷绕转速（即筒管与锭翼的转速差）随纱管卷绕直径的逐层增大而减小，如下式所示：

$$L=\pi dn=\pi d_x\ (n_1-n_2)$$

或

$$n_1=n_2+\frac{L}{\pi d_x} \qquad (7\text{-}2)$$

式中：L——前罗拉每分钟输出纱条长度（即前罗拉线速度）；

d——前罗拉直径；

d_x——纱管卷绕直径；

n——前罗拉转速；

n_1——筒管转速；

n_2——锭子（锭翼）转速。

从上式可知，筒管转速比锭翼转速快$\frac{L}{\pi d_x}$，$\frac{L}{\pi d_x}$即为卷绕转速。为了使粗纱捻度保持不变，锭翼转速 n_2 应为恒速，而卷绕转速$\frac{L}{\pi d_x}$则随卷绕直径 d_x 的逐层增大而减小，所以筒管转速是由恒速和变速两种速度所合成。在粗纱机的传动系统中，恒速是由主轴传来，变速是由铁炮传来，两种速度经过差动装置的合成后传给筒管，以保持筒管的正常卷绕。

2. 单位时间内上龙筋的升降高度应等于筒管的轴向卷绕高度。在卷绕过程中，上龙筋承载整台粗纱机上的纱管作垂直升降运动，以便将加捻后的粗纱逐圈卷绕于筒管。当纱管直径随着逐层卷绕而增大时，每圈的卷绕长度（周长）也随之增大，而前罗拉输出纱条的速度始终不变，为了使绕纱的轴向密度（圈距）保持一致，上龙筋的升降速度应随纱管卷绕直径的增大而降低，如下式所示：

$$V=\frac{L}{\pi d_x}\times h \tag{7-3}$$

式中：V——上龙筋升降速度；

h——筒管轴向卷绕圈距；

$\frac{L}{\pi d_x}$——单位时间内绕在粗纱管上的圈数（圈/min）。

在一落纱内，L、h 是不变的；在同一层纱卷绕时，d_x 也不变，故它的升降速度也不变；但随着纱管逐层卷绕时直径的增大，上龙筋的升降速度便逐层降低。在粗纱机的传动系统中，上龙筋的升降运动是直接由铁炮传动的。

为了使粗纱管的两端卷绕成截头圆锥体，在粗纱逐层卷绕时，上龙筋的升降动程应逐层缩短。这是由粗纱机的成形机构来控制上龙筋的换向运动，使升降动程得以逐层缩短。

综上所述：实施粗纱卷绕的各项要求是由粗纱机的铁炮、差动装置、换向装置、升降装置和成形装置等来完成的。如图 7-19 所示。

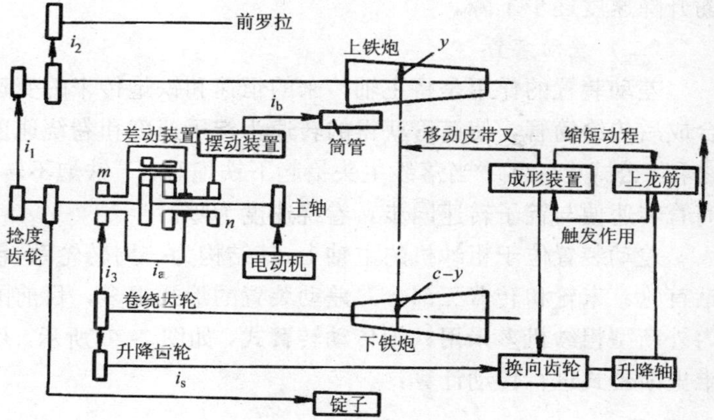

图 7-19 粗纱机传动简图

二、卷绕成形部分的机构与作用

(一) 铁炮

铁炮在粗纱机中担负着控制筒管卷绕速度(变速部分)和传动上龙筋的任务。目前大多是采用双曲线型的铁炮，它是由一对上下铁炮组成（参见图 7-19)，上铁炮以恒速回转，通过铁炮皮带来传动下铁炮，当改变皮带位置时，可以改变上下铁炮的传动比，使下铁炮变速。

铁炮外形曲线的理论要求应符合下列条件：

(1) 筒管每卷绕一层粗纱后，铁炮皮带应向主动铁炮（上铁炮）小直径端移动一定距离，每次移动的距离应相等。

(2) 上下铁炮相对应处的半径之和应等于常数，以使铁炮皮带始终处于均匀的张力之下。

(3) 上下铁炮速比的变化应符合卷绕要求；下铁炮转速的变化，应与卷绕直径成反比，从而使筒管卷绕转速与上龙筋升降速度逐步下降。

（二）差动装置

差动装置的作用是将主轴传来的恒速和铁炮传来的变速合成后传给筒管，使筒管获得的转速为锭子速度和卷绕速度之和〔公式（7-2）〕。当落纱生头抬起下铁炮时，下铁炮不转，筒管转速便与锭子转速同步，卷绕速度为零。

差动装置位于粗纱机的主轴上，其结构为一周转轮系，包括首轮、末轮和转臂三部分。差动装置的形式很多，目前国内外新型粗纱机多采用铁炮传动转臂式，如图 7-20 所示。用维里斯公式进行传动计算：

$$\frac{n-a}{m-a}=i \tag{7-4}$$

式中：n——末轮转速；

m——首轮转速；

a——转臂转速；

i——首轮到末轮的传动比。两轮同向回转时，i 取正值；异向回转时，i 取负值。

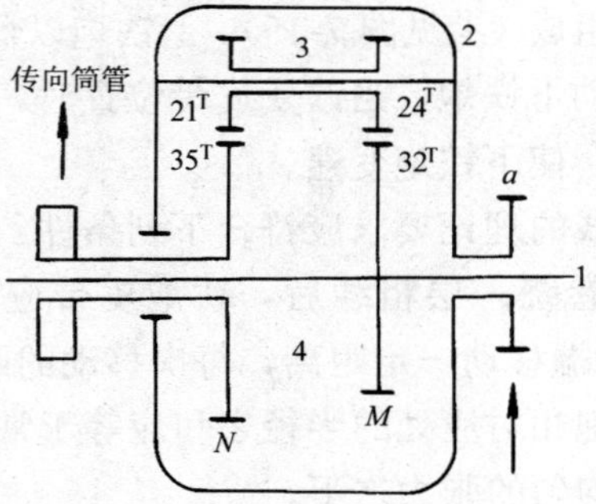

图 7-20　A454 型粗纱机差动装置

1—主轴　2—转臂　3—行星轮　4—太阳轮

求末轮速度时，上式可写成：

$$n=im+(1-i)a \tag{7-5}$$

由图 7-20 可得：

$$i=\frac{32}{24}\times\frac{21}{35}=+\frac{4}{5}$$

则

$$n=\frac{4}{5}m+\frac{1}{5}a \tag{7-6}$$

即末轮的速度（合成速度）是由 $4/5m$ 的恒速（主轴传来）与 $1/5a$ 的变速（铁炮传来）所合成。

（三）摆动装置

差动装置末轮所获得的合成速度在传至筒管时，由于上龙筋带动筒管在作升降运动，因此需要一套特殊的机构来传动筒管，这一机构称为摆动装置。

图 7-21 所示为国产新机和大多数引进机型所采用的万向联轴节摆动装置。它由花键轴、花键套筒及两个万向十字头组成。右侧的齿轮 n 位于主轴上，n 与其相啮合的轮系均在固定位置上回转；左侧轮系和筒管轴等随上龙筋升降。花键轴在花键套筒内可自由伸缩以补偿上龙筋升降时所产生的传动距离的变化；万向十字头可自调转向，以适应上龙筋升降时产生的传动方向的变化。

为了防止产生附加速度，必须满足下列两个条件：

（1）输入轴、输出轴、花键轴与两个万向十字头必须在同一平面内运动。

（2）输入轴与输出轴必须平行，即 $\theta_1=\theta_2$。

为此，在粗纱机安装时，务必保证 a 轴与 b 轴的水平平行位置，保证两个十字头拨叉方位的对应位置。

（四）升降装置

升降装置位于铁炮传动上龙筋的传动系统中，它由换向

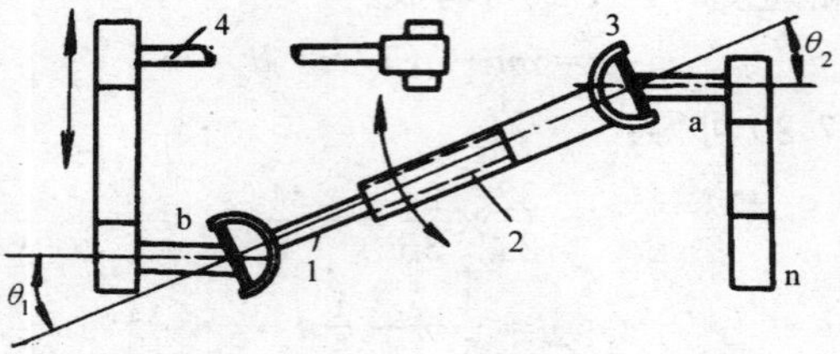

图 7-21　万向联轴节摆动装置

1—花键轴　2—花键套筒　3—万向十字头　4—筒管轴

机构、升降轴、上龙筋、平衡重锤等机件组成。

上龙筋作垂直运动时，粗纱便逐圈绕在筒管上，每当绕完一层纱后，上龙筋应换向，以便进行第二层卷绕，因此在升降装置中设有换向机构。图 7-22 所示为 A454 型粗纱机的

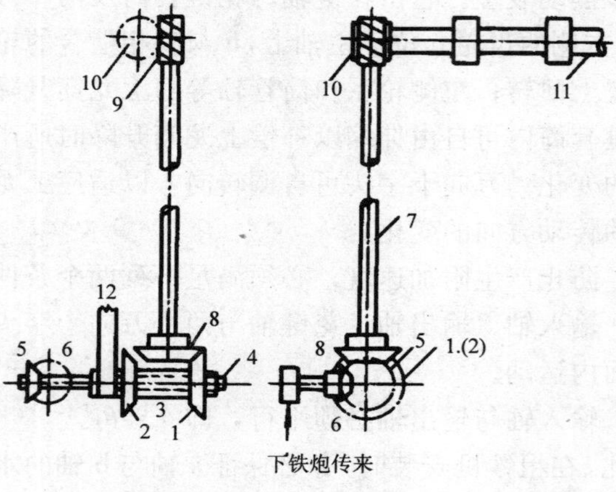

图 7-22　换向机构

1、2—换向齿轮　3—套筒　4—短轴　5、6、8—齿轮

7—竖轴　9—蜗杆　10—蜗轮　11—升降轴　12—成形拨叉

换向机构，两个换向齿轮 1 和 2 由套筒 3 联成一体，可在短轴 4 上滑动。4 上固装有齿轮 5，5 和齿轮 6 啮合，而 6 则由来自下铁炮轴的变速传动。运转时只有 1 和 2 中的一个换向齿轮与竖轴 7 上的齿轮 8 啮合。通过单线蜗杆 9 和蜗轮 10 传动升降轴 11，使升降轴随下铁炮的变速而回转。套筒 3 受成形拨叉 12 控制，每当粗纱绕至筒管两端时，拨叉 12 推动套筒 3 在短轴 4 上移动一次，使 1 和 2 交替与齿轮 8 啮合，使竖轴 7 和升降轴 11 交替变换转向。

在升降轴正反回转下，得以传动上龙筋作升降运动。由于传动方式和机件结构的不同，升降装置的形式可分为链条式和齿条式。A454 型粗纱机采用链条式升降装置，如图 7-23 所示。升降轴上固装有升降链轮，通过链条和升降杠杆带动上龙筋升降，升降杠杆以 a 为支点，另一端托持上龙筋，当升降轴作正反方向回转时，上龙筋便在升降杠杆的托持下，完成升降运动。

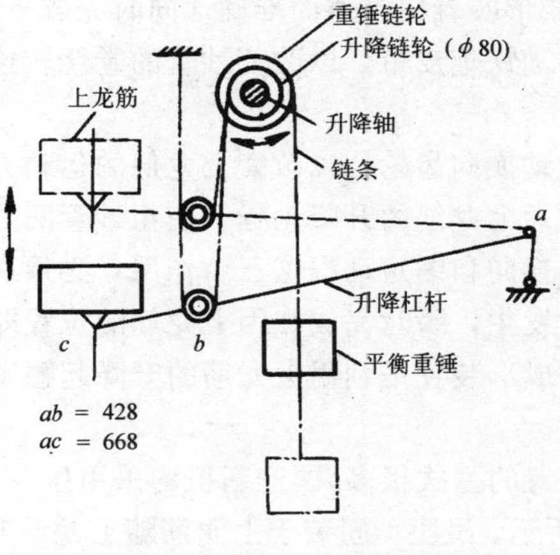

图 7-23　链条式升降装置

由于上龙筋的重量较重，上升时需要较大功率。为了减轻负荷，降低功率消耗，升降轴上挂平衡重锤，借重锤之力协助上龙筋上升，上龙筋下降时则靠其自身重量。为使上龙筋升降平稳，特别是在上龙筋换向时，升降链条应始终处于张紧状态，故平衡重锤的总重不宜过重，以免造成下降呆滞或打顿现象。

上龙筋的后侧固装有若干升降滑板，滑板分别嵌入各机架上的导向滑槽内。故上龙筋的升降运动受到导向滑槽的制约，以保证上龙筋作直线垂直运动。链条式升降装置的升降轴可设置在上龙筋升至最高位置的上方，而上龙筋的最低位置可非常接近下龙筋，因此它的动程可加大，有利于增加卷装高度。但如链条伸长或升降滑槽内积花，会引起升降运动的不正常。所以要加强日常的保养工作。

（五）成形装置

为了完成粗纱卷绕成形的要求，每当粗纱卷绕一层至筒管两端时，成形装置应迅速而准确地同时完成下列三项动作：

（1）推动铁炮皮带，以改变纱管的卷绕转速和上龙筋的升降速度；

（2）推动换向齿轮，以改变上龙筋的运动方向；

（3）缩短上龙筋的升降动程，使粗纱管两端呈圆锥形。

减速、换向和缩短动程这三个作用，必须在绕纱至筒管一端时同时发生，瞬时完成。因上龙筋的位置即可表示绕纱位置，所以成形装置是利用上龙筋的升降起触发作用来完成上述任务的。

成形装置的型式很多，国产新机均采用压簧式成形装置，如图 7-24 所示。滑座 1 固装于上龙筋随上龙筋升降。圆齿杆 2 右端与滑座 1 连结，可在滑座上左右移动；圆齿杆 2 左端穿

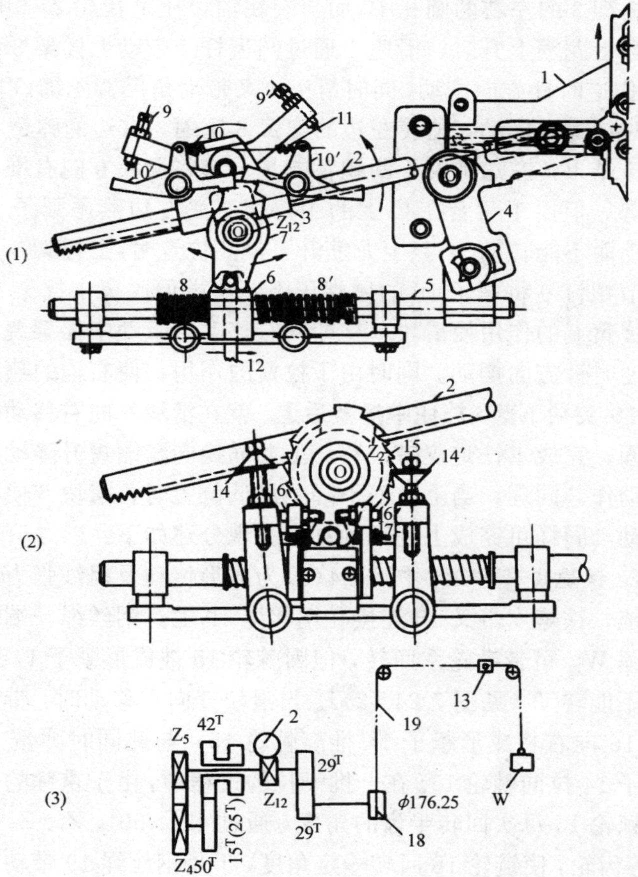

图 7-24　压簧式成形装置

1—成形滑座　2—圆齿杆　3—上摇架　4—角尺臂　5—滑杆　6—滑块　7—中摇架　8、8′—弹簧　9、9′—调节螺钉　10、10′—燕尾掣子　11—弹簧　12—换向拨叉　13—皮带叉　14、14′—成形掣子　15—成形棘轮　16、16′—撞头　17—弹簧　18—链轮　19—钢丝绳

入上摇架3的左右两圆孔中，而与装在轴O上的齿轮Z_{12}相啮合。当上龙筋上升时，滑座1通过圆齿杆2带动上摇架3绕轴O作逆时针方向摆动，同时滑座1又带动角尺臂4绕O′轴作逆时针方向摆动，迫使左边的弹簧8压缩，右边的弹簧8′拉长。结果，左边弹簧不断积蓄能量，有将滑块6向右推移的趋势，但由于活套在O上的中摇架7受左边燕尾掣子10的阻挡而不能转动。一旦上龙筋升至最高位置时，上摇架3上的调节螺钉9将掣子10的尾端压下，头端便脱离中摇架7，由于弹簧8的作用使滑块6立即向右移动，带动中摇架绕O轴作逆时针方向摆动。同时由于拉簧的作用，使右边的燕尾掣子10′头端下落，挡住中摇架后退。就在滑块6向右移动的一瞬间，完成了铁炮皮带位移、上龙筋换向和缩短升降动程三项动作。同理，当上龙筋下降至最低位置时，滑块6便向左移动，同样可完成上述三项动作。现分述如下：

1. **铁炮皮带移位**　图7-24(3)为成形传动及粗纱张力控制系统，铁炮皮带叉13连接在钢丝绳19上，钢丝绳一端挂有重锤W，可带动轮系回转，但因棘轮15被成形掣子14′顶住而不能转动〔见图7-24 (2)〕。当滑块6向右移动时，带动撞头16′向右将成形挚子14′推离棘轮15；与此同时弹簧17将掣子14拉向棘轮15。在一推一拉的过程中，由于重锤的作用使棘轮15每次回转半齿的角度，通过42^T、50^T、Z_4、Z_5和29^T等齿轮，使链轮18回转一定角度，于是钢丝绳19带动皮带叉13向右移动一小段距离，完成铁炮皮带的位移。

2. **上龙筋换向**　在滑块6向右移动的同时，带动拨叉12〔图7-24(1)〕改变换向齿轮的啮合，完成上龙筋的换向动作。

3. **缩短升降动程**　当棘轮15转动半齿时，升降渐减齿轮Z_{12}绕O作逆时针方向回转〔图7-24 (1)、(3)〕，使2向左移动一小段距离，从而缩短了圆齿杆的摆动半径。

如图 7-25 所示，R 为圆齿杆的摆动半径，H 为上龙筋升降动程，θ 为圆齿杆摆动角，摆动角 θ 的大小受上摇架调节螺钉 9 和 9′（图 7-24）的控制。当正常生产时，9 和 9′高低位置固定不变，故 θ 保持不变。由图可知，上龙筋的升降动程 H 和 R、θ 之间的关系为 $H=2R\sin\dfrac{\theta}{2}$，故 H 和 R 成线性关系，即升降动程随圆齿杆摆动半径的减小而缩短。当筒管开始卷绕时，圆齿杆摆动半径最大，为 R_1，此时的升降动程为 H_1。在卷绕过程中，卷绕半径缩短至 R_2 时，升降动程为 H_2。当满管时，摆动半径为 R_m，升降动程为 H_m。粗纱管的两端便卷绕成截头圆锥体。

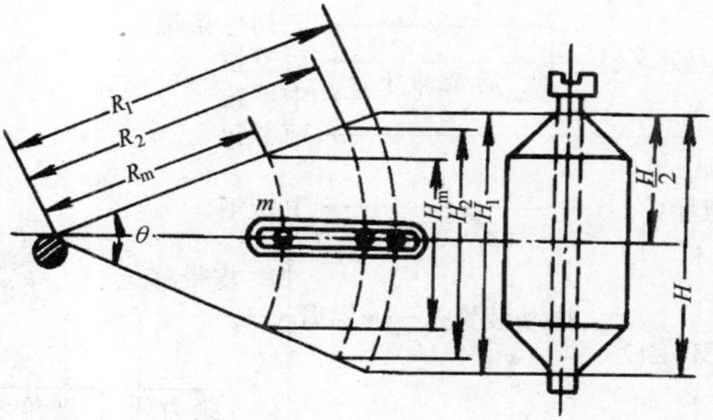

图 7-25　粗纱管成形

如需改变粗纱成形角度时，可变换 Z_{12}的齿数。齿数少时，成形角度大，容量多，但两端易发生塌纱，所以确定成形角度的原则，应以不冒纱、坏纱为前提，在此前提下可适当选得大些。一般纺棉时选用 40°～43°，纺涤棉和中长化纤时选用

35°～40°。一经选定，升降渐减齿轮非特殊需要，一般不予改变。

为了保证纺纱的正常进行，减轻人工操作强度，除了采用上述卷绕和成形装置外，在新型粗纱机上还设置有防细节装置以及铁炮三自动和满纱“三定”等辅助机构。限于篇幅，不再详述。

第五节 粗纱机的传动与工艺计算

一、粗纱机的传动系统

A454 型粗纱机的传动如图 7-26 所示。其传动系统如下：

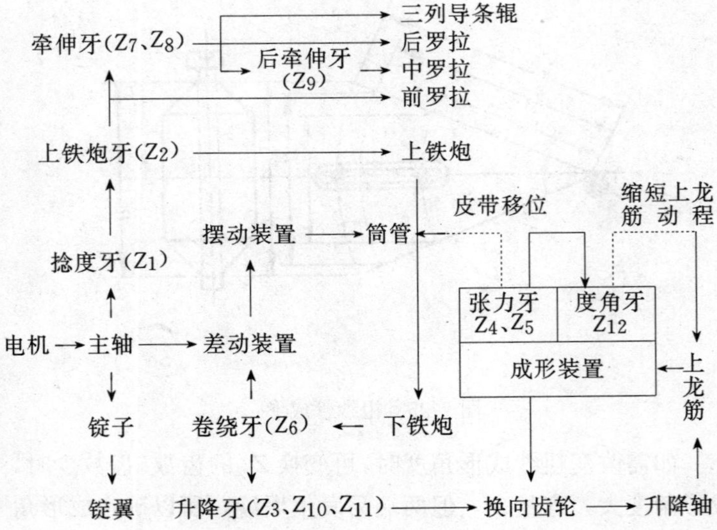

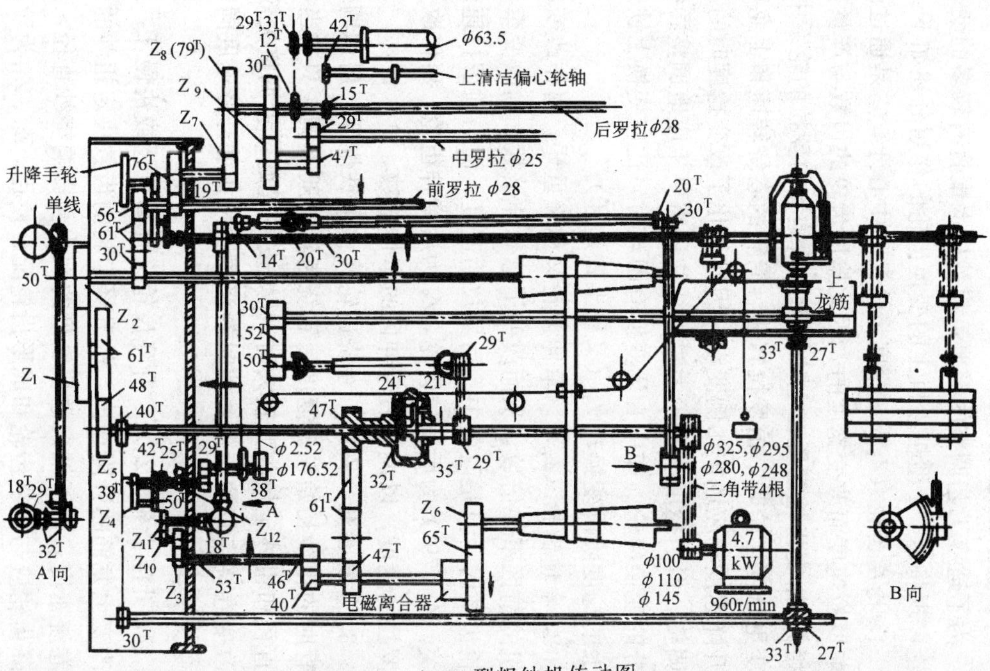

图 7-26　A454 型粗纱机传动图

二、变换齿轮的作用

为了适应工艺调整的需要，粗纱机上配置有较多的变换齿轮，现将A454型粗纱机上的变换齿轮的作用分述如下：

1. 捻度齿轮（Z_1）　捻度齿轮又称中心牙，它是通过改变前罗拉速度而改变捻度的，因此捻度齿轮的齿数与产量密切相关。捻度齿轮配置在主轴传动上铁炮和前罗拉的轮系中，当变更捻度齿轮时，前罗拉转速、筒管的卷绕转速和上龙筋的升降速度相应地按比例变动，因此简化了改变捻度时的工艺调整。但当捻度改变较大时，往往还需要相应地调整卷绕部分的变换齿轮。如中心牙变换有困难时，还应变换上铁炮轴上的捻度阶段变换轮 Z_2（又称上铁炮牙）。

2. 牵伸齿轮（Z_7）　牵伸齿轮又称轻重牙，用作改变粗纱机的前区牵伸倍数，从而改变了总牵伸倍数。当改变牵伸齿轮齿数时，只是改变中、后罗拉的速度，而与前罗拉速度无关。Z_8（79^T）为后罗拉齿轮，Z_9 为后牵伸齿轮，用作改变中罗拉的速度，以调整后牵伸区的牵伸倍数。

3. 卷绕齿轮（Z_6）　卷绕齿轮又称下铁炮牙，用作调整空管时的粗纱初始卷绕速度；卷绕齿轮一般不调，只有当筒管直径和粗纱定量改变较大时，铁炮皮带起始位置调整失效，才改变卷绕齿轮的齿数，此时卷绕速度和龙筋升降速度同时改变。

4. 升降齿轮（Z_3）　升降齿轮又称高低牙或快慢牙，用作改变上龙筋的升降速度，故升降齿轮的齿数决定粗纱的轴向卷绕密度。由于轴向卷绕密度的大小会影响绕纱直径，故升降齿轮应与卷绕齿轮和成形齿轮配合使用。Z_{10}、Z_{11} 为阶段变换齿轮，可配合 Z_3 调整上龙筋的升降速度。

5. 成形齿轮（Z_5）　成形齿轮又称张力牙，用作改变铁炮皮带的每次移动量（图 7-24），故张力牙的齿数决定筒管卷绕转速和上龙筋升降速度逐层降低的程度。它的齿数应与卷绕直径逐层增大的程度相适应，如齿数过多，铁炮皮带每次移动量过小，会使卷绕伸长过大，甚至断头；反之如果齿数过少，会引起锭翼顶端至前罗拉间纱条下坠，同样使卷绕不能正常进行。适当的齿数常用测定粗纱张力和伸长的方法来确定。Z_4 为阶段变换齿轮，可配合 Z_5 调整粗纱张力。

6. 升降渐减齿轮（Z_{12}） 升降渐减齿轮又称角度牙，用来改变上龙筋升降动程的缩短程度，故它的齿数决定粗纱管两端的成形角度，一般很少变动。当由棉改纺化纤时，因化纤粗纱易脱圈，故成形角宜小些，因此 Z_{12} 的齿数应增加。

三、工艺计算（A454 型粗纱机）

（一）产量〔kg/(锭·h)〕

1. 理论产量 Q_1

$$Q_1=\frac{\pi d_F\times n_F\times q\times 60\times\ (1+\varepsilon)}{10\times 1000\times 1000} \tag{7-7}$$

式中：d_F——前罗拉直径（mm）；

q——粗纱定量（g/10m）；

ε——粗纱伸长率（1.0%～2.5%）；

n_F——前罗拉转速（r/min）。

2. 定额产量 Q_2

$$Q_2=Q_1\times K$$

式中：K——时间效率，约为 80%。

（二）牵伸倍数

1. 总牵伸倍数 E

$$E=\frac{\text{前罗拉表面速度}}{\text{后罗拉表面速度}}=\frac{79}{Z_7}\times\frac{76}{19}\times\frac{28\pi}{28\pi}=\frac{316}{Z_7} \tag{7-8}$$

2. 后牵伸倍数 e

$$e=\frac{30}{Z_9}\times\frac{47}{29}\times\frac{\pi\ (d_2+2\delta)}{\pi d_3}$$
$$=\frac{30}{Z_9}\times\frac{47}{29}\times\frac{\pi\ (25+2.2)}{\pi\times 28}$$
$$=47.23\ \frac{1}{Z_9} \tag{7-9}$$

式中：d_2——中罗拉直径（mm）；

d_3——后罗拉直径（mm）；

δ——胶圈厚度（mm）。

（三）粗纱捻度 T（捻/10cm）

$$T=\frac{\text{前罗拉一转时锭子的转数}}{\text{前罗拉周长}}$$
$$=\frac{56}{30}\times\frac{Z_2}{Z_1}\times\frac{61}{48}\times\frac{40}{30}\times\frac{33}{27}\times\frac{100}{28\pi}$$
$$=4.395\times\frac{Z_2}{Z_1} \tag{7-10}$$

当上铁炮牙 Z_2 固定时，捻度与捻度牙 Z_1 成反比；当改变粗纱特数而捻系数不变时，则有：

$$\frac{Z_1}{Z_1'}=\frac{T'}{T}=\frac{\sqrt{\mathrm{Tt}}}{\sqrt{\mathrm{Tt'}}}. \tag{7-11}$$

式中：Z_1——原用捻度齿轮齿数；

Z_1'——改纺捻度齿轮齿数；

T——原粗纱捻度；

T'——现粗纱捻度。

工艺设计时，根据所纺粗纱特数，选择捻系数，然后按式 $T=\frac{\alpha}{\sqrt{\mathrm{Tt}}}$求得计算捻度，再据式（7-10）计算 Z_1 的齿数。

第六节　粗纱张力及其调整

一、粗纱张力对产品质量的影响

（一）张力的形成及其作用

粗纱自前罗拉输出至筒管的行程中，必须克服锭翼顶端、空心臂和压掌等机件对粗纱的摩擦力。为使卷绕正常，实际上筒管的卷绕速度要比前罗拉输出速度稍大，使粗纱在卷绕过程中始终保持一定的紧张程度，这种紧张程度称为粗纱张力。

一定的粗纱张力是工艺上所必须的，这是因为：适当的粗纱张力有利于提高纱条中纤维的伸直度和紧密度，并使卷绕成形紧密，容量增加。粗纱张力太小时会因前罗拉和锭翼间的纱条松弛而断头，纱管卷绕松软，形成烂纱；粗纱张力过大时，会引起纤维间相对滑移而使条干不匀和断头增加。

（二）张力对产品质量的影响

粗纱是半制品，它的质量控制指标主要有以下几项内容：

1. 重量不匀率　它反映了粗纱长片段重量的均匀程度，通常需测定多于20段（每段为10m）的粗纱重量，然后按平均差系数计算出该不匀率，要求＜1.2％。

2. 条干不匀率　它反映的是粗纱短片段粗细情况，要求＜35％（萨氏条干）。

3. 粗纱伸长率　它间接反映了粗纱张力的大小，要求＜2％。

影响粗纱质量的因素固然很多，但在粗纱工序既影响条干不匀，又影响重量不匀的主要因素却是粗纱张力。这既不同于并条，也有别于细纱，具有自己的特殊性。其中的原因在于：①粗纱截面的纤维根数比棉条少，而捻度又远比细纱低，所以经受较大张力后容易产生意外伸长，恶化了条干均匀度，断头增加。②在卷绕过程中，粗纱的张力大小难免存在着差异（如台与台之间、同台中前后排之间、大中小纱之间和锭与锭之间），当差异过大时，则影响了粗纱的重量不匀，从而增加了细纱重量不匀与重量偏差。

二、张力的测试与调整

（一）张力的测试

目前张力测试的方法有两种，即直接测试法和间接测试法。前者可直接测量出纺纱段的张力情况，具有快捷和无误的优点。但由于仪器本身和使用手段等方面的原因，在生产中应用尚有许多不方便之处，所以当前普遍采用的是后者，即用粗纱的伸长率来间接反映纺纱张力。因为就正常而言（当粗纱捻度一定时），伸长率大则粗纱张力也大；伸长率小，张力也小。但是应该指出，粗纱张力与伸长率是两个完全不同的物理概念，不能混为一谈；加之在测试粗纱伸长率时，工作量大且过程繁琐，所以随着对粗纱张力控制要求的进一步提高，采用新的测试手段对张力进行直接测试很有必要。

对粗纱伸长率的测试，生产厂是以同一时间内，筒管上绕纱的实际长度与前罗拉输出的计算长度之间的差值，对前罗拉输出的计算长度之比的百分率表示。因前罗拉转速较快，不易掌握开关车时间，故前罗拉输出的计算长度，常以后罗拉所转的转数通过传动系统计算求得。伸长率的计算公式如下：

$$\varepsilon=\frac{L_1-L_2}{L_2}\times 100\% \qquad (7\text{-}12)$$

式中：ε——粗纱伸长率；

L_1——筒管上绕纱的实测长度；

L_2——同一时间内，前罗拉输出的计算长度。

用测长法检验的平均粗纱伸长率，一般要求在1%～2%（最大不超过2.5%）的范围内。前后排间、大小纱间的伸长差异要求不大于1.5%。超过范围时，应予以调整。但应注意，伸长率只是检验粗纱张力的一种间接方法，而张力又仅仅是伸长率的一个因素。因此调整张力时，应从实际出发，采取目测张力和检测伸长率相结合的方法进行调整。

（二）张力的工艺调整

在粗纱机试纺或改换品种时，一般采取下列步骤：

1.调整轴向卷绕密度。正常的粗纱轴向密度，应是小纱时相邻纱圈之间留有0.5mm的缝隙；即用肉眼观察，可在绕第一层纱时能隐约见到筒管表面为宜。轴向密度的大小，可调换升降齿轮，使卷绕稀密适宜。

2.确定铁炮皮带起始位置，调整小纱张力。

3.确定张力变换齿轮，调整大纱张力。张力变换齿轮决定的是铁炮皮带移动量，即一落纱中各个阶段的卷绕速度，因而对整落纱及大、中、小纱张力影响都很大，所以合理地配置张力齿轮是非常重要的。

三、张力微调装置

在一落纱过程中，粗纱的张力因各种因素的影响而在不断变化，使大、中、小纱在伸长率方面出现差异，产品质量受到影响。由于铁炮皮带的每次移动量可直接影响到粗纱的张力，故采用张力微调装置，可使皮带每次移动量随张力的变化而作相应的变动，从而稳定粗纱张力，使粗纱的条干不匀率和重量不匀率得以改善。

目前新型粗纱机上大多装有张力微调装置（又称张力补

偿装置)，按调节持续时间的不同可分为两大类，即连续调节式和分段调节式。所谓连续调节是指一落纱过程中使铁炮皮带每次移动距离发生连续变化，如FL—16型和国产A454型粗纱机采用的偏心齿轮式张力微调装置。而分段调节则是将一落纱分为若干阶段，各阶段间铁炮皮带每次移动距离不相等，但同一阶段每次移动距离相等，如F1/1a型和国产A456E型粗纱机采用的补偿轨式张力微调装置。此外还有调节轮式张力微调装置等类型。现将补偿轨式张力微调装置作一介绍。

1. *机构及微调原理*　图7-27所示为立达F1/1a型粗纱机所用张力微调装置，它由*ab*、*bc*、*cd*三块钢板组成，三块钢板在*b*、*c*处由铰链联结，这三块钢板（以下称A段、B段、C段）合称补偿轨。

A段补偿轨用来调节小纱张力，B段调节中纱张力，C段调节大纱张力。A、B、C三段补偿轨的工作长度之比为A∶B∶C=1∶2∶1。由于科学的联结方式，A、B、C各段的斜率均可改变，以便组成各种所需的导轨形式。

当中间B段的两个指针分别对准A段和C段的“0”刻度，并将手柄7调到指向标尺“0”值时，A、B、C三段成为一条直线，其与水平线的夹角为5°（此时与斜轴3处于完全平行的状态)。补偿轨在此状态下对张力无调节作用，称为始调位置线（即起调线)。

由图中所示，变速机构采用成形凸轮和直线铁炮。每卷绕一层粗纱后，成形凸轮1便产生一角位移，在重锤作用下，使铁炮皮带叉2带动皮带沿斜轴3相应向右移动一小段距离。摆臂4通过活销与皮带叉连接在*a*点，并可绕*a*点上下摆动以及在三块补偿轨导轨上滑动。摆臂和滑轮5在补偿轨导

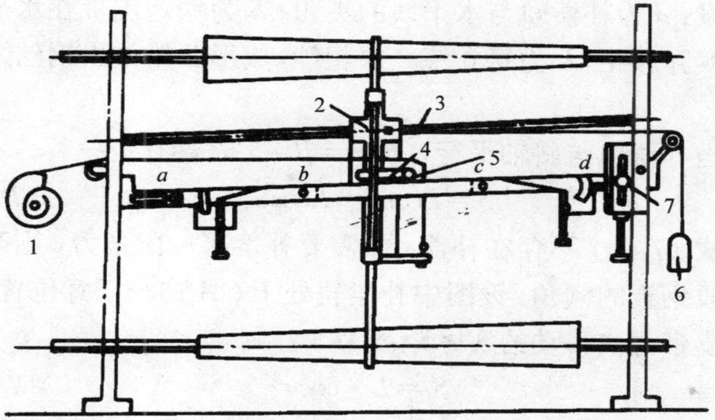

图 7-27　F1/1a 型粗纱机张力补偿装置机构简图

1—成形凸轮　2—铁炮皮带叉　3—斜轴　4—摆臂
5—滑轮　6—重锤　7—调节手柄

轨上移动距离的水平投影，近似等于铁炮皮带每次移动的距离。

为了说明该微调装置的补偿原理，将图 7-27 的机构抽象为图 7-28 的模型。

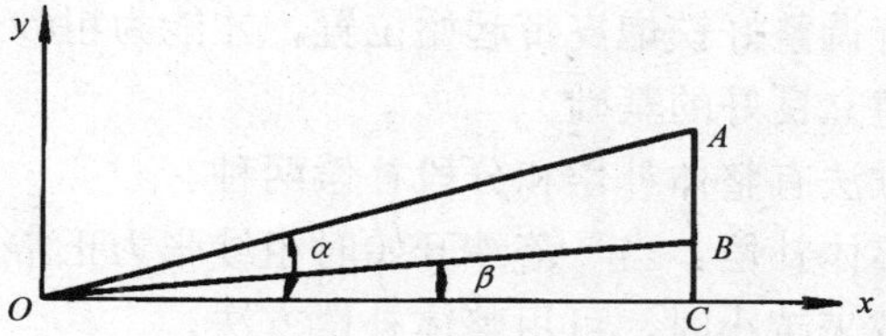

图 7-28　补偿原理示意图

已知：OA 为补偿轨任意位置；OB 为斜轴位置；Ox 为水平线，也即铁炮皮带移动方向；β 为斜轴与水平线的夹角，为 5°。

设：α 为补偿轨与水平线的夹角；S 为铁炮皮带在水平方向的实际移距；L 为每卷绕一层粗纱，成形凸轮放出钢丝绳的长度。

当补偿轨与斜轴平行，即 $\alpha=\beta=5°$时，有：

$$S=L\cos\beta=L\cos5° \tag{7-13}$$

式（7-13）不存在补偿。如需要补偿哪一段张力，则改变哪一段钢板的倾角。设图中补偿轨处于 OA 这一任意位置时，铁炮皮带每次移动的实际距离为 S_i，则

$$S_i=L\cdot\cos\alpha \tag{7-14}$$

由上式可知，在 L 不变的情况下，当 $\alpha>5°$时，有 $S_i<S$，粗纱张力增加，为正补偿；

当 $\alpha=5°$时，则 $S_i=S$，无补偿；

当 $\alpha<5°$时，则 $S_i>S$，粗纱张力减小，为负补偿。

所以，使用这种机构要调整大、中、小纱不同张力，只需调节相应钢板的倾角 α 即可，而且较简单直观，使用也方便。

2. 使用与调节　开始纺纱时，首先应调整好铁炮皮带的起始位置，因为起始时的粗纱张力是无法通过补偿方法来调节的，只有调整好铁炮皮带起始位置，才能为粗纱一落纱的张力调节建立良好的基础。

调节方法有整体补偿和分段补偿两种。

（1）整体补偿：当一落纱开始时粗纱张力正常，以后越来越大或越来越小时，可用整体补偿方法。

以粗纱张力越来越小为例，调节方法是：A、B、C 三段补偿轨成一直线，整体向上倾斜，$\alpha>5°$，如图 7-29 所示。此时一落纱皮带实际位移量减小，粗纱张力增加。

（2）分段补偿：当大、中、小纱某一段或某两段粗纱张

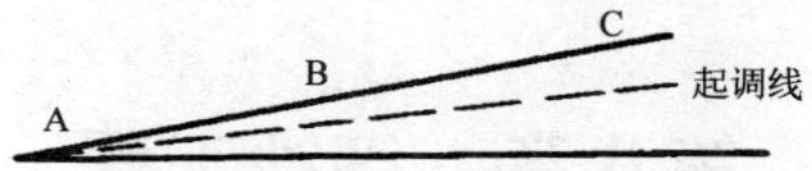

图 7-29 整体补偿示意图

力不正常时，可采用分段调节方法。

图 7-30（1），当粗纱小纱张力偏大，中、大纱正常时，则把 B、C 段补尝轨同时往下调。

图 7-30（2），当大纱张力偏小，小、中纱正常时，则把 C 段补偿轨抬高。

图 7-30（3），当中、大纱张力偏小，小纱正常时，则将 B 段补偿轨抬高，且与 C 段成一直线。

图 7-30（4），当中纱张力偏大，大、小纱正常时，则把 B 段补偿轨调低。

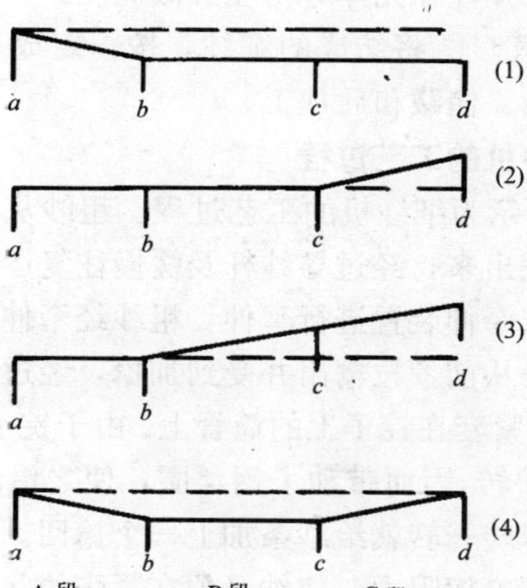

图 7-30 分段补偿示意图

第八章　细纱工程

第一节　概　　述

一、细纱工序的任务

细纱工序是成纱的最后一道工序。它是将粗纱或条子纺成符合国家标准质量要求的一定特数的细纱，供捻线、机织或针织用。因此，细纱工序的主要任务是：

1. *牵伸*　将喂入的粗纱或条子，均匀地抽长拉细到成纱所要求的特数。

2. *加捻*　将牵伸后的须条加上适当的捻度，使成纱具有一定的强力、弹性和光泽等物理机械性能。

3. *卷绕成形*　将纺成的细纱，按一定成形卷绕在筒管上，便于运输、储藏和后加工。

二、细纱机的工艺过程

图 8-1 所示为细纱机的工艺过程。粗纱从吊在吊锭上的粗纱管上退绕出来，经过导纱杆及缓慢往复运动的横动导纱喇叭口，喂入牵伸装置进行牵伸，粗纱经牵伸装置牵伸后形成纱条，纱条从前罗拉输出并受到加捻，经过导纱钩，穿过钢丝圈，绕在紧套在锭子上的筒管上。由于锭子高速回转时，筒管带着纱回转，因而带动了钢丝圈，使之沿着钢领高速回转，钢丝圈每转一转就给纱条加上一个捻回。同时，由于钢领对钢丝圈的摩擦阻力，使纱必须在紧张的状态下拖动钢丝圈，使钢丝圈的回转速度慢于筒管的回转速度，因而将前钳

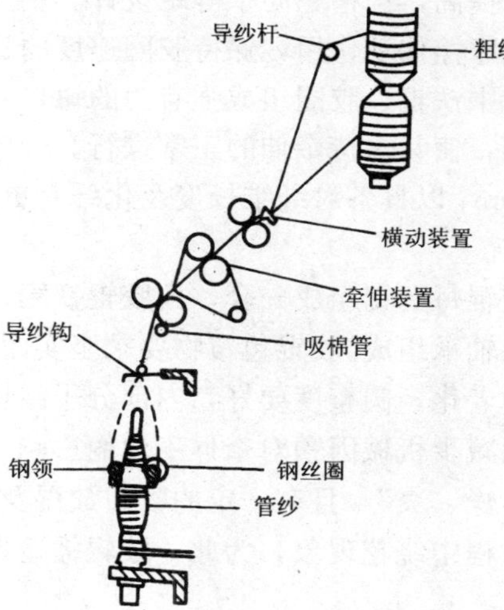

图 8-1　细纱机工艺过程

口连续输出的纱条能够被卷绕在筒管上。钢丝圈每落后筒管一转，筒管就绕上一圈纱，并随着钢领板的升降而绕成管纱。

第二节　细纱机双胶圈牵伸机构

一、牵伸元件和部件

牵伸机构主要由牵伸罗拉、胶辊、胶圈与胶圈销、隔距块、加压装置和集合器等组成。

（一）牵伸罗拉

细纱牵伸机构的罗拉，如同粗纱机罗拉一样，表面具有梯形齿状沟槽，齿状沟槽的分布有等距和不等距两种设计。随着胶辊质量的提高，沟槽趋向于等距设计。中罗拉表面采用滚花，以加强摩擦传动作用，保持胶圈速度的稳定，在足够的加压下，与中铁辊、胶圈组成强有力的钳口，有效地握持纱条中的纤维，使其保持牵伸的正常进行。一般细纱机的罗拉直径为 25mm，以具备对纤维长度及化纤有更好的适应性。

（二）胶辊

细纱机胶辊每两锭组成一套，由胶辊铁壳、包覆物、胶辊芯子与胶辊轴承组成。胶辊包覆物要求坚实而富有弹性、耐磨、耐油和耐老化，圆整度要好，内部分子结构均匀，防止变形偏心，以减少机械因素对牵伸不匀的影响。胶辊表面要求“光、滑、燥、爽”，且有一定的吸、放湿及抗静电性能，以减少牵伸过程中绕花现象，为此，胶辊需定期进行表面处理。

（三）胶圈和销

胶圈是控制纤维运动的主要部件之一，胶圈分上下两个。上下胶圈长度相同称双短胶圈，上下胶圈一短一长称长短胶圈，一般多采用长短胶圈。两个胶圈在前牵伸区内对纤维起到弹性控制作用，防止纤维提前变速。胶圈用丁腈材料制作，要求胶圈结构均匀、表面光洁、柔软、弹性好、耐磨、耐油且耐老化，并具有一定的抗拉强度、导电性能及吸湿性能。

胶圈销也分上下两个，形状各异，用来固定胶圈位置，把上下胶圈前缘引向前钳口，使两者组成的钳口有效地控制浮游纤维运动。胶圈下销一般采用固定销，上销有固定销和弹簧摆动销两种，目前上销多采用弹簧摆动销。图 8-2 所示为弹簧摆动上销和曲面阶梯下销。由一对胶圈与上下销组成的钳口称胶圈钳口。上下销固定组成的钳口称固定钳口，上销为弹簧摆动销的称为弹性钳口。这种弹性钳口借助弹簧作用，使上销能在一定范围内上下摆动，从而减小钳口压力波动幅度，具有良好地控制纤维运动作用。

（四）加压装置

加压装置是牵伸机构的重要组成部分。细纱机的加压作用同并条、粗纱一样，是为了在牵伸的过程中有力地控制纤维，防止滑溜并改善条干均匀度。

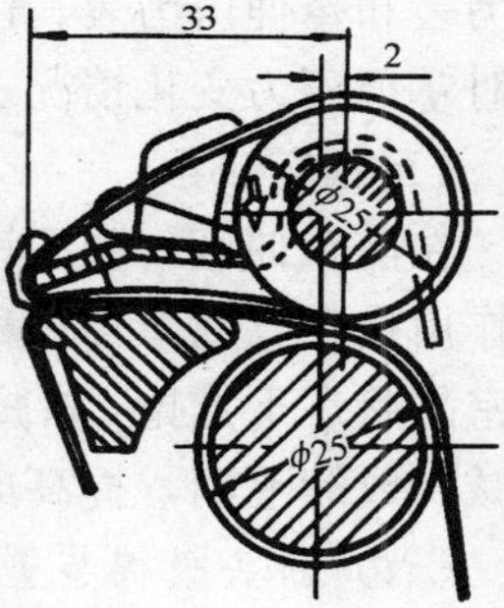

图 8-2 弹性钳口

1. **弹簧摇架加压** 弹簧摇架加压具有结构轻巧、惯性小、吸振、压力大、不受罗拉倾角的影响和工艺适应性强等优点。主要缺点是使用日久压力有衰退现象，因此必须要加强测定和检修保养工作。我国自己设计的 TF 系列和 YJ 系列弹簧摇架已广泛在国产 A 系列和 FA 系列细纱机上应用。

弹簧摇架加压装置主要由加压弹簧、加压杆、摇架体和手柄组成。三组螺旋压缩弹簧装在摇架匣内，加压时，手柄向下按，摇架体内锁紧机构使压簧压缩变形，产生必要的压力，通过相应的加压杆将压力传递到前、中、后罗拉上。中、后加压杆可以调整位置，以适应调整罗拉隔距的需要。

2. **气压加压** 在细纱机的牵伸机构上采用气压加压技术是近年来的新趋向。瑞士立达公司纺纱设备上的牵伸罗拉，广泛采用了气压加压技术。气压加压机构是采用经油水分离后的净化压缩空气作为压力源对牵伸罗拉进行加压。供气线路和压力传递路线为：空气压缩机产生的压缩空气⟶储气缸⟶油水分离器⟶减压阀⟶电磁安全阀⟶软管气囊

→压力板→压力传递机构（气压加压摇架）→牵伸罗拉。进入软管气囊前的压缩空气是用供气管道连接，在减压阀前和电磁安全阀后的气路中再分两路，经稳压器通入全机压力表和牵伸压力表，由显示器显示压力值，以便在使用中随时掌握压力变化情况。

（五）集合器

在前牵伸区，胶圈钳口与前钳口间装有集合器。集合器的作用在于收拢牵伸过程中带状须条的宽度，使须条在比较紧密的状态下加捻，以减少飞花，使成纱结构紧密、光滑，从而减少成纱毛羽，提高成纱强力和减少细纱断头。

（六）断头吸棉装置

细纱断头后，由前罗拉输出的须条在空间飘游，一方面会带断邻纱或附着于邻纱条上，造成粗节纱；另一方面会使短纤维飞扬，污染空气。为此，细纱机都设有气流式断头吸棉装置。

断头吸棉装置是由吸棉笛管、总风管、储棉箱和离心风机等组成。靠离心风机在风道内形成的负压，把断头后从前钳口输出的须条吸入设在前罗拉下面的吸棉笛管小孔内，然后经总风管聚集至储棉箱内。储棉箱与风机有滤网相隔，靠滤网将纤维与气流分离，使纤维存储在储棉箱内。储棉箱两侧装有有机玻璃侧门，以便定期从储棉箱中将积纤取出。

二、牵伸机构

细纱机的牵伸机构型式较多，发展也较快，牵伸机构由最初的简单三罗拉、重锤加压，发展到双短胶圈、杠杆加压，又发展到长短胶圈，摇架加压。近年来，细纱机牵伸机构在加强后区控制能力，增强前区牵伸能力，重点提高细纱质量等方面，有了很大的发展。牵伸形式基本上是SKF型牵伸机构、INA－V 型牵伸机构和 R_2P 型牵伸机构。

SKF 型牵伸机构配置如图 8-3 所示。牵伸形式为三罗拉长短胶圈，弹簧摇架加压，胶圈上销为 OH 系列铁板销，下销为 T 形曲面阶梯销，上、下胶圈形成弹性摆动钳口，胶圈钳口原始隔距的大小根据工艺要求，选用不同的隔距块进行调节，以适应纺不同特数纱的要求。

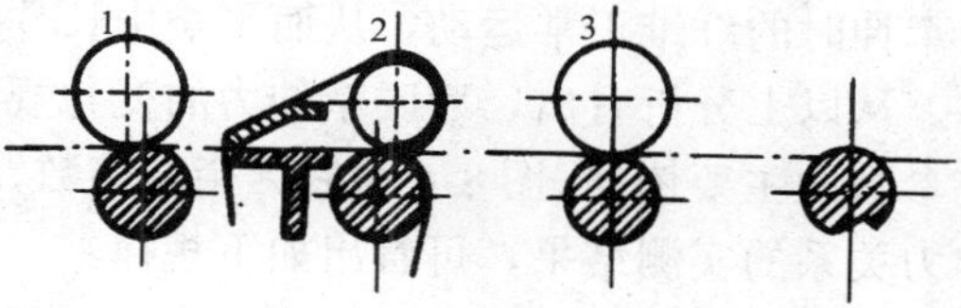

图 8-3　SKF 型牵伸机构配置图

SKF－PK 系列加压摇架，加压大而稳定，调节方便，能适应“重加压、强控制”的工艺要求。上胶辊卡钳允许对胶辊有必须的垂直和倾斜的无摩擦自由滑动，以保证上胶辊与下罗拉轴向平行度的自动调节，即实现自动调心的作用。

SKF 型牵伸机构对原料和纺纱特数适应范围广。后区牵伸倍数常用 1.1～1.4 倍，最佳为 1.25 倍；PK220、PK225、PK235 系列的总牵伸可在 12～50 倍范围，PK255、PK265 系列的总牵伸可高达 70 倍。

三、牵伸工艺分析

细纱牵伸工艺主要包括牵伸倍数、罗拉隔距、加压、粗纱捻系数、胶圈钳口隔距、浮游区长度等。

（一）后区牵伸倍数与粗纱捻系数

在细纱两个牵伸区中，后区牵伸是细纱总牵伸的一个组成部分，前区由于采用了双胶圈牵伸，控制纤维能力强，总牵伸倍数主要靠前区来承担。后区除为前区承担部分牵伸外，主要作用是保证向前区喂入状态良好的纱条。

1. 后区牵伸倍数、粗纱捻系数与后区牵伸力的关系　罗拉钳口必须有足够而可靠的握持力，以适应牵伸力的变化。如果后钳口握持力不足，牵伸纱条就要在后钳口打滑，轻者恶化纱条中长片段或长片段不匀率，重者会产生重量偏差。中罗拉握持力不足，既影响后区牵伸过程的顺利进行，又影响前区纱条牵伸时的纤维正常运动，从而影响中长片段与短片段不匀率。从以上分析看出，后区牵伸力的变化规律是确定后区工艺参数的主要依据。图 8-4 为后区牵伸倍数、粗纱捻系数与牵伸力关系的实测结果，可看出如下规律：

（1）后区牵伸力随着牵伸倍数不同而变化。开始时须条受牵伸而被拉紧，牵伸力随牵伸倍数提高而急剧增加，至临界牵伸值时，牵伸力达到最大值。超过临界牵伸值后，牵伸力不断减小，最后趋于缓和。

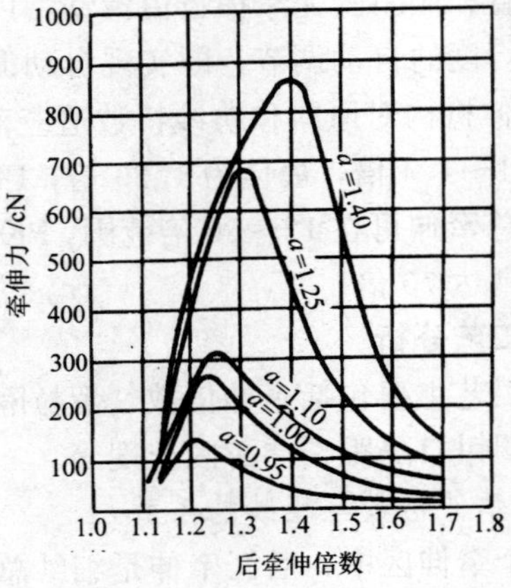

图 8-4　后区牵伸倍数、粗纱捻系数与牵伸力的关系

（2）粗纱捻系数 α 对牵伸力变化规律的曲线形态无显著影响，但对牵伸力的绝对值影响显著。捻系数越大，牵伸力也越大。

（3）临界牵伸值不是固定不变的，它随喂入纱条和后区工艺而改变。当喂入纱条、罗拉隔距、加压等条件不变时，临界牵伸值随粗纱捻系数增加而增大。

2. *后区牵伸倍数的选定* 目前后区多采用较小牵伸，由于后区控制纤维能力弱，产生牵伸波比较普遍，后区牵伸倍数大，使细纱的条干不匀率显著增加。表 8-1 为后区采用不同牵伸倍数时输出纱条条干不匀情况。从表中看出，后区牵伸采用 1.15 倍左右，对消除后区牵伸波和改善细纱条干有利。

表 8-1 后区牵伸倍数与成纱条干 *CV*（%）的关系

后区牵伸倍数	成纱条干 *CV*/%		
	29.5tex（人造棉纱）	27.8tex（纯棉纱）	13tex（涤棉纱）
1.11	13.35	17.76	16.46
1.15	12.83	17.73	16.27
1.20	13.78	17.79	17.41
1.25	13.64	17.95	17.81
1.31	13.45	18.02	18.57
1.36	13.71	17.90	18.85
1.43	13.70	18.70	18.80
1.50	13.38	18.61	19.71
1.58	13.74	19.39	20.65
1.67	13.95	19.51	21.34
1.76	14.76	20.22	22.28

在后区采用较小牵伸倍数时，会导致牵伸力较大，为保证牵伸顺利进行，防止须条在罗拉钳口打滑，还应适当放大后区罗拉隔距和适当加重加压，这对改善纱条均匀度是十分有利的。

后区采用小牵伸倍数（相对大牵伸倍数），成纱不匀率较小。当喂入纱条纤维整齐度好、条干均匀、结构均匀，如纺精梳棉纱及化纤纯纺纱时，后区牵伸倍数也可以适当加大，可提高到 2～2.5 倍。

3. 粗纱捻回的利用　合理运用粗纱捻回，发挥捻回控制纤维运动的作用，有利于提高成纱均匀度。实践经验得出，在后罗拉加压足够的条件下，粗纱捻系数适当增大，能在一定程度上达到增强纤维间抱合力的效果，促使须条紧密，可防止牵伸纱条中部发生局部分裂，同时纱条捻回重分布现象减少，对改善条干均匀度，提高成纱强力，减少细纱断头十分有利。

（二）后区罗拉握持距

后区罗拉握持距要根据后区牵伸倍数、粗纱捻系数、罗拉加压等综合考虑。一般后区牵伸倍数小、粗纱捻系数大时，后区罗拉握持距应偏大掌握，以缓解牵伸力，防止须条在罗拉钳口打滑所造成的成纱不匀率增加。加工棉时，后区牵伸在 1.20～1.40 倍时，一般选用罗拉握持距在 44～52mm；后区牵伸在 1.04～1.15 倍时，握持距在 48～54mm。加工棉型化纤握持距应根据纤维长度变化适当加大，一般为 45～60mm。

（三）前区胶圈钳口原始隔距与浮游区长度

胶圈钳口原始隔距与浮游区长度是前区牵伸两个比较重要的工艺参数，如选择不当，会导致成纱条干不匀率恶化。

1. 胶圈钳口原始隔距　弹簧摆动上销板中央装有隔距块（尼龙嵌块），使上、下销间保持统一和准确的最小间隙，此间隙称胶圈钳口原始隔距。改变原始隔距靠更换不同厚度的隔距块实现。

改变原始隔距的目的是为了使胶圈钳口更有效地控制浮游纤维运动，而又能使快速纤维顺利通过，配合弹簧摆动上销达到稳定钳口压力作用。合理调节钳口原始隔距，可改善成纱条干和减少粗节数。原始隔距应根据纺纱特数、胶圈厚度和弹性、上销弹簧压力、纤维长度及摩擦性能等参数而定。一般纺纱特数小，原始钳口隔距应小。原始隔距一般在2.5～4mm范围内调节。

2. *浮游区长度* 浮游区（又称自由区）长度是指胶圈钳口至前钳口间的距离。为计算方便起见，常以上销或下销前缘至前罗拉中心线间最小的距离表示。实际的浮游区长度要比计算的稍大些。缩短浮游区长度意味着一方面减少浮游区中未被控制的短纤维数量，另一方面胶圈钳口相应地向前方伸展，使纤维在胶圈部分摩擦长度增加，加强对浮游纤维的控制能力。表8-2是在同一牵伸装置上以不同的浮游区长度进行纺纱质量对比实验的结果。从实验结果可知，细纱黑板条干和25mm短片段不匀率均随浮游区长度缩小而获得改善。

表8-2 浮游区长度与纱条不匀关系

浮游区长度/mm	12	13	15.5	16
黑板条干（一等块数）	8.0	7.2	5.7	5.0
25mm片段不匀率/%	13.1	12.9	13.9	14.2

浮游区长度缩小，牵伸力相应增大，因此必须适当加重前钳口的压力，以解决牵伸力大而握持力不足的矛盾。在纺制精梳棉纱或涤棉混纺纱时，因纤维长度长、整齐度好、短

纤维少，若浮游区长度小，会引起牵伸力剧增，带来前钳口握持力难以满足的过高要求，反而造成不良后果。因此，浮游区长度应适当放大。

（四）前、中、后胶辊加压

胶辊压力加大，胶辊对纱条的实际压力相应增大，钳口握持力也随之增加。这是生产上增大握持力经常采用的简单而有效的措施。但加压不能过重，否则会引起胶辊严重变形、罗拉弯曲、扭振及牵伸部分传动齿轮爆裂等现象，从而会引起规律性条干不匀。

胶辊加压要视加工纤维品种，牵伸型式等综合制定。如加工化纤，除了牵伸力较大，需有足够的握持力加强对纤维运动的控制外，还因加工化纤的胶辊一般要求比纺棉的更为光滑才能防止缠胶辊，保证正常纺纱，因此，胶辊加压应比纺棉时大。为适应大牵伸的需要，胶辊加压和老机相比都有不同程度的增加。如A513型细纱机的牵伸装置，前、中、后胶辊加压（daN/双锭）为（11～15）×7×10；FA系列前胶辊加压分为10、14、18daN/双锭三档，中胶辊固定为10或14daN/双锭，后胶辊固定为14或18daN/双锭。

第三节　细纱的加捻与卷绕

一、细纱的加捻

（一）细纱的加捻过程与成纱结构

牵伸装置输出的须条，通过加捻，改变其结构，成为具有一定的强力、弹性、伸长、光泽、手感等物理机械性能的细纱。

如图8-5所示，前罗拉输出的纱条经导纱钩，穿过钢领上的钢丝圈，绕在紧套于锭子的筒管上。锭子带动筒管回转，并借纱线张力的牵动，使钢丝圈沿钢领回转，从而使纱条上获得捻回。

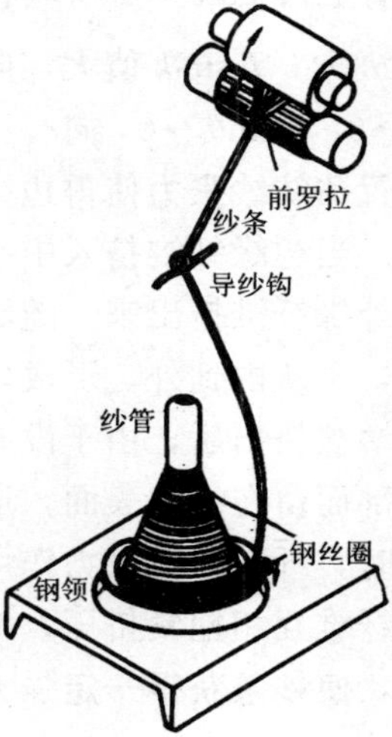

图 8-5　细纱加捻过程

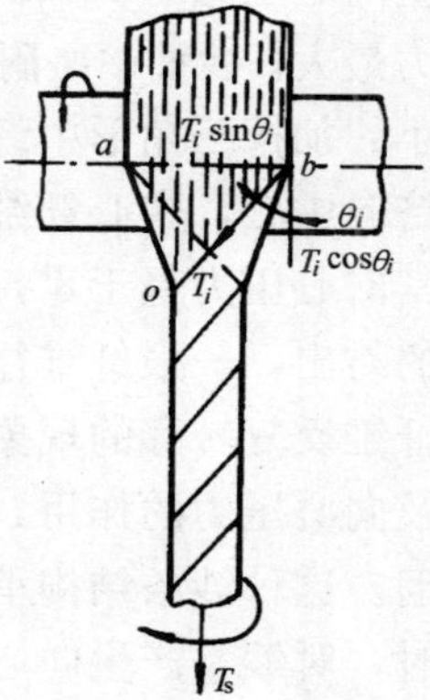

图 8-6　纱条的加捻

纱条加捻，其实质就是利用须条横截面间产生相对角位移来改变须条结构，使原来伸直平行的纤维与纱轴发生倾斜。如图 8-6 所示，前罗拉输出的须条呈扁平状态，纤维与纱轴平行排列。钢丝圈回转产生的捻回向前钳口传递，使钳口处的须条围绕轴线回转，须条宽度逐渐收缩，两侧也逐渐折叠而卷入纱条中心，形成加捻三角形 *oab*。在加捻三角形中，须条的宽度与截面发生变化，从扁平带状逐渐形成近似圆柱形的纱条。

须条加捻时，除了上述几何结构的变化外，还产生纤维的内外层转移。设纱条横截面上纤维根数为 n，各根纤维与须条输出轴向的夹角为 θ_i，在纺纱张力 T_s 作用下，每根纤维均受到张力 T_i，其轴向按力的平衡条件有 $\sum_{i=1}^{n} T_i\cos\theta_i = T_s$，其径向产生向心压力为 $T_i\sin\theta_i$。边缘纤维 θ_i 大，$T_i\sin\theta_i$ 值大，向心压力最大。纱轴中心附近的纤维 $\theta_i \to 0$，$T_i\sin\theta_i \to 0$，向心压力最小。加捻三角形中纤维的几何位置和纺纱张力使得边缘纤维挤向中心，中心纤维被挤向外缘。当边缘纤维挤入中心后，其向心压力趋于零，又被另一些外缘纤维挤出来。随着纱条的纺出，一根纤维往往从外到内，再从内到外，形成内外层纤维反复转移的现象。当纤维头端被挤出后，由于没有张力及向心压力的作用，不再移向内部而留在纱的表面，形成毛羽。这种纱条结构承受拉伸负荷时，纤维承受张力作用的同时，对纱条产生向心压力，促使纤维互相抱紧挤压，增加了纤维间的滑动阻力和纱条紧密度，使纱条获得一定强力等物理机械性能。

（二）细纱捻度与物理机械性能的关系

1. 细纱捻度与强力关系　细纱受拉伸而断裂时，断裂总是发生在细纱最薄弱的断面上，但不是断面上的所有纤维都断裂，而是一部分纤维断裂，一部分纤维滑脱，且断裂的那部分纤维也不是同时断裂的。因此，可以把细纱强力 P 看作是断裂时滑脱纤维所受摩擦阻力 F 和断裂纤维的强力 Q 之和，而 $P=F+Q$。这种断裂性能和单纱强力与细纱捻度有着密切的关系。图 8-7 表示捻度与成纱强力的关系。从曲线看出，随着捻度增加，细纱强力逐渐增加，但到一定捻度后，继续增加捻度，细纱强力反而下降。对应最高强力的捻度称为细纱临界捻度。这说明捻度对细纱强力的影响有着有利与不利的方面，有利的方面是随着捻度增加，纤维间摩擦阻力增加，使纱条在断裂过程中滑脱的纤维数量减少，因而可充分利用强力成分中的 F 与 Q；不利方面是捻度增加，纤维捻回角 β 也随之增大，使纤维强力在纱条轴向能够承受的有效分力降低，而且捻度过大会增大纱条内外层纤维应力分布不匀，加剧纤维断裂的不同时性，大大地降低了纤维的强力成分 Q，从而使细纱强力降低。临界捻度对应的捻系数，称临界捻系数。从成纱强力考虑，细纱的捻系数选择不宜超过临界捻系数。另外，在生产中还应考虑如何用较少的捻度而达到符合细纱要求的强力，以提高设备生产率。

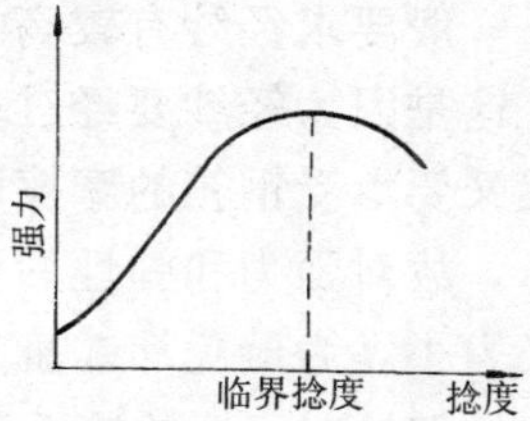

图 8-7　捻度与成纱强力的关系

2. 细纱捻度与弹性、伸长的关系　在一定拉伸负荷下，细纱受到拉伸而伸长，其伸长长度称为总伸长。当负荷去除后，被拉伸的细纱很快回缩，但不能回复到原有长度，这个可缩的长度称为细纱弹性伸长。细纱的弹性就是指弹性伸长与总伸长的百分比。细纱弹性越好，可以承受较多次数的反复拉伸，增加成品的坚牢度。在捻度不大的情况下，细纱的弹性随着捻度的增加而增大，但到达一定捻度后，弹性开始下降。通常采用的细纱捻度都在接近于细纱弹性最大的捻度范围内。

3. 细纱捻度与光泽、手感的关系　捻度增加，捻回角增大，投射到纱表面的光线向旁侧反射，纱线光泽就差。捻度增加还使纤维间压力加大，纱的紧密度增加，手感坚硬；反之纱线光泽好，手感柔软。但捻度过少，纱易发毛，手感松烂，光泽也不一定好。

（三）细纱捻系数和捻向的选择

细纱捻系数的选择，主要取决于最终产品对细纱品质的要求。一般要求经纱有较高的强力，弹性要好，故捻系数需大些。这是因为经纱要经过络筒、整经、浆纱等工序，且在织机上又要承受钢筘的摩擦以及在开口运动中受到反复的拉伸变形，故对强力和弹性的要求高。而纬纱经过工序少，且引纬张力小，为避免纬缩疵点，故一般捻系数可小些。纺相同特数的细纱时，经纱捻系数比纬纱高10%～15%左右；针织用纱的捻系数一般接近于机织纬纱的捻系数，其值因纺纱品种不同而异：棉毛衫要求柔软，捻系数可较低；汗衫要求有凉爽感，捻系数宜大些；起绒织物与股线织物用纱，捻系数可偏低些，一般取纬纱捻系数的下限。

细纱的捻向亦视成品的需要而定。为了便于操作，一般采用 Z 捻。在化纤混纺织物中，为了使织物获得隐条等特殊风格，常使用不同的捻向。

二、细纱加捻与卷绕的高速元件

在细纱机高速生产的过程中，加捻卷绕元件（锭子、筒管、钢领和钢丝圈）的高速化是非常关键的。

（一）锭子

锭子是细纱机加捻卷绕机构的主要元件，由锭杆、锭盘、锭胆、锭脚和锭钩等组成，如图 8-8 所示。锭杆以锭胆支承而高速回转，目前实用锭速在 14000～18000r/min 左右，新型锭子最高锭速可达 25000～26000r/min。

锭盘是锭子的传动件，形状呈钟鼓形，锭子的上轴承罩

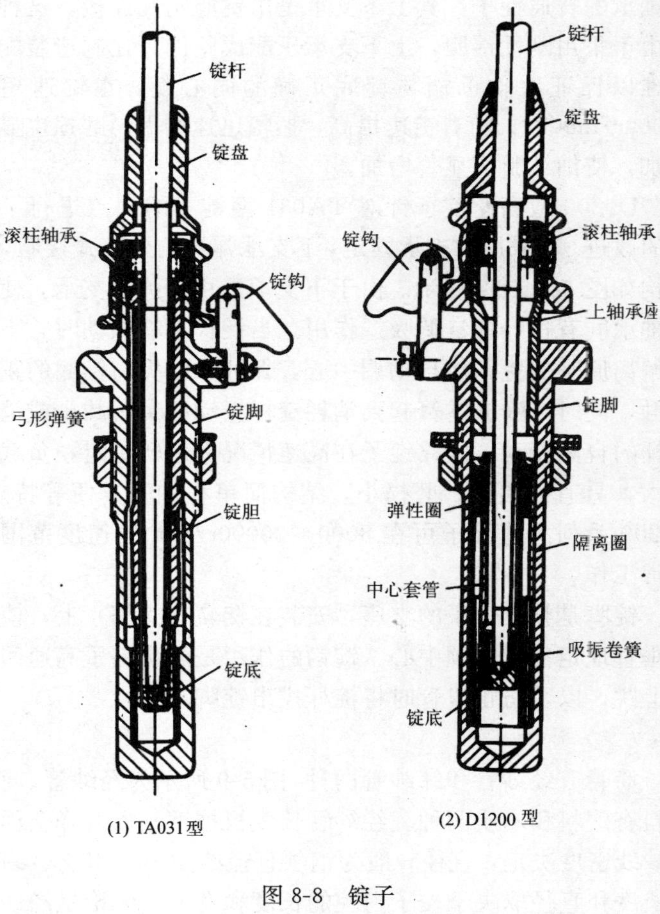

图 8-8　锭子

于其中，能防止飞花尘杂侵入轴承，并使锭带张力的作用线与上轴承相接近，以减少上轴承所受到的力矩。

锭胆是锭杆的支承。图 8-8（1）为 TA031 型刚性支承滚柱轴承的普通锭子，其上下支承是由锭胆刚性连接。这种锭子由于采用刚性锭胆，上下支承压配成整体，在制造装配方面难以保证上轴承档与锭底正确的同心度，在锭速超过 12000r/min 时，随着锭速提高，振幅迅速增大，磨损也显著增加，使细纱断头显著增加。

D1200 型高速锭子针对 TA031 型锭子的缺点进行了有效的改进。它采用上支承固定，下支承弹性的分离式锭胆，其结构如图 8-8（2）所示。由于下支承采用了弹性支承，使上下轴承间有良好的自调吸振作用。当锭杆下端振动时，下支承偏离原来位置，能自动调中心，保证了锭尖与锭底的正常接触，同时，吸振卷簧起到消耗锭杆振动能量，减少或消除锭杆的自激振动。因此锭子在高速情况下运转稳定，负载能力大，具有振幅小、磨损小、结构简单和加工方便等特点。D1200 系列高速锭子可在 8000～20000r/min 的速度范围内正常工作。

锭脚是整个锭子的支座，安装在锭轨（龙筋）上，使锭杆垂直地定位于钢领中心。锭钩的作用是防止锭子高速回转时上跳，以及防止拔管时将锭杆拔出锭脚。

（二）筒管

筒管有经纱管和纬纱管两种，图 8-9 所示为经纱管。筒管材料有塑料和木质两种。经纱管长度根据钢领板升降全程与纺纱线密度决定，直径一般为钢领直径的 40％～45％。纬纱管长度和直径取决于梭子内腔的长度和宽度。无论是经纱管还是纬纱管，筒管的内部尺寸都必须同锭子相适应。筒管上部天眼与锭杆上锥度接触配合；底部与锭盘钟形部分是间隙配合（0.05～0.25mm）。工艺上要求塑料筒管表面及内孔均匀光洁，每批筒管的色泽均匀一致；浸入 80℃水不变形；筒管套在锭杆上，锥孔和锭杆的接触面积不宜少于 85%；高速情况下振幅要小。

（三）钢领与钢丝圈

1. 钢领　环锭细纱机的“环”指的就是钢领。钢领是钢丝圈的回转轨道，在加捻卷绕过程中，纱条拖着钢丝圈在钢领的内侧圆弧（俗称跑道）上高速回转。两者配合良好与否，直接影响锭速和细纱断头率，因此，工艺上对钢领有较严格的要求。

（1）钢领的几何形状要适应钢丝圈的高速回转。

（2）跑道表面要有较高的硬度和研磨性能，延长使用寿命。

（3）跑道表面应进行适当处理，使钢丝圈和钢领间具有均匀而稳定的摩擦系数，有利于控制纺纱张力和气圈形状。

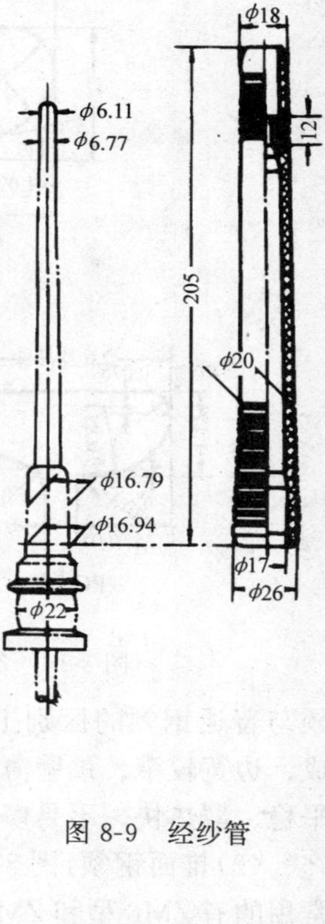

图 8-9　经纱管

目前棉纺细纱机上使用的钢领有平面钢领和锥面钢领两种。

（1）平面钢领：平面钢领又分为普通钢领（PG2 型）和高速钢领$\left(\text{PG1 型与 PG } \frac{1}{2}\text{型}\right)$。纺粗特纱用 PG2 型，纺中特纱用 PG1 型，纺细特纱用 PG $\frac{1}{2}$型。

平面钢领的截面形状与几何尺寸如图 8-10 所示。高速钢

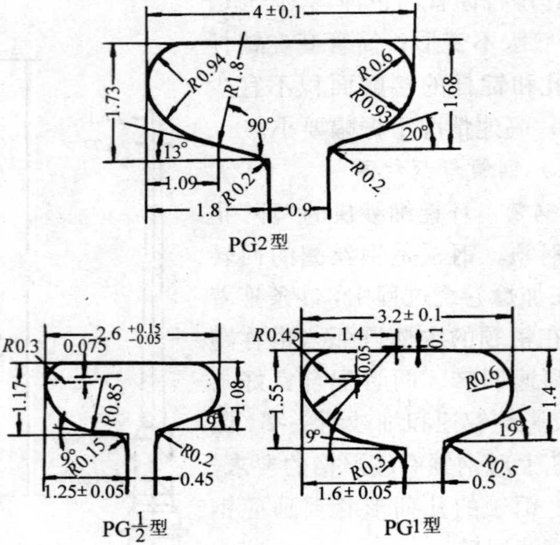

图 8-10　各种型号钢领截面几何形状

领与普通钢领的区别主要是内跑道由多种曲率圆弧相接组成、边宽较窄、颈壁薄和内跑道深，具有使钢丝圈在运行中平稳、散热快、不易楔住和操作接头轻的特点。

(2)锥面钢领：图 8-11 为锥面钢领截面形状与几何尺寸。常用的有 ZM6 型和 ZM9型两种。锥面钢领主要特点是：钢领的内跑道几何形状为双曲线的近似直线部分，配用的钢丝圈的几何形状为非对称形，内脚长，与钢领内跑道近似直线接触，接触面积大，压强小，有利于减少磨损，散热性能好。钢丝圈在高速下运转平稳，有利于降低细纱断头。

2. 钢丝圈　钢丝圈是加捻卷绕的重要元件之一。其作用不仅是与钢领、锭子配合完成细纱的加捻、卷绕，更重要的是在生产中可通过对钢丝圈圈型（几何形状）、号数（重量）

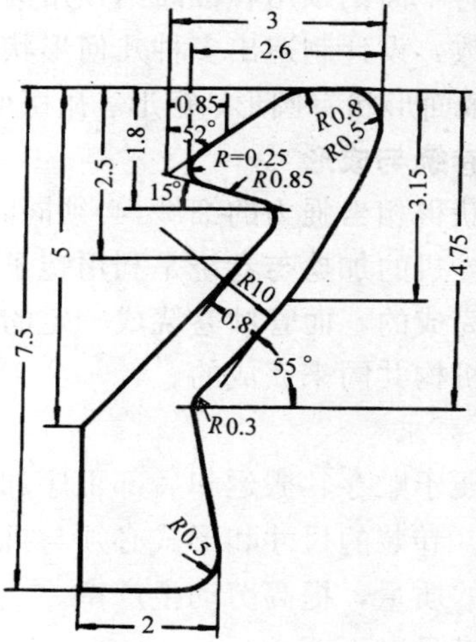

图 8-11　ZM6 型锥面钢领

的调整来控制纺纱张力，稳定气圈形态，达到卷绕成形良好、降低断头、实现高速与高产的目的。钢丝圈的线速度高达 30m/s 以上，甚至超过 40m/s。因离心力作用使其与钢领内跑道接触的压强大，摩擦产生的高温可达 300℃以上，故钢丝圈易磨损、烧毁、飞脱。钢丝圈在运行中抖动或楔住，易使纱线断头，因而生产上对钢丝圈的设计提出了很高的要求。

(1) 钢丝圈几何形状要与钢领跑道截面几何形状正确配合，要有足够大的接触面积，以减少压强、磨损和提高散热性能。

(2) 钢丝圈的重心宜低，以使回转稳定。线材截面形状要有利于降低磨损与散热，材料硬度要适中（低于钢领硬度）且富有弹性而不变形。纱线通道要宽畅。

(3) 钢丝圈有平面钢领用和锥面钢领用两种。为适应各种原料和纺纱特数，设计制造出多种几何形状和多种截面形状的钢丝圈，如截面形状有圆形、矩形、瓦楞形和薄弓形等。

三、细纱的卷绕与成形

经过加捻并获得相当强力的细纱，必须同时进行卷绕，才能连续纺纱。细纱机的加捻与卷绕是利用锭子、钢领与钢丝圈在同一时间内完成的，而管纱卷绕成一定的形状是细纱机卷绕机构和成形机构共同来完成的。

(一) 意义与要求

为了使细纱便于贮存、搬运和后部工序加工，细纱要卷绕成一定的形状。卷装的尺寸和形式必须与机器的结构相适应，并保证成纱的质量，提高劳动生产率。

细纱卷绕应满足以下要求：

1. 细纱管纱都采用圆锥形交叉卷绕形式（又称短动程升降卷绕)。卷绕的容量要大，一般截头圆锥形的大直径比钢领直径小 3mm。

2. 卷装的结构与成形方法，应不影响细纱的外观、均匀度及其他品质，更不能使细纱增加疵点。

3. 下一工序退绕方便，避免在退绕时发生管纱损坏、断头、扭结和脱圈。细纱在短动程卷绕中，由于钢领板上升慢、下降快，形成纱管上有卷绕层和束缚层，这样既能保证一定的容量，又能使成形良好，防止退绕时脱圈。

(二) 卷绕条件

1. 卷绕速度　在细纱机纺纱过程中，同一时间内，前罗拉输出的须条长度应全部卷绕在细纱管上。由于前罗拉不断地输出须条，钢丝圈在钢领上运动时需克服摩擦阻力，因此，钢丝圈的转速总是滞后于锭子转速，两者的速度差，就是卷绕速度，可表示为：

$$n_t = n_s - \frac{V_F}{\pi d_x} \tag{8-1}$$

式中：n_t ——钢丝圈的转速；

n_s ——锭子或筒管的转速；

V_F ——前罗拉表面速度；

d_x ——纱管卷绕直径。

细纱在卷绕过程中，钢领板不断升降，所以，卷绕直径 d_x 在不断变化，则 n_t 也随卷绕直径变化而变化。根据捻度定义：

$$T = \frac{n_t}{V_F} \tag{8-2}$$

则根据（8-1）式有：

$$T = \frac{n_s}{V_F} - \frac{1}{\pi d_x} \tag{8-3}$$

细纱卷绕直径在钢领板一次升降过程中为变量，所以，钢领板在一升降过程中细纱捻度存在不匀。但当管纱退绕时，每退绕一圈，增加$\frac{1}{\pi d_x}$，恰好补上了管纱在卷绕时钢丝圈滞后所减少的捻回，即退绕后细纱的捻度为：

$$T = \frac{n_s}{V_F} - \frac{1}{\pi d_x} + \frac{1}{\pi d_x} = \frac{n_s}{V_F} \tag{8-4}$$

因此，计算捻度时，可用锭速 n_s 代替钢丝圈速度 n_t。

2. 升降速度　细纱卷绕为圆锥形卷绕，同一层纱各处的卷绕直径不同，为保持圆锥面形状不变，应使每层纱各处厚度和卷绕节距不变。因此，钢领板的升降速度就必须随绕纱直径的不同而作相应的变化。钢领板在大直径时速度应慢，小直径时应快，即钢领板的速度近似地和卷绕直径成反比。其升降速度表达式为：

$$V_R = \Delta \cdot \frac{V_F}{\pi d_x} \tag{8-5}$$

式中：V_R——钢领板升降速度；

Δ ——卷绕节距。

由式（8-5）可知：

（1）钢领板速度与卷绕节距成正比，钢领板速度快，节距大。因此，为防止管纱在退绕时脱圈，钢领板上升时速度慢，卷绕节距小，称卷绕层，钢领板下降时速度快，卷绕节距大，称束缚层。两者速比一般为 1∶3。

（2）卷绕速度与卷绕直径成反比，卷绕小直径时，钢领板的速度快，卷绕大直径时速度慢。

（三）管纱成形过程与结构

细纱管纱的卷绕方式是圆锥形交叉卷绕方式，如图 8-12 所示。截头圆锥形的大直径即管身的最大直径 d_{max}，小直径 d_0 就是筒管的直径，每层纱的绕纱高度为 h，一般为 46mm，管纱成形角 $\gamma/2$ 为 12.5°～14°。为了完成管纱的全过程卷绕，每卷绕一层纱后要有一个很小的升距 m（称为级升）。在管底部卷绕时，为了增加管纱的容量，每层纱的绕纱高度和级升均较管身部分卷绕时为小。从空管卷绕开始，绕纱高度由小逐层增大，直至管底卷绕完成，才转为正常数 h，即 $h_1 < h_2 < h_3 \cdots < h_n = h$。由此可见，要

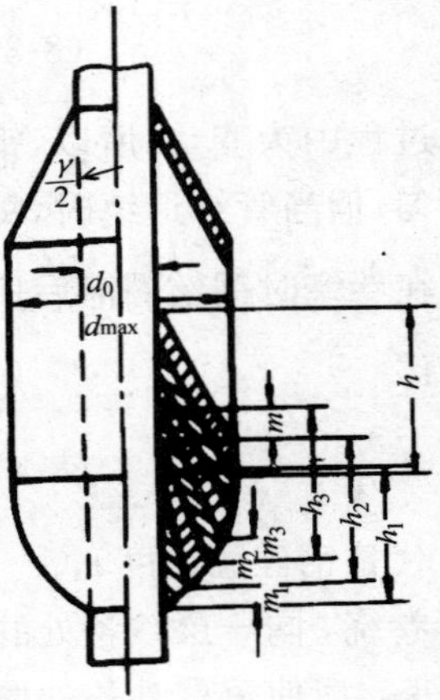

图 8-12 细纱管圆锥形交叉卷绕

完成细纱管纱成形的圆锥形卷绕，钢领板除应满足上升速度慢和下降速度快外，还应满足每次升降后应有级升和管底成形的要求。

（四）细纱机的成形机构

1. 细纱机钢领板、导纱钩升降运动轨迹　FA506 型细纱机钢领板和导纱钩的升降运动轨迹如图 8-13 所示。

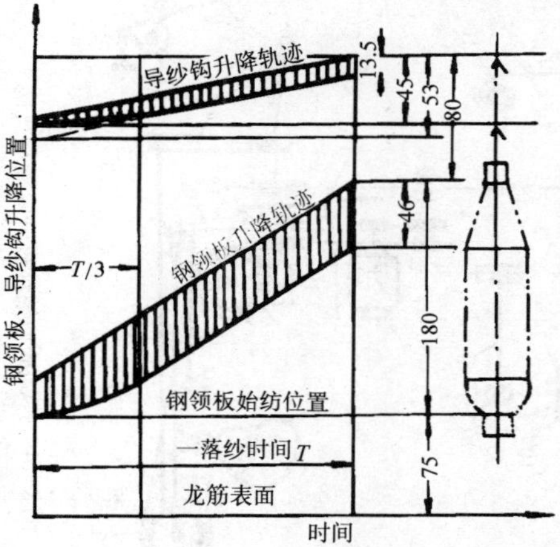

图 8-13　FA506 型细纱机钢领板、导纱钩升降轨迹

2. FA506 型细纱机成形机构　图 8-14 所示为 FA506 型细纱机成形机构。

（1）钢领板短动程升降运动：成形凸轮 1 在车头轮系传动下匀速回转，推动成形摆臂 2 上下摆动，通过摆臂左端的链轮 3 上的链条 3′去拖动固装在上分配轴 4 上的链轮 5，使上分配轴 4 做正反往复转动，因而固装在轴 4 上的左右钢领板牵吊轮 6，经牵吊杆，牵吊滑轮 29、牵吊带 30 去牵吊钢领

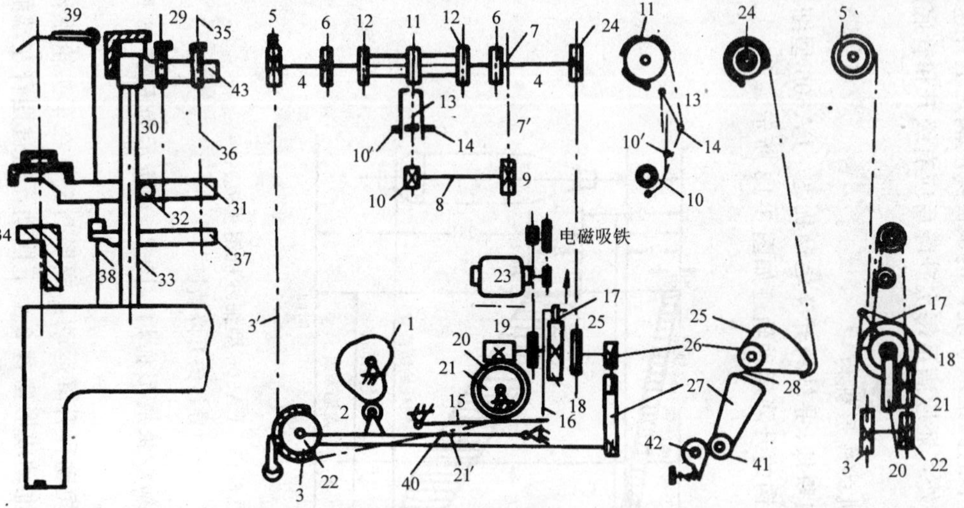

图 8-14 FA506 型细纱机升降卷绕机构

1—成形凸轮 2—成形摆臂 3、5、7、9、10、11、22 —链轮 4—上分配轴 6、12—吊轮 8—下分配轴 13—位叉 14—横销 15—小摆臂 16—推杆 17—撑爪 18—级升轮 19、20—蜗杆、蜗轮 21—卷绕轮 23—电动机 29、35—滑轮 30、36—牵吊带 31、37—横臂 32—尼龙转子 33—立柱 34—钢领板 38—升降杆 39—导纱板板横臂 31，31 上尼龙转子 32 沿立柱 33 上下滚动，使机台两侧的钢领板 34 以立柱 33 为升降导轨作短动程升降运动。

（2）导纱板短动程升降运动：上分配轴 4 右侧轮 6 旁的轮 7（两者是一整体），通过链条 7′去拖动固装在下分配轴 8 上的链轮 9，使下分配轴 8 做正、反向往复转动。固装在轴 8 上的轮 10 通过链条 10′去拖动活套在上分配轴 4 上的链轮 11，链轮 11 和左右两侧的导纱板牵吊轮 12 是一整体，所以分配轴 8 的正反向往复转动，传递到吊轮 12，再由吊轮 12 经牵吊杆、牵吊滑轮 35、牵吊带 36 去牵吊导纱板横臂 37，再分别牵吊机器两侧的导纱钩升降杆 38，使导纱板 39 做短动程升降运动。

（3）钢领板、导纱板的逐层级升运动：钢领板、导纱板的级升运动是由级升轮 18 控制，其级升运动是在成形摆臂 2 向上摆动时，带动小摆臂 15 向上摆动，15 右端顶着推杆 16 上升，推杆 16 上端有撑爪 17，撑动撑头牙 18。当成形摆臂 2 向下摆时，则撑爪 17 就在撑头牙 18 上滑过，所以在成形摆臂 2 升降摆动中，撑头牙 18 得到间歇转动，通过蜗杆 19、蜗轮 20，传动卷绕轮 21 不断地间歇转过一个角度，再通过链条 21′，使链轮 22 间歇转动，链轮 22 与链轮 3 为一整体。这样就使链轮 3 把链条 3′不断地间歇卷取一小段，于是在钢领板、导纱板的短动程升降运动中，产生逐层级升运动。

为了压缩小纱气圈高度，降低小纱气圈张力，导纱钩采用变程升降，即管纱从始纺起，导纱钩的短动程升降和级升是逐渐增大到正常值，为此在链轮 10 与 11 之间装有位叉机构。位叉 13 叉在链条 10′的一个横销 14 上，在小纱始纺时，迫使链条 10′屈成折线，此时，链轮 10 的正反向往复转动，也可使位叉 13 来回摆动，减少了链轮 11、12 往复转动。由于级升运动将曲折的链条逐步拉直，在管纱成形三分之一时，链条上的横销 14 与位叉 13 脱离，位叉不再起作用。此后，链轮 10 通过链轮 11、12 带动牵吊导纱板做正常的升降运动与级升运动。

成形机构管底成形是采用凸钉式。在链轮 5 上装有管底成形凸钉。在凸钉处，链轮 5 的半径较大，卷绕管底时，与凸钉接触的链条 3′随成形摆臂 2 上下同样距离，由于链轮 5 的转动半径较大，从而使牵吊分配轴 4、吊轮 6 做较小的往复转动，结果使钢领板升降动程较卷绕管身时为小。同样，管底卷绕时，链条 3′逐层缩短同样一小段长度，由于链轮 5 的转动半径较大，使卷绕管底时比卷绕管身时钢领板级升小。当链条 3′逐层缩短，待链轮 5 间歇转动使凸钉脱离与链条接触时，钢领板的每次升降动程和级升才达到正常大小，即完成了管底成形卷绕。

第四节　纺纱张力与细纱断头

一、纺纱张力分析

(一) 张力的形成

细纱在加捻卷绕过程中，纱线轴线方向所承受的力称为纱线张力。纱线的张力可分为三段，如图 8-15 所示。不同纱段的张力是不同的，前罗拉至导纱钩这段纱线的张力称为纺纱张力 T_S；导纱钩至钢丝圈这段的纱线张力称为气圈张力，其分力为两个力，T_0 是气圈在导纱钩处张力，称为气圈顶端张力，T_R 是气圈在钢丝圈处张力，称为气圈底部张力；钢丝圈到筒管间卷绕纱段上的张力称为卷绕张力 T_W。上述 T_S、T_0、T_R、T_W 的绝对数值虽有差异，但是它们相互间的关系是密切的，变化规律是一致的，而且相互联系、相互影响。适宜的纺纱张力是正常加捻卷绕所必须的，且可改善成纱结构，减少毛羽，提高管纱的卷绕密度，增加容量。但张力过大，会使断头增加，产质量下降，动力消耗增多；张力过小，则使管纱成形松烂，成纱强力低，气圈凸形太大，还会使断头增多。因而控制好纺纱张力具有重要的意义。

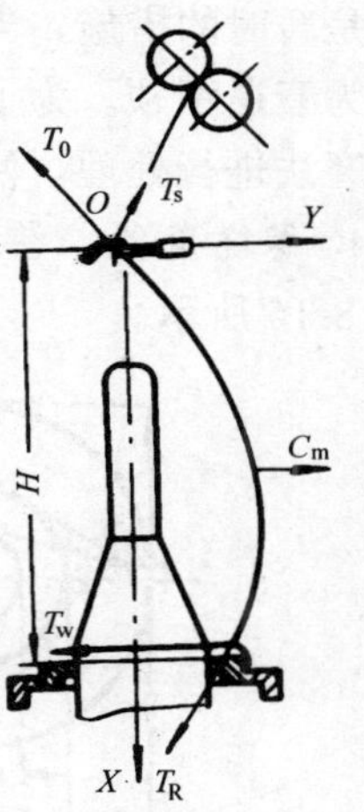

图 8-15　纱条上的张力分析

（二）影响纱线张力变化的因素

1. **钢丝圈重量**　张力 T_R 与钢丝圈重量成正比，这是由于钢丝圈的离心力与其重量成正比。生产中依靠调节钢丝圈号数来调节纱线张力，这是简便而有效的常用措施。

2. **锭速**　高速后，钢丝圈回转所产生的离心力增加，同时气圈回转速度增加而使空气阻力相应增加，因此纱线张力也随之增加。锭速增加后，气圈回转所产生的离心力增加，应引起气圈凸形增大。但是当锭速增加时，由于纱线张力的增大会使气圈凸形缩小。因此，高速后气圈形态几乎没有什么变化，然而纱线张力是有显著变化的。

3. **摩擦系数**　纱线张力与钢领、钢丝圈间的摩擦系数成正比。摩擦系数的大小主要取决于钢领的摩擦性能。钢领使用日久，摩擦性能衰退，张力减小，使气圈膨大而造成气圈断头。因此生产上用增加钢丝圈重量的方法来收小气圈，但这只是暂时的措施，当摩擦系数下降到不正常纺纱时，钢领就称为衰退钢领。为了恢复其表面摩擦系数，生产上常用砂光水磨法进行处理，使它恢复稳定的摩擦系数。

4. 卷绕角 γ_x　卷绕角是指卷绕张力 T_W 与 Y 轴的夹角，如图 8-16 所示。

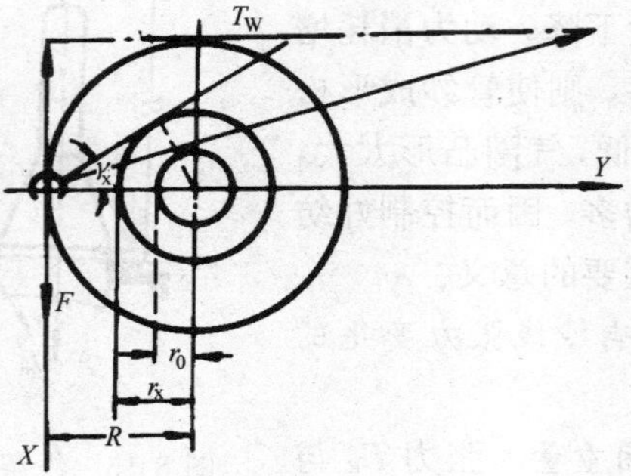

图 8-16　卷绕张力与卷绕角的关系

在加捻卷绕过程中，卷绕张力 T_W 必须要克服钢领对钢丝圈的摩擦力 F，方能使钢丝圈沿钢领表面回转。在正常生产条件下 R 一定，且 F 变化不大，而 γ_x 是随钢领板升降而变化，即 T_W 与卷绕直径成反比。在钢领板短动程升降中，当钢领板在下面部位（即大直径卷绕时）张力小；钢领板上升到上面部位（即小直径卷绕时）张力大。

（三）一落纱过程中张力变化规律

一落纱过程中张力变化规律是：小纱时纺纱张力 T_S 大；中纱时 T_S 小；而大纱时 T_S 略有增大。

在管底成形过程中，由于气圈长、凸形大，气圈回转的空气阻力大，而且卷绕直径都偏小，因此张力大。随着钢领板上升，张力 T_S 有减小趋势。管底成形完成后，卷绕直径变化起主导作用，因此在钢领板每一升降动程中，张力变化较大。在大纱满管前，钢领板上升到小直径卷绕部位，由于气圈短而平直，失去弹性调节作用，造成张力较大。

二、降低细纱断头率

降低细纱断头是细纱生产中的重要问题之一。细纱断头多，质量差，回花和回丝多，原料消耗增加，机器生产率降低，工人劳动强度增高。因此，细纱断头是影响优质、高产、低耗的关键，也是日常生产管理中必须解决的重要问题。生产中若细纱断头增多，往往是质量波动的信号，应及时进行分析，寻找原因，认真对待，给予解决。

（一）细纱断头分析

1. 细纱断头率计算　细纱断头率是以千锭小时的断头根数来表示。即：

$$细纱断头率=\frac{实测断头根数\times 60\times 1000}{实测锭数\times 测定时间\ (\mathrm{min})}$$

2. 细纱断头的实质　细纱断头多数发生在前罗拉至导纱钩之间的纺纱段，纺纱段纱条所具有的强力称纺纱强力，纺纱段纱条所承受的张力称为纺纱张力。在纺纱过程中，当纱条某断面处的强力小于作用在该处的张力时，就发生断头。因此，断头的根本原因是纺纱强力与纺纱张力的矛盾。图 8-17 所示为中特纱纺纱张力 T_S 和纺纱强力 P_S 的实测变化曲线。从图中曲线看出，纺纱张力平均值 $\bar{T}_S$ 比纺纱强力平均值 $\bar{P}_S$ 小得多，所以断头机会是很少的。尽管纺纱张力和纺纱强力两者各自按其本身的规律波动，但并不一定发生断头。当某一瞬时，作用在纱条上某点张力大于该点动态强力时，即产生断头（如图 8-17 中 A、B 点）。这说明断头主要是发生在张

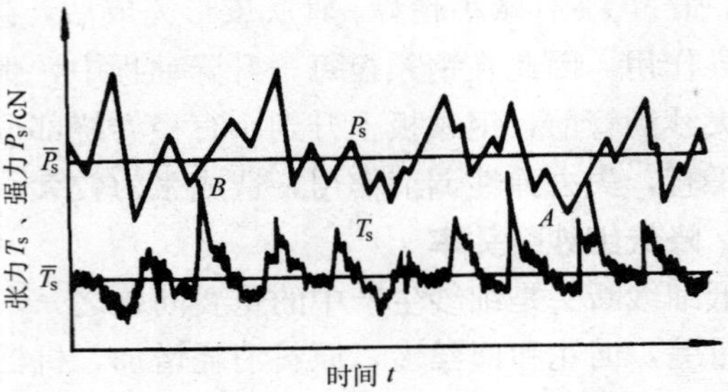

图 8-17　纺纱强力 P_S 与纺纱张力 T_S 变化曲线

力与强力两者波动中的波峰波谷交叉点，而不在于它们平均值的大小，因为平均纺纱强力总是大于平均纺纱张力，否则，就无法生产。因此，降低断头率的主攻方向是控制、稳定纺纱张力；提高纺纱强力，降低强力不匀率。

3. 细纱断头的分类与断头规律　细纱断头可概括为成纱前断头和成纱后断头两类。成纱前断头是指纱条在输出前罗拉之前的断头，发生在喂入和牵伸部分，如粗纱断头、空粗纱、集合器阻塞、牵伸须条跑出集合器、胶圈内积花、纤维绕胶辊和罗拉等原因造成。成纱后断头是指纱条从前罗拉输出后至筒管间，在加捻卷绕过程中发生的断头。断头原因有加捻卷绕机件不正常（如锭子振动）、跳管、钢丝圈楔住、飞圈、气圈形态不正常（过大、过小或歪气圈）、操作不良、温湿度掌握不好等。此外，纤维长度、线密度、短绒率等波动大及工艺设计不当或半制品结构不良等造成纱条强力下降，都会引起断头。在正常生产条件下，成纱前的断头较少，主要是成纱后断头。成纱后的断头规律如下：

（1）一落纱中小纱断头多（占 50%左右），中纱断头少

（占 20%左右），大纱断头多于中纱（占 30%左右）。断头较多的部位是空管始纺处和管底成形即将完成大直径卷绕位置及大纱小直径处。

（2）成纱后断头较多发生在纺纱段，钢丝圈至筒管间出现较少，但钢丝圈与钢领配合不当、钢丝圈磨损缺口交叉、飞圈等会造成钢丝圈与筒管间断头增多。气圈部分断头极少，只有在钢领衰退、钢丝圈偏轻情况下发生断头，因为气圈凸形过大，撞击隔纱板，使纱条发毛或弹断。

（3）在正常生产中，个别锭子出现重复断头，这是由于机械状态不良而造成纺纱张力突变的缘故。

（4）随着锭速的增加或卷装增大，张力也随之增大，断头也因此而增多。

（二）控制与稳定纺纱张力，减少断头

1. 控制气圈形态　气圈凸形过大或过小都是不利的。小纱时气圈凸形容易过大，当气圈最大半径超过隔纱板间距一半时，会造成纱线猛烈撞击隔纱板。不仅会刮毛纱线，弹断纱线，而且会引起气圈形态剧烈变化，使钢丝圈运动不稳定，容易楔住或造成飞圈断头。大纱时气圈凸形容易过小，特别是大纱小直径时气圈更趋平直，从而失去气圈对张力波动的弹性调节能力，这时若出现突变张力，就易引起纱线通道与钢丝圈磨损缺口交叉，将纱线割断，或张力迅速传递到纺纱段弱捻区引起纺纱段断头。只有中纱时气圈凸形适中，纱线张力小而稳定，能充分发挥气圈形态对张力波动的调节作用。因此，要减少大、小纱断头，使大、小纱时的气圈形态和张力尽量向中纱靠拢。

2. 合理选配钢领和钢丝圈　钢领和钢丝圈选配不当会引起张力突变，造成细纱断头。两者的合理选配应达到张力稳定，接头时拎头轻，大小纱断头差异小，减少钢丝圈楔住现象，减少飞圈，延长其使用寿命和稳定生产的要求。

(1) 钢领和钢丝圈型号的选配：钢领的选配主要根据纺纱特数和品种决定，如纺 32tex 以上的粗特纱时，绝对强力高，纱的直径粗，要求纱线通道宽敞，故宜采用 PG2 型宽边钢领和 G 型系列钢丝圈。纺 19tex 以下的细特纱时，纱线直径细，通道不是主要问题，由于绝对强力低，应尽量减小张力波动，故要求钢丝圈运转要平稳，应从选用 PG1/2 狭边钢领和 O 型系列钢丝圈。纺 16～29tex 中细特纱时，纱线直径相对较粗，绝对强力较高，张力不是太大问题，锭速较高，气圈凸形大，故对纱线通道和气圈形态控制有一定要求，宜采用边宽中等的 PG1 型钢领和 GS 系列钢丝圈。对两种钢领都能适用的 16～18tex 纱，如偏重考虑高速性能可选用 PG1/2 钢领，如偏重考虑钢领使用寿命应选用 PG1 型钢领。目前纺粗特纱也有使用 PG1 型钢领的趋势。

(2) 钢丝圈重量（号数）的选用：日常生产中控制纱线张力的主要措施是选用合适的钢丝圈重量。选用钢丝圈应考虑以下几个因素：

①钢领的新旧程度。新钢领初使用时，表面摩擦系数高，钢丝圈应偏轻选用，待跑道光滑后再加重至正常重量。钢领使用半年左右，由于摩擦热等原因，表面会形成光亮金属熔结，使摩擦系数降低，称为钢领衰退，其结果是使气圈膨大而撞击隔纱板，使纱发毛，张力波动大而断头增加。解决办法是增加钢丝圈重量。

②纱线特数。粗特纱气圈凸形易于膨大，钢丝圈应偏重选用，以利于稳定和控制气圈形态；细特纱强力相对较低，所以钢丝圈宜偏轻掌握，以利于缓和张力与强力的矛盾。

③钢领直径。如果钢领直径大，则气圈底端张力大，气圈凸形小，所以钢丝圈宜轻，以降低纱条张力，维持正常的气圈形态。

④锭子速度。锭速若高，纱线张力大，钢丝圈应偏轻选用。

⑤温湿度变化。相对湿度高时，气圈凸形大，钢丝圈应加重。夏季车间内温湿度较高，钢丝圈应适当加重；冬季气候干燥，相对湿度低，钢丝圈宜偏轻掌握。

3. 稳定纺纱张力、减少断头的新技术应用

（1）锭子变速传动：在细纱机高速的情况下，锭子变速传动是减少断头和一落纱过程中均衡断头分布的有效措施。在张力大、断头多的部位，例如大、小纱，卷绕小直径等采用较低的锭速；在张力小、断头少的部位，例如中纱、卷绕大直径等采用较高的锭速，这样可做到均衡纱线张力和断头分布，但又不改变原有的气圈形态。

（2）采用气圈环：当卷装高度增加时，如果不加重钢丝圈，气圈最大半径增大，使纱线张力也增大。为了使气圈凸形收小而加大钢丝重量，又会使张力增大。当气圈增加到一定高度，将出现波节导致气圈崩溃。为了实现正常纺纱，通常是采用气圈环，把一个气圈分成两个小气圈，如图 8-18 所示。由于气圈高度减少了，纺纱张力也有所下降，钢丝圈重量可以减轻 3%～5%。

（3）采用全封闭式长隔纱板：高速大卷装后，管纱在机台上回转气流增大，气圈也较大，因此相邻两锭之间相互干扰的程度也增加，特别是在老机上钢领直径增至 45mm 时，锭距与钢领直径差距较小，只有 20mm 稍多一些，相互影响或干扰更严重。采用全封闭式长隔纱板，使隔纱板的下端插

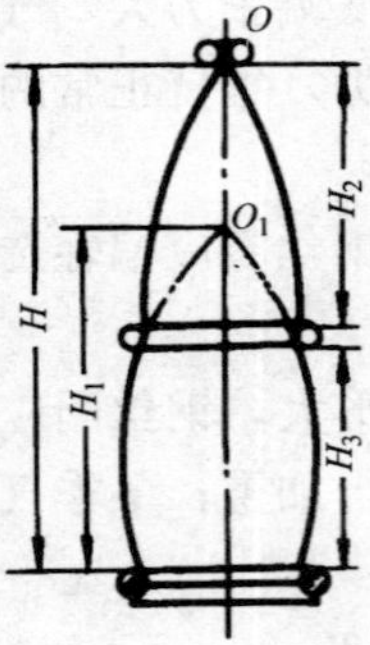

图 8-18　使用气圈环的气圈形态图

入在相邻钢领之间，隔绝相邻两气圈的相互干扰，避免在断头时管纱上纱尾影响相邻两锭正常纺纱，对降低细纱断头率有一定效果。

（三）增加纺纱段强力，减少断头

在细纱加捻卷绕过程中，大部分断头发生在导纱钩上方的纺纱段上，而在纺纱段的断头都发生在加捻三角区，这主要是加捻三角区受到前罗拉捻陷作用，使加捻三角区纱条强力最低（图 8-6）。增加纺纱段特别是加捻三角区的纱条强力，对降低断头有着重要的意义。

1. *增加纺纱段捻度*　细纱的加捻元件为钢丝圈，由于捻度传递作用，纱条上的捻度分布由钢丝圈到前钳口是逐渐减少的。特别是导纱钩对纱条摩擦阻力引起的捻陷以及捻回传递的滞后现象，使纺纱段的捻度逐渐减少。因罗拉钳口握持纱条，使钳口附近的捻度更少。图 8-19 是对一落纱的纺纱段捻度测定情况，由图可知：

（1）一落纱过程中，卷绕直径变化和大、中、小纱对纺纱段捻度都有显著的影响，其中卷绕直径影响较大。

（2）一落纱过程中，小纱卷绕大直径时纺纱段捻度最少，一般比管纱平均捻度要少 22%左右，致使纺纱强力明显低，这也是小纱管底完成阶段卷绕大直径时断头较多的原因之一。

从以上情况看出，影响纺纱段捻度因素主要有两个，其一是导纱角的大小，如图 8-20 中 β 角为导纱角，β 角大，捻陷小，会使纺纱段捻回增加；其二是纺纱段纱条长度，长度短

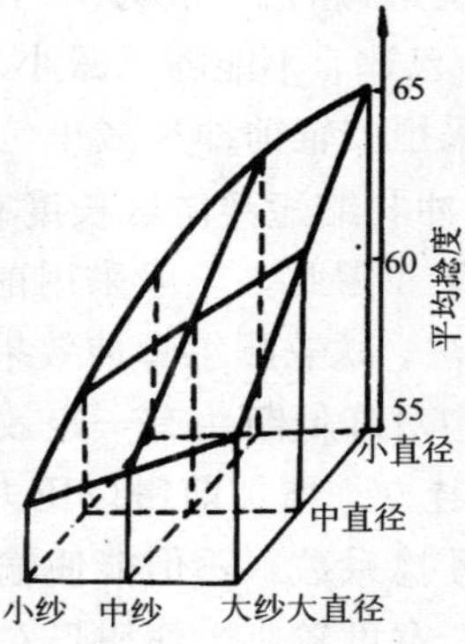

图 8-19　纺纱段动态捻度与卷绕直径大、中、小纱关系

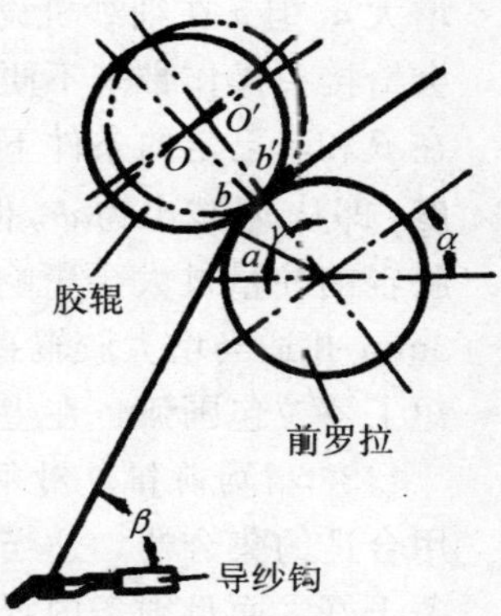

图 8-20　胶辊前冲与罗拉包围弧

会使纺纱段单位长度捻度增加。但 β 角过大，在卷绕小直径时，纱条会瞬时悬空于导纱钩眼孔中，使纱条在纺纱段形成小气圈，导致张力波动加大，断头剧增。又因导纱角 β 过大，捻陷虽小，但在导纱钩与前罗拉的水平距离一定时，使纺纱段较长，也使纺纱段的捻度减少。

在纺纱过程中，β 角随钢领板的升降而变化。管纱在始纺时 β 角最大，到满纱时 β 角最小，一般认为最大导纱角 β_{max} 不超过 70°为宜。如将前罗拉适当前移，缩短纺纱纱段长度，有利于降低断头。

2. *减小无捻段长度*　如图 8-20 所示，纱条在罗拉上的包围角 γ 与导纱角 β、罗拉座倾角 α 间的几何关系为：

$$\gamma=\beta-\alpha \tag{8-6}$$

罗拉包围角 γ 的大小直接影响三角形加捻区的无捻纱条段的长度，此段长度是对动态强度颇有影响的一项参数。γ 小，断头会少。从式（8-6）可知，要减小 γ 就必须减小 β 或

增大 α。但 α 在细纱机设计中已确定，新机一般为 45°，α 过大，会给接头操作带来不便。β 前面已述，不能随意减小。所以，在 β 和 α 已定的条件下，一般采用胶辊前冲来减小包围弧长度，即从 $\overset{\frown}{ab'}$ 减小为 $\overset{\frown}{ab}$。但胶辊前冲与缩短浮游区长度有矛盾，胶辊前冲量过大会影响牵伸效果。因此，一般采用前冲 2～3mm 并适当增大胶辊直径的办法，既兼顾了牵伸效果，又缩短了罗拉包围弧，在生产实践中对降低断头有一定效果。

3. *增加前钳口对须条的握持力*　增加前钳口压力，并采用合适的集合器，适当提高粗纱捻系数，不但能使输出须条条干好，而且须条内纤维密集，宽度较小，使钳口对须条有效握持增加，加捻三角区须条强力增加，断头减少。

4. *改善棉纱条干，减少强力弱段*　纱条的细段一般也是须条强力的弱段，因此改善棉纱条干，对减少断头也有着重要的意义。一般从以下几方面考虑：

（1）合理选配原棉和配棉成分。

（2）改善半制品质量。

（3）合理选择细纱牵伸工艺参数。

在生产中，加强日常管理工作，即加强日常性的机械维护、操作、原料和工艺管理、车间温湿度等方面的技术管理工作，也是不可忽视的重要方面。随着机器速度的不断提高，对这些根本性的工作要求也应相应加强。

第五节　FA506 型细纱机的传动与工艺计算

一、机械传动

FA506 型细纱机的机械传动系统如图 8-21、图 8-22 所示。

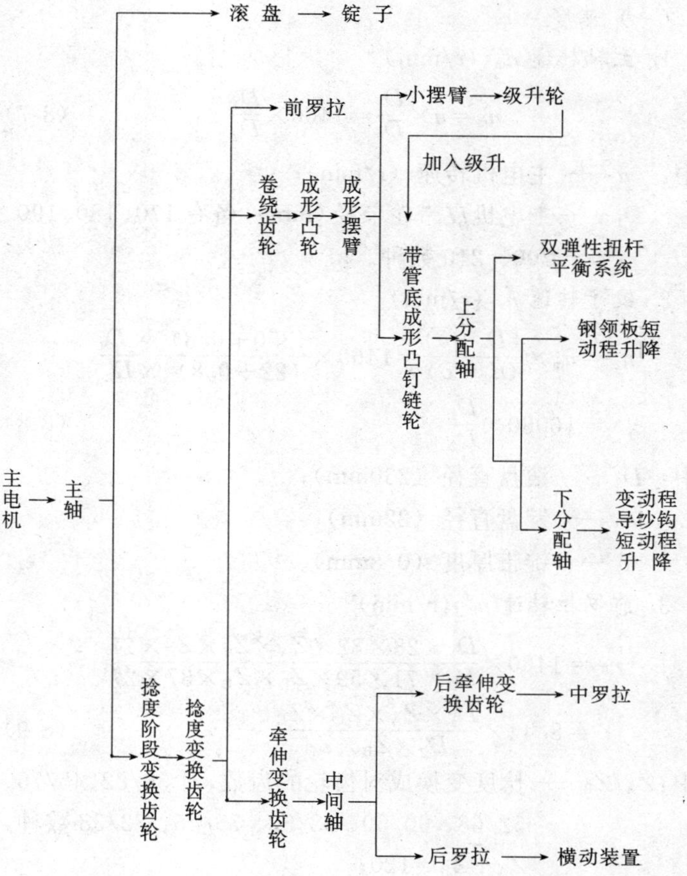

图8-21 FA506型细纱机的机械传动

二、工艺计算

（一）速度

1. **主轴转速** n_m（r/min）

$$n_m = n \times \frac{D_1}{D_2} = 1460 \times \frac{D_1}{D_2} \tag{8-7}$$

式中： n ——主电机转速（r/min）；

D_1 ——主电机皮带轮节径（mm），备有170、180、190、200、210数种。

2. **锭子转速** n_s（r/min）

$$n_2 = n_m \times \frac{(D_3+\delta)}{(d_1+\delta)} = 1460 \times \frac{(250+0.8) \times D_1}{(22+0.8) \times D_2}$$

$$= 16060 \times \frac{D_1}{D_2} \tag{8-8}$$

式中：D_3 ——滚盘直径（250mm）；

d_1 ——锭盘直径（22mm）；

δ ——锭带厚度（0.8mm）。

3. **前罗拉转速** n_F（r/min）

$$n_F = 1460 \times \frac{D_1 \times 28 \times 32 \times Z_A \times Z_C \times Z_E \times 27}{D_2 \times 71 \times 59 \times Z_B \times Z_D \times 37 \times 27}$$

$$= 8.44 \times \frac{D_1 \times Z_A \times Z_C \times Z_E}{D_2 \times Z_B \times Z_D} \tag{8-9}$$

式中：Z_A/Z_B——捻度变换成对齿轮的齿数，有38/82、45/75、52/68、60/60、68/52、75/45、82/38数种，$Z_A+Z_B=120$；

Z_C、Z_D——捻度变换齿轮的齿数，Z_C有87、85、80数种，Z_D有77、80、85数种。

（二）牵伸和牵伸变换齿轮

1. **总牵伸倍数** E

$$E=\frac{35\times47\times Z_K\times59\times67\times Z_M\times104\times27}{47\times23\times Z_J\times67\times28\times Z_N\times37\times27}$$

$$=9.0129\times\frac{Z_M\times Z_K}{Z_N\times Z_J} \tag{8-10}$$

式中：　Z_M ——牵伸变换齿轮的齿数，有 69、51 两种；

Z_N ——牵伸变换齿轮的齿数，有 28、46 两种；

Z_K、Z_J —— 总牵伸变换齿轮的齿数，有 39、43、48、53、59、66、73、81、82、83、84、85、86、87、88、89 数种。

2. 后牵伸倍数 E_B

$$E_B=\frac{35\times36}{23\times Z_H}=\frac{54.7826}{Z_H} \tag{8-11}$$

式中：Z_H——后牵伸变换齿轮的齿数，有 36、38、40、42、44、46、48、50 数种。

（三）捻度和捻度变换齿轮

1. 计算捻度 T（捻/10cm）

$$T=\frac{(250+0.8)\times71\times59\times Z_B\times Z_D\times37\times100}{(22+0.8)\times28\times32\times Z_A\times Z_C\times36\times77\times25}$$

$$=67.3325\times\frac{Z_B\times Z_D}{Z_A\times Z_C} \tag{8-12}$$

2. 实际捻度　细纱的实际捻度是由捻度试验机测得的。由于机台锭带的溜滑率、加捻时的捻缩率及加捻效率的影响，使实际捻度与计算捻度往往有差异。当实测捻度与计算捻度差异大于 3%时，应调整捻度成对齿轮。

（四）产量

细纱的产量以 1000 枚锭子 1h 的生产纱量来表示。

1. 理论产量 G_1〔kg/（千锭·h)〕

$$G_1=\frac{\pi d_F n_F}{1000}\times60\times1000\times\frac{\mathrm{Tt}}{1000}\times\frac{(1-\text{捻缩率})}{1000}$$

$$=\frac{\pi \cdot d_F \cdot n_F \times 60 \times \text{Tt} \times (1-\text{捻缩率})}{1000 \times 1000} \tag{8-13}$$

式中 d_F 为前罗拉直径（mm）。

2. 定额产量 G_2〔kg/（千锭·h）〕

$$G_2 = G_1 \times \text{时间效率} \tag{8-14}$$

在正常生产条件下，细纱工序的时间效率一般为 95%～97%。

第九章　后　加　工

将原料纺成细纱后，纺部生产并未结束。除了本厂织部自用的直接纬纱可以直接用来织布外，其它各种纱还要根据需要，将单纱进一步加工成筒子纱、绞纱、股线、花式线等。在加工要求上有的需要定型，高档和特殊的产品还要经过烧毛。这些细纱工序以后的加工工序，统称为后加工。

第一节　概　　述

一、后加工的任务

1．制成适当的卷装形式。如将细纱管纱制成筒子纱，绞纱或打成大、小包等，以便于运输储存以及织部工序的加工等。

2．提高成品质量并满足各种产品的特殊要求。通过络筒，去除一部分纱疵和棉结杂质；通过络筒、并纱、捻线，提高成纱强力，改善条干均匀度、光洁度等。有的根据特殊需要，还能制成各种结构形态的异样美观的花式线。

二、棉纺后加工的工艺流程

后加工工序一般有络筒、并纱、捻线、摇纱、成包等。根据不同的产品要求，决定不同的加工工序。

（一）单纱工艺流程

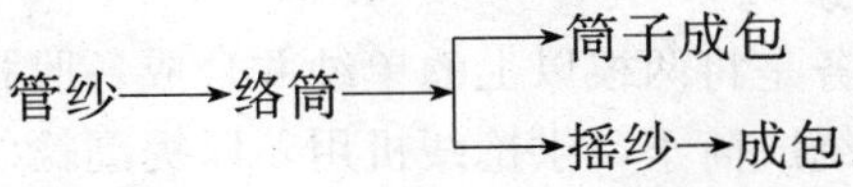

（二）股线工艺流程

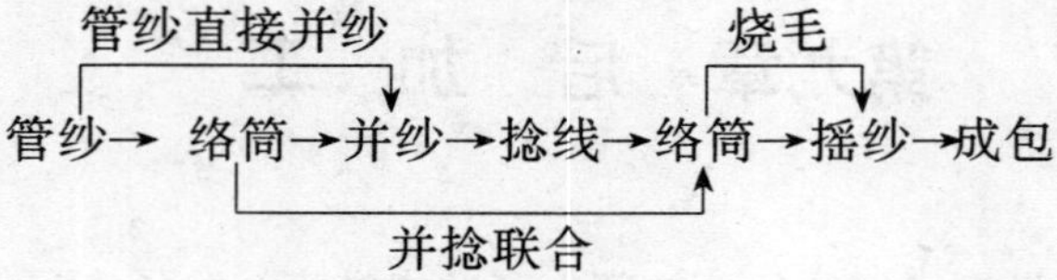

第二节 络 筒

络筒工序的任务是，在络筒机上把容量较少的管纱绕成容量大得多的筒子纱，并清除纱线上的疵点和杂质。其目的是：

1. 接长纱线，增加纱线的卷装容量，提高后续工序的生产效率。

2. 清除纱线上的疵点、杂质，改善纱线的品质。

根据上述任务，对络筒工序应有以下要求：

1. 不损伤纱线原有的物理机械性能。

2. 做成的筒子容量大，结构坚实，便于贮存和运输。

3. 成形良好，卷绕张力、密度始终均匀、适当。

4. 纱线的结头小而牢固。

关于络筒机的工艺过程、主要机构等内容，详见下册第一章，在此不再赘述。

第三节 并 纱

一、并纱的任务

并纱的主要任务是将两根以上的单纱并合成各股张力均匀的多股纱，并卷绕成筒子，供捻线机用，以提高捻线机效率。它是捻线之前的准备工序。

二、并纱机的工艺过程

并纱机按其卷绕成形装置的构造不同，通常可分为急行往复式及槽筒式等。目前，国内采用的多为1381型急行往复式并纱机。其工艺过程如图9-1所示。纱管或单纱筒子2插在机架两侧的铁锭1上，单纱通过导纱杆3、张力装置4、断头自停装置5、导轮6、导纱杆7，然后进入导纱瓷牙10的小槽内，通过胶木滚筒9的摩擦传动，交叉卷绕在筒管8上。每根单纱各自经过自停装置上的一根落针。当某一根纱断头时，落针下垂，则筒管被推开并被刹住。

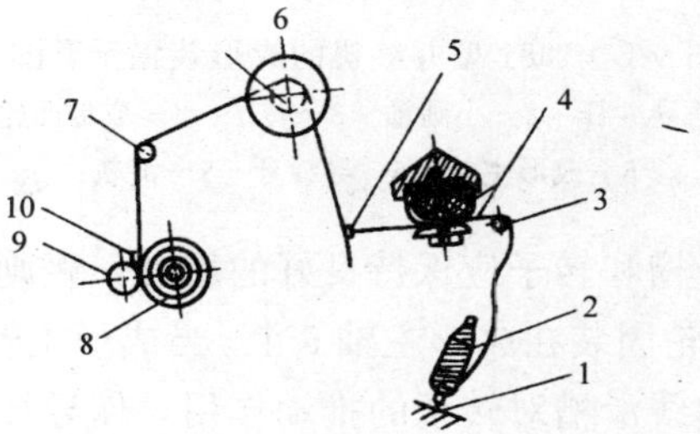

图9-1　1381型并纱机工艺过程简图

1—铁锭　2—纱管　3—导纱杆　4—张力装置
5—自停装置　6—导轮　7—导纱杆　8—筒管
9—滚筒　10—导纱瓷牙

三、并纱机的主要机构

并纱机的主要机构包括成形、防叠、断头自停和张力装置等。防叠装置和张力装置与络筒机相同。

（一）成形装置

并纱机的成形装置大多为交叉卷绕。1381型并纱机的成形装置如图 9-2 所示。导纱杆 1 套在小圆轴 2 和扁形滑轨 7 上，而它的另一端套有转子 3，且嵌入成形凸轮 4 的滑槽内。

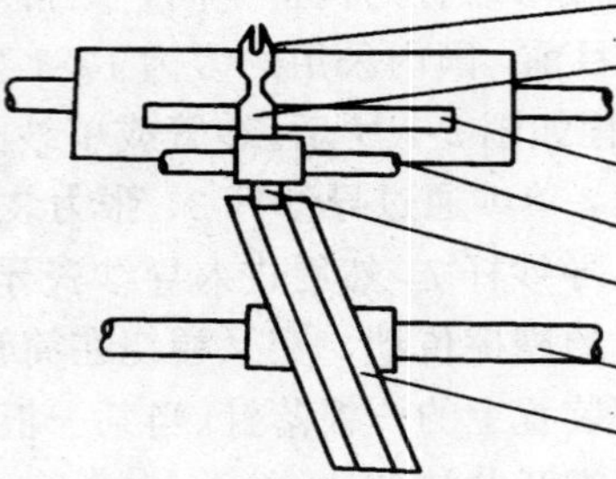

图 9-2　1381 型并纱机的成形装置示意图

1—导纱杆　2—小圆轴　3—转子　4—成形凸轮

5—成形主轴　6—导纱牙　7—滑轨

成形凸轮的滑槽和转子应保持良好的接触，否则会造成成形不良。成形凸轮固装在成形主轴 5 上。当成形主轴回转时，成形凸轮由于曲线滑槽对转子的推动作用，使导纱杆 1 沿着小圆轴 2 上的滑轨 7 作往复运动。装在导纱杆上的导纱牙 6 则带动纱线作往复运动，从而获得交叉卷绕的筒子。

由于该机导纱往复同滚筒回转分离，机构复杂，且因往复运动高速时会引起机身的剧烈振动，使车速提高受到限制，同时导纱有迟滞现象。因此，不少工厂将其改为槽筒式并纱机。

（二）断头自停装置

并纱时，必须保持股数准确。如发生单纱断头或某一管纱用完时，必须立即使筒子与滚筒表面脱开，避免股数不足的纱条绕进筒子而造成疵品。因此，并纱机的每只锭子都有一套断头自停装置。

第四节　捻　　线

一、捻线的任务

捻线工程是将两股或两股以上单纱合在一起，加上一定捻度，加工成股线。股线比同样粗细的单纱强力高，且均匀、耐磨，表面光滑美观，弹性及手感好。此外，也可将两股及两股以上不同颜色或不同原料的单纱捻合在一起，做成花式线或多股线，以进一步满足人民生活及国防工业上的需要。

二、环锭捻线机的种类与工艺过程

国内目前广泛采用的捻线机有 A631 型、A632 型系列两种基本类型，它们均为连续式环锭捻线机。根据加捻方法来分，有单捻捻线机与倍捻捻线机两种。根据股线的形式来分，有普通捻线机与花式捻线机；根据股线是否着水来分，有干捻与湿捻捻线机两种。

图 9-3 为棉纺用 A632 型捻线机的工艺过程。左边纱架为捻线专用，喂入并纱筒子；右边纱架为并捻联合专用，喂入圆锥形单纱筒子。现以右边纱架说明其工艺过程：圆锥形筒子上引出的纱，通过导纱杆 1、导纱器 2 进入下罗拉 5 的下方，经过上、下罗拉钳口，绕过上罗拉 3 引出，并通过断头自停器、导纱钩 6 及钢领上回转的钢丝圈，最后绕在筒管上。

A632 型捻线机采用干捻，因为干捻的产量高，疵品和断头少。生产衣着用线绝大多数采用干捻。湿捻是在未加捻前先将并纱经过水槽浸湿，水分渗入纱线内部，使毛羽紧贴股线表面，因而股线表面光洁，飞花减少，捻度稳定，并可改善股线弹性及强力。但由于加工比干捻复杂，钢领必须加润

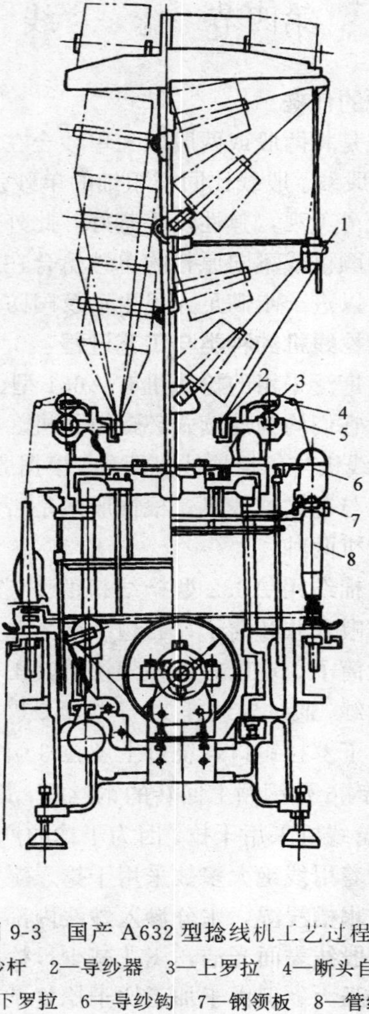

图 9-3　国产 A632 型捻线机工艺过程

1—导纱杆　2—导纱器　3—上罗拉　4—断头自停器

5—下罗拉　6—导纱钩　7—钢领板　8—管纱

滑剂，因而容易沾污纱线，产生疵品，如油污、水污、发霉、泛黄等；其操作和维修工作量也较大，因而只有轮胎用的帘子线及其他特种用途的线才采用湿捻。

三、股线股数、捻向及捻系数的确定

（一）股数

一般衣着用线采用两股并合已能达到要求。股数太多既不经济，又粗厚，服用性能差。对强力和圆整度要求较高的股线，如缝纫线一般采用三股。当捻合的股数超过 5 股以上时，容易使某根单纱进入中央空隙而形成纱芯（图 9-4），以

图 9-4　股线捻回的不匀性

致使单纱受力不均匀，股线结构不稳定，降低了并捻效果。因此，一般捻合 5 股以上单纱，常用复捻方式进行捻合。例如，加工棉帘子线时，采用 27×5×3 的组织结构，即单纱为 27tex 纱，初捻 5 股并合，复捻 3 股并合，这样，共并合 15 根单纱。

（二）捻向

合股线的加捻方向对股线的质量影响很大。在股线一次加捻时，如采用反向加捻（与单纱捻向相反），可使股线中各根纤维所受的应力比较均匀，能增加股线强力，且手感柔软，光泽较好，捻回稳定，捻缩较小。所以绝大多数股线都采用反向加捻。

同向加捻（与单纱的捻向相同），采用较小的股线捻系数，即可达到所需的强力，捻线机的产量也可以提高。这种股线比较坚实，光泽和捻回稳定性差，伸长大，且股线外紧内松，具有回挺性高、渗透差的特点。适用于编制花边、渔网及一些装饰性织物。

生产上为了适应棉纺细纱挡车操作，一般单纱都采用 Z 捻，而捻线机挡车接头与捻向无关（股线接头用打结的方法）。复捻时，为了使捻度比较稳定，常采用 ZZS 或 ZSZ 这两种加捻方式。

（三）捻系数

捻系数与股线性质关系密切，应根据股线不同的用途，选用合适的股线捻系数。

股线捻系数的选择，还应结合单纱捻系数综合考虑。强捻单纱股线与单纱的捻系数比（简称捻比，即$\frac{\text{股线捻系数 } \alpha_1}{\text{单纱捻系数 } \alpha_0}$）可小些，弱捻单纱股线与单纱的捻比可大些。

衣着织物的经线要求股线结构内外松紧一致，强力高，其捻比$\frac{\alpha_1}{\alpha_0}$一般在 1.2～1.4 范围内（双股线）。如要求股线的光泽与手感好，则股线与单纱两者捻系数的配合应使表面纤维轴向性好，这样，不仅光泽好，而且轴向移动时的耐磨性也好，股线结构外松内紧，因此手感较柔软，对染整液的渗透也有利。当捻比$\frac{\alpha_1}{\alpha_0}$为 0.7～0.9 时，外层纤维的轴向性最好。但对不同用途的股线，还应考虑它的工艺要求和加工方法。例如，纬纱用线虽然也要手感柔软，但是为了保证织物纬向强度，捻比不能过低，一般在 1.0～1.2 范围内。

四、倍捻机

倍捻机的特点是：锭子转一转，可对纱线加上两个捻回。图 9-5 为倍捻捻线加捻过程示意图。被加捻的并纱筒子套在静止的空心管上。并纱 A 从筒子顶端引出，经过空心管，再进入锭管与储纱盘的径向孔，储纱盘随锭子一起回转。随着锭子的每一回转，并纱先加上一个捻回，如 B 段。这段已加上捻回的纱条，从储纱盘的径向孔眼 D 出来并引向上方。随着孔眼的回转，纱条又被加上一个捻回，如 C 段。这样，锭子一转，就对纱条加上两个捻回。

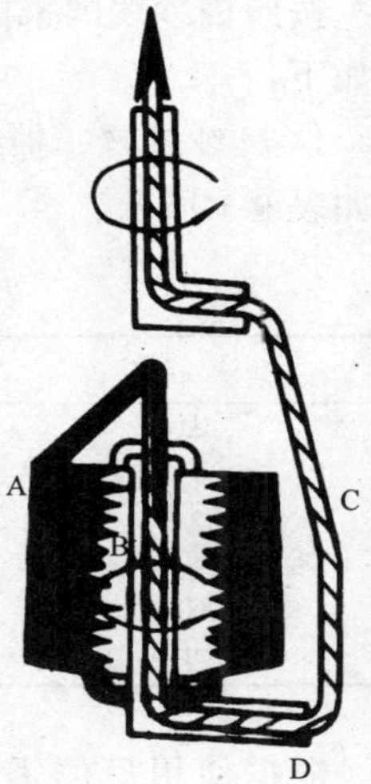

图9-5　倍捻原理示意图

与环锭捻线机相比，倍捻机有以下优缺点：

优点：锭子一转可得到两个捻回，能提高产量，并能做成大卷装的筒子，省去一道络筒。由于加捻不用钢领、钢丝圈，锭速不受钢丝圈速度的限制，且可以减少纱线油污。

缺点：锭子结构复杂，接头麻烦，单位产量耗电大。

近年来，倍捻机有很大发展，并制成了各种型式的轻型、中型和重型倍捻机，分别用来加工棉、毛、麻、化纤（包括长丝和变形丝）等各种纱线。

第五节　摇纱与成包

一、摇纱与成包的任务

摇纱的任务是，将络好的筒子纱按照规定的重量摇成绞纱，以便成包。准备进行漂白、染色、丝光等加工的纱线，也需摇成绞纱。成包的任务是，将绞纱按规定的重量压缩体积、包装起来，便于运输和储藏。

二、绞纱与成包规格

按照棉纱线国家标准GB/T398－93规定，绞纱与成包规格如下：

1．绞纱规格　棉纱（线）在8.5%回潮时，小绞重量系列如表9-1所示。

表9-1　小绞重量系列

绞　数	回潮率8.5%时重量/g
$\frac{1}{4}$绞	12.5
$\frac{1}{2}$绞	25
单绞	50
双绞	100
四绞	200

根据使用厂的需要，绞纱每绞重量也可以为31.25g、62.5g、78.125g、12.5g等。

2．成包规格

(1) 小包：棉纱回潮率为8.5%（化纤纱按不同化纤原料的公定回潮率）时，每小包纱的重量为5kg，折合干重为4.608kg。每小包中有100只单绞，若干单绞合并为一个大绞（又称团），小包内大绞数（团数）因每绞重量不同而变化，如表9-2所示，可按下式计算：

$$每小包重量/kg=\frac{每小绞重量/g\times 每团小绞数\times 每小包团数}{1000}$$

$$每小包团数=\frac{1000\times 每小包重量/kg}{每小绞重量/g\times 每团小绞数}$$

$$=\frac{5000}{\text{每小绞重量/g}\times\text{每团小绞数}}$$

例 每小绞重量为31.25g，每团5小绞，计算每小包团数。将数字代入上式，得：

$$\text{每小包团数}=\frac{5000}{31.25\times5}=32\text{团}$$

表9-2 成包规格

每小绞重量/g	31.25	50		62.5		78.125	100	125	200
小绞/每团	5	5	4	4	5	4	2	2	1
团/每小包	32	20	25	20	16	16	25	20	25

（2）中包、大包：每20个小包为一中包，中包重量=20×5=100kg，每100kg为一件纱，每10件纱重1t。每40个小包为一大包，故大包重量=40×5kg=200kg。

三、筒子成包

筒子成包，每包筒子在公定回潮率时净重50kg。两个筒子包为一件纱，每包筒子的称见重量可按下式计算：

$$\text{称见重量}=G+\text{袋皮重}+\text{空筒管重}$$

式中G为每包筒子在实际回潮率的净重（kg）。

$$G=G'\times\frac{100+\text{实际回潮率}}{100+\text{公定回潮率}}$$

式中G'为每包筒子在公定回潮率时的净重（kg）。

第十章　毛、绢、麻纺纱系统简介

第一节　毛纺纺纱系统

一、毛纺概述

（一）毛纺原料

毛纺的原料主要有绵羊毛和毛型化学纤维，辅助的原料还有特种动物毛（如山羊绒、兔毛、骆驼毛、牦牛毛、马海毛等）和其他天然纤维（如改性麻、绢丝等）。毛型化纤主要有腈纶、涤纶、粘胶、锦纶以及不断开发生产的异形纤维、复合纤维、高技术功能纤维等。

（二）毛纺加工系统

毛纺加工系统通常分为粗梳毛纺和精梳毛纺两大类，并分别派生出半精梳加工系统和非织造布生产系统。

1. 粗梳毛纺系统　产品主要有粗纺呢绒类（如麦尔登、大衣呢、粗花呢等）、毛毯、地毯、工业用呢及少量的粗纺针织纱等。

粗纺毛纱的共同特点是纱支较低（500～50tex），纱线中纤维没有精纺毛纱那样伸直平行，纱线表面还有毛茸。一般粗梳毛纺工序少，流程短：

原毛──→初步加工──→和毛加油──→梳毛──→细纱

2. 精梳毛纺系统　产品主要有精纺毛织品（如哔叽、华达呢、凡立丁等）、绒线（包括针织纱）和长毛绒三大类。

精梳毛纱一般较细22.2～13.9tex，绒线类产品纱支一般为166.7～18.5tex，对纱的条干、强力等要求较高，因而对原料的长度、线密度及其均匀度等要求也较高，一般用同质毛，不掺用回用原料；纺纱过程所经过的工序如下：

原毛──→初步加工（洗净毛）──→毛条制造──→（条染复精梳）──→前纺工程──→后纺工程

加工精纺毛织品用的高支纱，尤其是混色纱，在毛条制造和前纺工程之间需增设条染及复精梳工序；对于低支纱或纯化纤绒线，前纺工序亦可简化缩短。

除了上述两大系统外，还有一种“半精纺”系统，即梳毛机下来的毛条不经过精梳及其前、后配套的针梳，而直接进入前纺针梳机的工艺流程，相当于不配精梳的普通精纺系统。因为跳过了精梳，须条中的短纤维就较多，而细纱牵伸不可能太高，纺成的纱也较粗，一般为30～25tex左右，主要用于织一些密度不大的花呢类产品。

二、羊毛初步加工

直接从绵羊身上剪下来的毛纤维称为原毛。原毛中夹带有生理上的和生活环境中的各种杂质，如羊毛脂、羊汗、草刺、砂土等。羊毛初步加工的任务就是对不同质量的原毛进行分选，再采用一系列机械与化学的方法除去原毛中的各种杂质，使其成为洁白纯净符合后道加工生产要求的羊毛纤维(净毛)。

羊毛初步加工的工艺过程为：

原毛──→消毒──→选毛──→开洗烘洗毛联合机──→（炭化）──→洗净毛

（一）羊毛消毒

从羊身上剪下的有些羊毛带有布氏杆菌或炭疽菌，有害人体健康。工厂中采用原毛储存的办法进行消毒，效果很好。一般储存6～9个月。

（二）选毛

选毛是根据产品质量要求，按“优毛优用”的原则对不同质量的原毛进行分支与分级，做到经济合理地使用原料。

（三）洗毛

洗毛是利用机械作用和化学作用从原毛中去除脂汗、植物性杂质（草杂）和大部分矿物性杂质（土杂）以及蛋白质污染物等，从而获得洁白松散、符合后工序加工要求的洗净毛。洗毛常用非离子型和阴离子型以及复合型合成洗涤剂。我国目前工厂常用的洗毛设备是耙式洗毛机，它由机械开松、多槽洗涤和烘干三部分组成，中间有自动喂毛机连接，又称开洗烘联合机。其他进口的洗毛设备还有：WRONZ型小槽洗毛机，Lo-flo型洗毛系统和Siro型洗毛机等。

（四）炭化

粗纺产品及少部分精纺产品有时需经过炭化工序，即利用化学及机械的方法除去羊毛中所含的植物性杂质。炭化的机理主要是利用羊毛纤维较耐酸而植物性杂质不耐酸的特点，用酸液浸泡含草杂的羊毛，然后再把它烘干，草杂因被脱水而变为易碎的炭质，可经搓压、打击和气流的作用使杂质与羊毛分离。炭化后的羊毛纤维强力多少有点损伤，故多数精纺原料不经炭化工艺。

三、粗梳毛纺系统

（一）配毛与和毛加油

不论是粗纺还是精纺产品，一般都是几种原料互相搭配使用。和毛的主要目的是使几种搭配的原料得到充分混合，同时对原料进行初步开松与除杂。为了防止纤维进一步损伤和减少静电的影响，和毛时需适当加入一些和毛油和抗静电剂，使混料具有一定的回潮和一定的含油量。

粗梳毛纺采用散毛混合，主要通过机械按“横铺直取”的原则铺层混合，同时加入和毛油。和毛油由油、乳化剂及水等组成。加油通常用喷雾法，即用喷嘴喷撒。抗静电剂在选用时要考虑纤维的不同性质。对混纺产品的原料，和毛油通常只加在羊毛上。

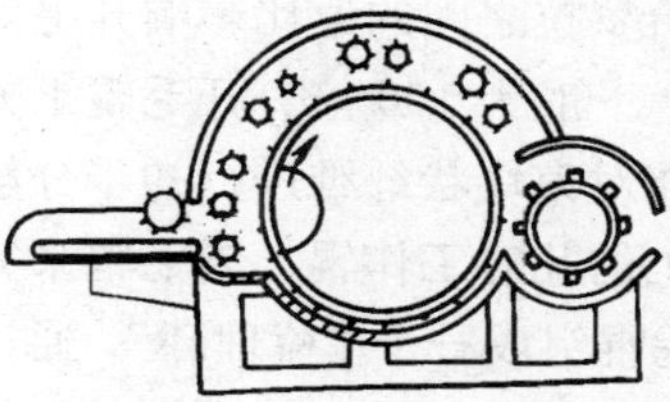

图 10-1　B261 型和毛机示意图

和毛加油的主要设备是和毛机，国产 B261 型和毛机工艺简图如图 10-1 所示。

（二）粗纺梳毛工程

经过和毛加油以后羊毛混料还呈块状、束状且含有大量杂质，而化纤混料中纤维呈紊乱状态，也夹杂有纤维束。粗纺梳毛机的任务就是要彻底松解混料，使纤维混合均匀，除去大小杂质并伸直纤维，制成有一定卷装形式的粗纱（也称小毛条）供细纱机使用。梳毛是粗梳毛纺中的关键工序，其任务由粗纺梳毛机来完成。国产粗纺梳毛机属罗拉式梳理机，有二联式和三联式两种，分别用于纺低、高支粗纺纱。梳毛机的基本组成部分是自动喂毛机、预梳机、梳理机、过桥机和成条机。有些梳毛机还有压草机构。图 10-2 是国产 BC272B 型二联式粗纺梳毛机的工艺简图。该机的主要特点是配有二节梳理机，在每节梳理机上有 26 个作回转运动的工艺部件，分别完成分梳、剥取及起出作用。

梳毛机的工艺过程是由称重式自动喂毛机定时定量喂入混料，再由喂毛帘子将混料喂给预梳机。预梳部分由一对喂给罗拉、开毛辊、胸锡林及其上的两对工作辊、剥毛辊组成。开毛辊速度与喂给罗拉之间的速比影响开毛效果，速比太大也可能损伤纤维，一般为 100 倍。开毛辊下方有除草刀及漏底。预梳部分只能对束块状纤维进行初步分解，彻底的梳理作用由锡林及其上的几对工作辊、剥毛辊来完成。锡林与每一对工作辊、剥毛辊组成一个“梳理环”，通过梳理环内各部件的回转方向、速比与针向的合理配置（一般锡林线速度大于剥毛辊，工作辊线速度最小），使得由锡林带来的纤维在锡林和工作辊的针面间发生分梳作用。部分纤维随工作辊带向剥毛辊，经剥毛辊的剥取再交给锡林，如此反复在几个梳理环内发生梳理与混合均匀作用。锡林针布上被梳理成单纤维状的薄毛层被风轮提升后由道夫凝聚、分梳并转移部分纤维，再由高速摆动的斩刀将道夫上的纤维剥下形成毛网，由输毛帘输出给自动折叠毛帘式过桥机，由过桥机将毛网纵向折叠和横向铺层，以加强混和并提高产品的均匀度。第二节梳毛机的工作过程与第一节基本相同，只是最后由斩刀剥下的毛网被成条机分割成小毛带，经搓捻与卷绕作用，制成有一定强力的小毛条（粗纱），最后卷绕成许多个小毛饼，以供细纱机加工成粗梳毛纱。

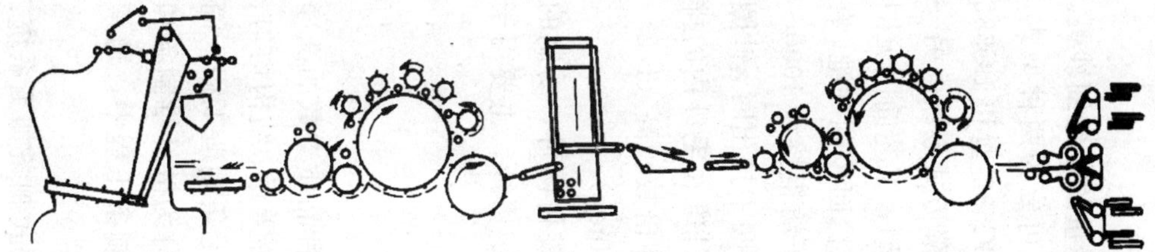

图 10-2　BC272B 型二联式粗纺梳毛机工艺简图

图 10-7　精梳毛纺系统工艺流程图

（三）粗纺纺纱工程

由梳毛机生产出来的粗纱直接送到粗纺细纱机上经牵伸、加捻和卷绕等作用纺制成毛纱。

粗纺细纱机大多是环锭细纱机，还有少量的走锭细纱机。

国产粗纺环锭细纱机按牵伸机构不同可分为两种型式，一种是离心钳式假捻牵伸细纱机，例如 BC582 型和 BC583 型，工艺简图如图 10-3 所示，采用锭子升降方式卷绕；另一种为针圈式牵伸机构细纱机，例如 BC584 型，工艺简图见图 10-4 所示，采用钢领板升降。前者利用假捻捻回控制纤维，有一定的匀整作用，但牵伸倍数低，一般用于纺粗特纱 1000～125tex；后者利用针圈控制纤维，纤维从针圈中拉出时，针圈对纤维有一定的伸直和梳理作用，从而使纤维在毛纱内的排列比较平直，成纱光洁，条干较均匀，牵伸倍数较高（1.2～2.8 倍），适用于纺中、细特毛纱（125～50tex）。

走锭细纱机分为立锭走架机和立架走锭机两种，纺制的毛纱均匀度好，较适于纺高支低捻度的针织用纱，主要用于特种动物纤维原料的纺纱工艺。

四、精梳毛纺系统

（一）毛条制造

在精梳毛纺加工系统中，必须先把各种品质支数的洗净毛、化纤短纤维加工制造成为具有一定单位重量、结构均匀、品质一致的精梳毛条，这一加工过程称为毛条制造工程，简称制条。根据所用原料不同，毛条制造可分为散纤维制条和化纤长丝束直接制条两种方法。在散纤维制条工程中，通常分为法式系统和英式系统两大类。

对于加工细而短的散状混料，多采用法式制条加工系统：

洗净毛⟶和毛加油⟶精纺梳毛⟶2～3 道交叉式针

图 10-3 QBC582 型细纱机工艺过程示意图

图 10-4 BC584 型细纱机工艺过程示意图

梳──→（直型）精梳──→条筒针梳──→复洗（复洗针梳）──→末道针梳──→精梳毛条（干毛条）

对于加工长而粗的散状混料，多采用英式制条加工系统：

洗净毛──→和毛加油──→精纺梳毛──→开式针梳──→复洗──→开式针梳──→成球──→圆型精梳──→条筒针梳──→末道针梳──→精梳油毛条（含油率 3%～4%）

对于加工化纤长丝束，则采用化纤直接制条法。这种方法又有切断法和拉断法之分。

1. **和毛加油** 在精梳毛纺工程中，原料的搭配有两种方式：一种是采用散毛搭配，即梳条配毛；另一种采用毛条搭配，也叫混条。梳条配毛是将几种不同原料进行适当的搭配，以保证毛条成品的质量稳定。混条主要是将不同颜色、不同性质的毛条进行均匀的混合，以达到增加花色品种、保证产品质量的要求。但是在一般情况下，梳条配毛不能代替纺纱时的混条。

制条混料的开松设备也采用 B261 型和毛机。但近来为了提高劳动生产率和实现和毛、加油、梳毛的连续生产线，采用了气流输毛的方法，即混料由和毛机的鼓风机打出后，经管道运输直接送到梳毛机的喂毛斗内。加油在和毛机出口处用喷雾方式进行，这样加油比较均匀。

2. 精纺梳毛工程　精纺梳毛的主要任务类似于粗纺梳毛，即开松梳理、清除杂质、混合并伸直纤维、制条卷装。

精纺梳毛机梳理作用的基本原理与粗纺梳毛机基本相同，但精纺梳毛机中不采用过桥机构，毛网集合成条，半制品卷装采用成球机或圈条器以利梳毛机的高速。一般均配有较完备的去草装置。

国产 B272 型精纺梳毛机由自动称重式喂毛机，预梳机，梳理机和出条四部分组成。其工艺简图如图 10-5 所示。

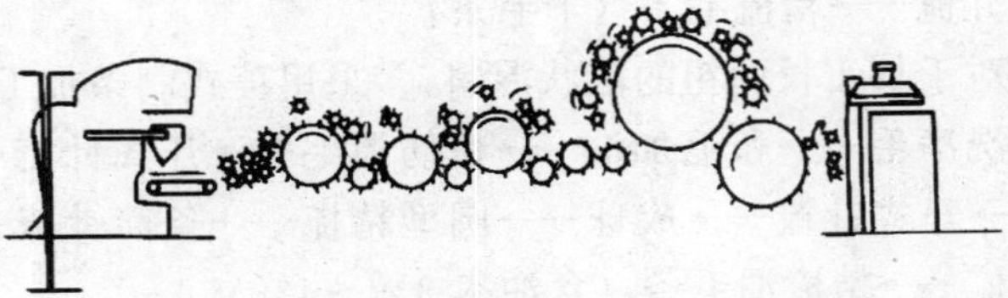

图 10-5　B272 型精纺梳毛机的工艺简图

3. 针梳与复洗　在精梳毛纺中，针梳机反复应用于制条与前纺。其工作原理为：在前后罗拉组成的牵伸区中，有以后罗拉速度运动的针排，形成较长的中间控制区，毛条中纤维在牵伸过程中受前罗拉握持高速运动时，不仅受到邻近纤维的摩擦作用，也受到针排的控制及理直作用，梳毛之后的弯钩纤维经两次针梳后弯钩能大部分消除。此外，由于针梳机是多根喂入，故还有并合作用和混和作用。

根据针排结构，针梳机可以分为开式、交叉式和半交叉式几种。其中交叉式针梳机使用较多。

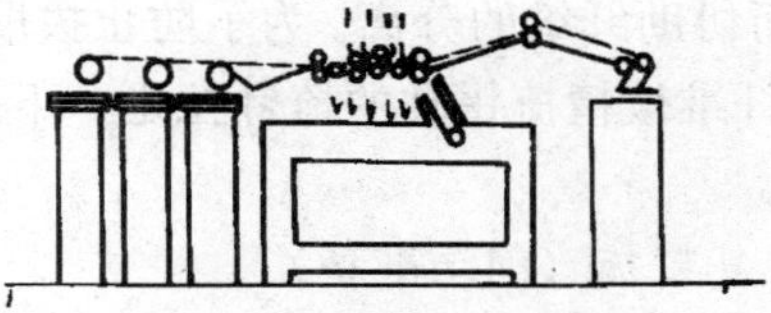

图 10-6　68 型针梳机的工艺简图

国产 68 型针梳机各型号的基本结构相同，由喂入部分、交叉式梳箱部分和出条成形部分组成。其工艺简图如图 10-6 所示。主要部分是梳箱，梳箱由四层 88 块针板组成。针板的移动由两对工作螺杆与两对回程螺杆等部件完成。

毛条的复洗是制条过程中的一个重要工序，羊毛纤维自然卷曲及卷缩恢复的趋势会妨碍纺纱过程的顺利进行。采用复洗和烘燥的目的在于使纤维充分浸湿，高度柔软，然后在适当的拉伸张力下烘燥，通过热定型获得消除卷曲，稳定平伸度和捻度的效果，为纺纱过程的顺利进行奠定良好的基础。此外，复洗可使毛条消除由于前道工序的机械作用而产生的纤维内部疲劳应力，恢复在精梳机上消失的光泽，还能使纤维长度有所增加。通过复洗还可清除毛条中的各种杂质。

复洗后的毛条一般需经针梳后再卷绕成球。复洗针梳的工艺简图如图 10-7 所示（见 267 页）。

4. **精梳工程**　目前使用的精梳机有直型和圆型两种。国产 B311C 型直型精梳机由喂入机构、钳板机构、梳理机构、拔取分离机构、清洁机构和出条机构等组成，其工艺简图如图 10-8 所示。它与棉纺精梳机相仿，是间歇动作的。由一对喂给罗拉以及给进盒 1 和给进梳 2 实现喂给；当拔取罗拉正转实现分离时，铲板 3 托持须丛头端，送给拔取罗拉钳口，以帮助分离与接合。4 为打断刀，在拔取罗拉正转实现分离的同时，上打断刀下降，下打断刀上升，成交叉状运动，以打断过长纤维，从而协助纤维的分离。为了防止拔取罗拉倒转时，已倒入机内的纤维被精梳锡林的梳针拉走，下打断刀还起挡护须丛的作用。

（二）条染复精梳（前纺准备）

精纺毛织物花色品种繁多，其染色加工一般有：条染、匹染、筒子纱染色、经轴染色和毛条印花等。

单色织物以匹染为主。优点是工艺流程短（不需要条染复精梳工序），原料损耗低，织物手感较丰满。缺点是花色品种单一，易产生色差、经纬档、条痕等疵点。混色织物以条染为主。经过条染复精梳的产品，一般具有混合均匀、纱疵少、身骨挺实、呢面光洁、织纹清晰以及染色牢度高等独特风格。即使是单色产品，为了减少色差，也可采用条染复精梳工艺。其缺点是工艺流程和生产周期长，增加了原料损耗和产品成本。近年来部分条染产品被筒子纱染色所代替。

条染复精梳介于毛条制造与前纺之间，亦称前纺准备。一般条染产品采用如下工艺流程：

松团──→装筒──→染色──→脱水──→复洗──→混条（1～2道）──→针梳（1～2道）──→精梳──→条筒针梳──→末道针梳

（三）前纺工程

前纺工序很长，各机台的基本作用归纳起来主要是牵伸、并合、加捻和卷绕及其他一些辅助作用。其中牵伸是最主要的作用。精梳毛条是在4～7道前纺机台上被抽长拉细成粗纱的，这个过程就是牵伸。

国产68型前纺设备工艺流程：

B412型混条机──→B423型头道针梳机──→B432型二道针梳机──→B442型三道针梳机──→B452型四道针梳机──→B463（或B465A）型铁炮粗纱机

图 10-8　B311C 型直型精梳机的工艺简图

1—给进盒　2—给进梳　3—铲板　4—打断刀

前纺粗纱机按加捻方法不同可分为无捻（搓捻）和有捻（弱捻）两种形式。其中无捻（搓捻）粗纱机车速高、机构简单、维修方便；而有捻（翼锭）粗纱机铁炮变速，卷装大，适应性广，纺细纱时断头少，制成率较高，但质量较搓捻粗纱机加工纯毛纱时为差。

国外的无捻粗纱机正向高速和高自动化方向发展。有的为了在高速时减少纱条纺出冲力干扰，采用直立式牵伸机构；为了维持高速下的搓捻强度，采用双搓板，其搓捻速度可达 1000 次/min，出条速度达 150m/min；配有全自动落纱。翼锭粗纱机的发展方向是高速、低噪声，方便落纱，简化调节等。例如，采用吊锭翼，齿形带传动，大卷装，锭速可达 1400r/min；卷绕速度和张力调节不用铁炮而改用 PIV 无级调速和探测装置；半自动落纱能自动生头。

搓捻粗纱机的工艺简图如图 10-7 所示。末道粗纱采用梳针较细、较密的针筒牵伸装置，也有的采用单（双）皮圈牵伸机构。

（四）后纺工程

后纺工艺流程如下：

细纱——→并线——→捻线——→蒸纱——→络筒

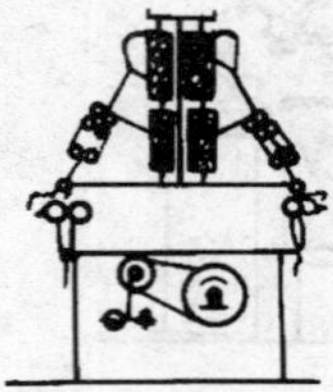

图 10-9　B583C 型改进型细纱机的工艺简图

精纺细纱设备主要是传统细纱机。国产 B583 型的改进型细纱机在配用 SKFPK1601 大摇架牵伸机构后，基本上可以满足生产要求。其工艺过程示意图如图 10-9 所示。

毛纺捻线机有环锭与倍捻两种。采用倍捻捻线机时，后纺工艺流程如下：

细纱——→络筒——→并线——→倍捻——→蒸纱——→筒子纱

蒸纱是对毛纱进行热湿处理。目的主要是为了消除静电和纺纱加工过程中纱线的内应力，恢复纱线在加工过程中失去的弹性，稳定纱线的捻度，利于后道工序的加工和保证纱线的质量。

第二节　绢纺纺纱系统

把天然丝纤维加工成纱线（绢丝及䌷丝）的工艺过程称为绢纺工程。绢纺工程的加工对象是养蚕、缫丝及丝织业的疵茧、下脚和废丝。因为丝纤维细而长，光泽优雅，吸湿性好，所以这种疵茧和废丝仍然是一种贵重的纺织原料，可以纺制细特绢丝，织成名贵衣料。

一、绢纺原料

绢纺原料来源广泛，种类繁多，性质差异很大。一般按蚕种分，可分桑蚕原料，柞蚕原料和蓖麻蚕原料三大类。其中常用的是桑蚕原料，现将桑蚕绢纺原料的种类特性简要介绍如下：

1. 长吐　是缫丝索绪时得到的废丝，分手扯长吐和机开长吐两种。长吐是上等绢纺原料。整理长吐时落下的短丝头，经整理后称为短吐，质量比长吐差。

2. 茧类　即不能缫丝的疵茧。属茧类的有：

（1）双宫茧：由两条及两条以上的蚕同营一个茧，称为双宫茧。其形状比普通茧大，茧丝排列交错紊乱，是上等的绢纺原料。

（2）黄斑茧：黄斑茧的茧层被其他蚕的排泄物所污染，形成大小和程度不一的黄色污渍。污染较轻的黄斑茧也是绢纺的上等原料。

（3）蛆茧：蛆茧又名穿头茧，茧层上有小孔，该处的纤维被切断，不能缫丝，是上等的绢纺原料。

（4）汤茧：汤茧是缫丝时索不出绪丝的茧子，丝色较差，但丝质尚可。为绢纺的中等原料。

其他茧类还有口类茧、柴印茧、血茧等。

3. 滞头　缫丝时落下的蛹衬经过发酵和化学药品的煮炼，再经机械扯松，去除蛹体而得。其纤维强力小，是绢纺的低级原料。

4. 茧衣　蚕在营茧时，先吐出含胶量很多的细丝，作为营茧的基础。这种包围在蚕茧外面的乱丝称为茧衣，在缫丝前，必须将其剥除。其纤维细而发脆，强力差，含胶量多达42%～48%，是绢纺的较差原料。

5. 其他　如缫丝厂和丝织厂所产生的废丝，纤维长，品质好，色泽白，强力高，也是绢纺的好原料。

由于废丝和疵茧都含有大量丝胶，油脂，蜡质以及其他污物，所以绢纺原料必须经过精炼之后才能纺纱。精炼的目的是：去除大部分丝胶、油脂和污物，使丝纤维洁白并呈现出丝素固有的光泽，同时使纤维易于松解，以便于后工序加工。

为了充分利用原料并发挥其纺纱性能，绢纺可分为绢丝纺系统和䌷丝纺系统两种。前者纺纱特数低，用于织造薄型高档绢绸；后者纺纱特数高，成纱疏松，有毛茸，别具风格。

二、绢纺系统

绢纺工艺流程分精练、制绵和纺丝等几个阶段。

（一）精练工程

1. 精练前原料的选别和除杂　由于绢纺原料品种差异大，故加工之前应先经过选别，即根据原料的含脂量、含油量、色泽和强力进行分类，以便分别进行精练处理。目前工厂大都采用人工选别，在选别的同时将原料中的草屑、麻线、头发等杂质拣除。有的还需进行机械除杂、化学除杂或干茧切开除蛹。

2. 精练　精练包括脱脂和脱胶，是把丝纤维上的脂蜡和大部分丝胶除去。除胶多少对丝素质量、后工序加工及生产成本等有影响。目前生产厂控制残胶率在3%以下。丝纤维上的油脂对丝素既无保护作用，又不利于加工的顺利进行，故应尽量除净。丝纤维上的残油率一般不超过0.3%。

脱胶是利用丝胶易溶于水而丝素难溶于水的特性来完成的。在练液中加入一定的催化剂可缩短精练时间，以减少因处理时间长和水温高时对丝素的不良影响。

绢纺精练方法有自然发酵法、酶练法和化学精练法。化学精练法是利用丝胶的两性性质，在练液中加入酸或碱作催化剂，能加速丝胶的溶解过程。具体分碱精练、皂碱精练和酸精练三种。其中皂碱精练应用较多，以中性的橄榄油皂为最佳。酶练法和自然发酵法都是利用酶来完成精练．所不同的是后者是把绢纺原料与微生物放在一个容器内，使之在人工控制的条件下（温度、pH 值及通气性），通过微生物的代谢活动而生成酶；而前者则是将微生物体内的酶提取加工成酶制剂，然后用于精练。酶是具有蛋白质性质的催化剂，它比酸碱等无机催化剂催化能力大的多。因此，只用少量的酶就可在常温常压和酸碱值差异不大的情况下，迅速达到脱胶脱脂的目的。自然发酵法效率较低，但脱胶脱脂效果好，特别是对于较差的重油汰头等效果更好。

3．**精练后处理**　包括洗涤、脱水和烘干等工序．主要目的是除去残留在纤维上的练液和浮渣，制成精干绵。

（二）制绵工程

制绵工程的任务是对精干绵进行适当混合，充分开松，细致梳理，除去杂质、绵粒和短纤维，制成纤维伸直平行度和分离度好，且有一定长度的精梳绵。

制绵工程中传统的工艺路线是圆梳工艺，其流程为：

精干绵⟶选别⟶给湿⟶调合⟶开茧⟶切绵⟶梳绵⟶排绵

新的工艺路线是精梳工艺，流程为：

精干绵⟶开松⟶罗拉梳绵⟶理条Ⅰ⟶理条Ⅱ⟶精梳⟶（并条工程）

精梳工艺所纺绢丝的质量不如圆梳好，制成率低，还不能完全取代圆梳工艺，多用于加工下等原料，纺中粗特绢丝。实际生产中还有采用混合式的第三种制绵工艺路线，即精干绵先经圆梳工艺提取一定数量的长纤维，用以纺制特细、特优的绢丝，而将其圆梳落绵再用精梳工艺制成精梳绵。这样可在一定程度上扬长避短，取得较好效果。其工艺路线如下：

甲球→开茧→切绵→圆梳 Ⅰ→精梳 Ⅰ

↓落绵

丙球——→开茧或开松——→罗拉梳绵——→理条——→ 精梳→精绵条

↓

落绵送䌷丝纺

鉴于精梳工艺的加工过程、机器设备与精梳毛纺相类似，故在此着重介绍圆梳工艺的制绵过程。

1. 精干绵的选别　在送进制绵车间之前，精干绵须先经选别，以拣出精练质量不良的生硬固块，并剔除部分杂质，初步扯松缠结的丝纤维。

2. 精干绵的给湿　给湿的目的是柔化纤维，减少加工过程中的纤维的损伤、落绵及静电现象。常用的给湿方法有人工给湿、机械给湿和自然给湿。给湿要求乳化液渗透均匀，给湿后精干绵的回潮率应达到 10%～11.5%。

3. 精干绵调合（配绵）　配绵是为了合理利用原料，在保证绢丝品质优良、稳定的基础上降低纺纱成本。

精干绵的调合是按原料的优劣调合成 2～4 种调合球，不同的调合球在圆梳工艺中可采用不同的工艺道数。上等调合球（甲球）可采用 3～4 道圆梳，中等调合球（乙球）一般经 2～3 道圆梳，下等调合球（丙球）则只梳两道。

由于精干绵纤维长，纠缠严重，不易松解，难以做到混合均匀，故只能采用少量混绵，即每只调合球重 400～500g。

4. 开绵（开茧）　配好的调合球首先要经过开绵机加工。开绵的目的是扯松纤维，除杂混合，最后将每个调合球加工成一张厚薄均匀的绵张，再手工绕成一只开茧球。

开茧机的结构如图 10-10 所示。

按工艺规定的铺绵顺序、宽度及长度，将调合球平铺在喂绵帘 1 上，经刺辊 2 与持绵刀 3 构成的握持钳口，纤维被

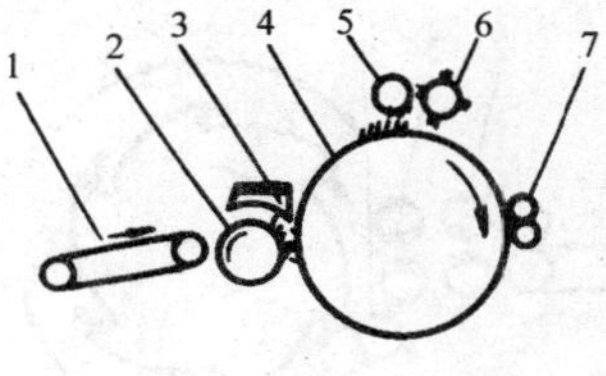

图 10-10 开茧机工艺简图

1—喂绵帘 2—刺辊 3—持绵刀 4—锡林

5—工作辊 6—毛刷 7—剥绵罗拉

高速回转的锡林 4 抓取，受到扯松作用初步伸直。由于锡林和刺辊速比很大，被抓取的纤维一层层地绕在锡林上，使不同的精干绵进行混和。被抓取的纤维块受到工作辊 5 的进一步开松。毛刷 6 的作用是将锡林表面的纤维压入针根，同时帮助工作辊上的纤维向锡林转移。当一只调合球完全绕在锡林上后即关车，沿锡林表面无针区将绵层横向剪断，再借剥绵罗拉 7 将绵层从锡林上退绕下来，经手工绕成开茧球。

5. 切绵 开茧绵张中的纤维长度长，多呈束状，并夹有杂质，必须切短才能进一步加工。

切绵机工艺简图如图 10-11。

2～3 层开茧绵张铺在喂绵帘 1 上，由一对喂给罗拉 2 和一对刺辊 3 握持，被高速回转的锡林 5 的针板抓取。毛刷 4 的作用是将纤维压入针排底部，使钢针保持良好的抓取能力。按工艺要求绵张喂入一定长度后，定长装置作用，锡林自动停转，由人工用剪刀将骑跨在针排之间的丝纤维剪断，再用蘸过水的木棒将各块针排上的纤维一一卷取下来，成为棒绵。一般被卷的是较长的纤维，短纤维将在圆梳上被梳掉成为落绵。

6. 圆梳梳绵 梳绵是影响绢丝质量和生产成本的关键

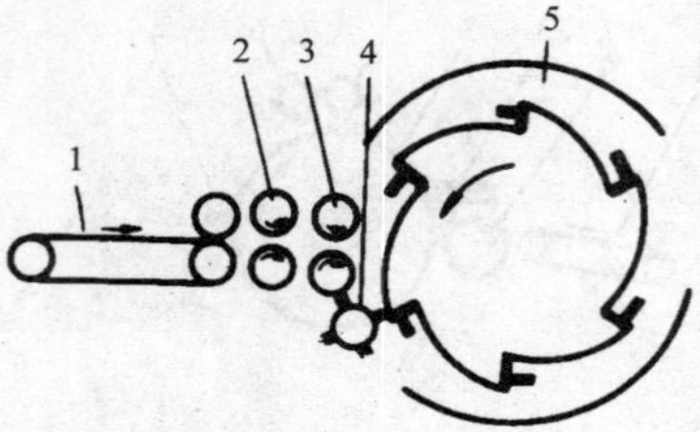

图 10-11　切绵机工艺简图

1—喂绵帘　2—喂给罗拉　3—刺辊

4—毛刷　5—锡林

工序之一，其任务是细致梳理纤维，使纤维呈单纤维状，并伸直平行；彻底清除夹附在纤维中的杂质；去除短纤维，提取精绵。

圆梳机有三种型号，分别用于一、二、三道梳绵。基本结构与工作原理完全相同，主要区别是夹绵板规格及数量不同，车速和牵伸倍数不同，以适合梳理不同特数精绵的工艺要求。圆梳机工艺简图如图 10-12。

圆梳机主要有剥绵罗拉 1、锡林 2、前滚筒 3 和后滚筒 4 及毛刷 5。锡林上装有夹绵板 6，夹绵板也称车板，分嵌绵板和翻绵板两部分。锡林共分五个工作区，或称五门，每门装有一组车板。毛刷 5 的作用是将滚筒梳针上的纤维压入针根，使梳理滚筒经常保持良好的梳理作用。圆梳落绵大部分在前滚筒针布上，由挡车工借助剥绵罗拉将其剥下。后滚筒落绵较少，由挡车工定量剥取。落绵送到下一道切绵机加工，末道圆梳落绵则用以纺细丝。

7. 排绵　排绵的目的是为了检查精绵质量，剔除部分纤维束和绵结杂质，并将精绵扯成一定质量的绵片，然后折成

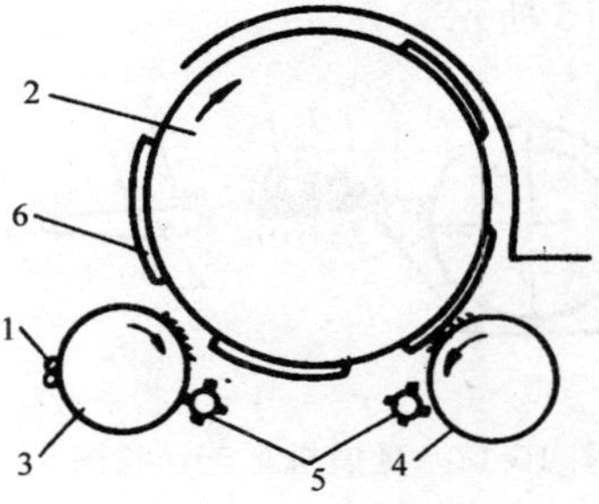

图 10-12　圆梳机工艺简图

1—剥绵罗拉　2—锡林　3—前滚筒

4—后滚筒　5—毛刷　6—夹绵板

一定宽度以适应下一工序加工。

排绵由人工在装有毛玻璃和灯光的排绵台上进行。

（三）前纺工程

前纺工程是将绵片加以并合、牵伸、梳理，制成连续的、具有一定粗细规格，条干均匀，纤维伸直平行的粗纱。前纺工程也分圆梳和直型精梳两种工艺路线。下面介绍圆梳制绵的前纺工艺流程：

配绵──→延展Ⅰ──→延展Ⅱ──→制条──→练条Ⅰ──→练条Ⅱ──→练条Ⅲ──→延绞──→粗纺

1. 配绵　配绵也称磅绵，即把各号精梳绵片按一定比例称取，配成等重量的绵球。配绵依据是绢丝的质量要求和各号精绵的数量。配棉是用手工进行的。

2. 延展　主要任务是将配绵绵球经梳理伸直和均匀混和后，加工成一定长度的、连续的绵带。

延展机主要由喂入机构、牵伸机构和木滚筒所组成。其工艺简图如图 10-13 所示。

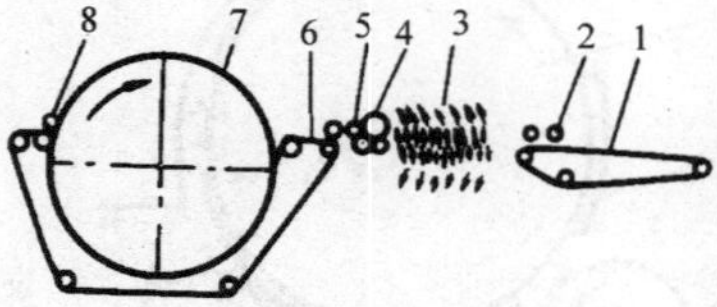

图 10-13　延展机工艺示意图

1—喂绵皮带　2—上压辊　3—牵伸装置　4—前罗拉

5—铜罗拉　6—大皮板　7—木滚筒　8—压绵辊

将配绵球按一定的搭头长度依次平铺在喂绵皮带 1 上，上压辊 2 与喂绵皮带一起将绵片喂入交叉针排式牵伸装置 3。纤维经前罗拉 4、铜罗拉 5 导向大皮板 6，最后卷绕在木滚筒 7 上。当绵层脱离皮板转移到木滚筒表面时，压绵铜辊 8 使绵层紧密地贴附在木滚筒表面，以防止皮板上粘附纤维。一只配绵球的绵片全部绕在滚筒上后，由挡车工将木滚筒上的绵带扯断，手工绕成球状，称延展球。国内一般采用工艺参数基本相同的两道延展。

3. 制条　制条的目的是将绵带进一步抽长拉细，同时平行伸直纤维，制成连续的绵条。

制条机类似延展机，也采用交叉针排式牵伸，其成条部分则由凝聚喇叭、圈条器以及绵条筒所组成。工艺简图如图 10-14 所示。

4. 并(练)条　并(练)条的基本任务是将制条机制得的很粗且条干均匀度较差的绵条多根并合、牵伸，加工成较细且条干有明显改善的练条条子。练条一般采用三道。

绢纺并条机与制条机基本相同，只是喂入部分采用条筒。并合数一般为 6～12，牵伸倍数一般为 7～14。

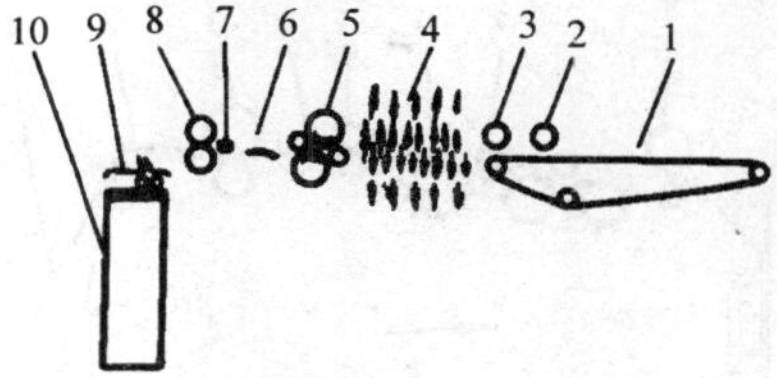

图 10-14　制条机工艺示意图

1—喂绵皮板　2—压辊　3—喂给罗拉

4—梳针箱　5—前罗拉　6—断条自停装置　7—喇叭口

8—紧压罗拉　9—圈条器　10—绵条筒

5. 粗纱　绢纺粗纱机一般负担 10～20 倍的牵伸，使粗纱达到 125～200tex 左右。这样细纱机只需 20～30 倍牵伸，便可纺得 4.8～8.3tex 的细纱。

由于圆梳制绵工艺采用的粗纱机一般为针辊牵伸，牵伸能力有限，故绢纺粗纱大多采用二道机器：延绞机和粗纱机。其工艺示意图如图 10-15、图 10-16 所示。

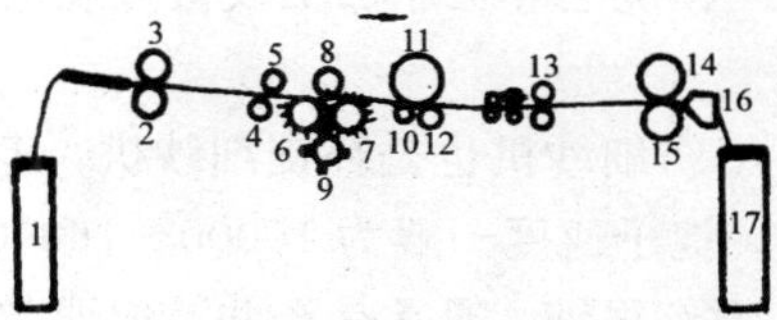

图 10-15　延绞机工艺示意图

1—喂入绵条筒　2—后下罗拉　3—光压辊

4、5—托持罗拉　6、7—针辊　8—小压辊

9—毛刷　10、11、12—前罗拉　13—搓皮板

14、15—紧压罗拉　16—喇叭口　17—出条绵条筒

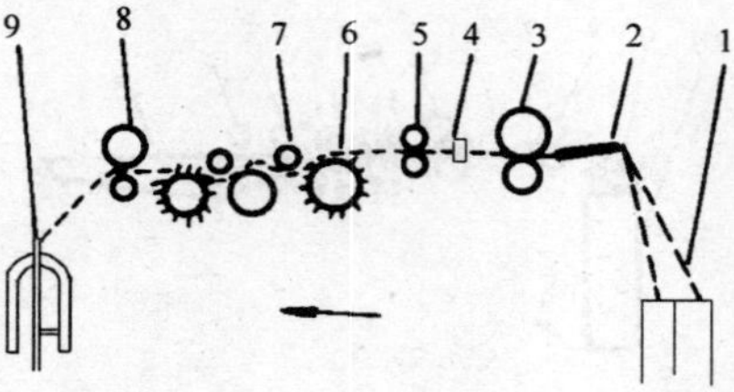

图 10-16　粗纱机工艺示意图

1—喂入绵条筒　2—托绵筒　3—喂给罗拉

4—集合器　5—托持罗拉　6—针辊

7—光压辊　8—前罗拉　9—锭子

延绞机用搓条皮板搓捻后卷绕在绵条筒中；粗纱机则采用翼锭加捻卷绕在粗纱筒管上。

当采用精梳制绵工艺时，粗纱工序可减为一道。

（四）后纺工程

将粗纱在精纺机上抽长拉细，加上适当的捻度纺成细纱，再经并丝、捻丝、烧毛等工序加工成符合规定品质指标的成品绢丝。

1. 细纱　绢纺细纱机也是环锭细纱机，其结构与精梳毛纺细纱机类似，锭子速度一般为 10000～16000r/min。

2. 并捻　绢丝很细，通常是经并捻成股丝后，再用于织造高档的绢丝织物。

绢纺并捻工序一般采用急行往复式并丝机和环锭捻丝机。为了使股丝具有良好的光泽和柔软的手感，股丝应采用与单丝相反的捻向。

3. 整丝与烧毛　整丝机类似于槽筒式络筒机，主要是为了除去绢丝的表面疵点和严重的粗细节。烧毛是为了烧去绢丝表面的毛茸，除去小糙粒及其它粘附杂物，使绢丝表面光滑洁净，增加光泽。烧毛机上股丝过火次数及烧毛道数影响烧毛效果，烧毛速度对股丝的产质量都有一定影响。

三、䌷丝纺系统

䌷丝纺的原料是圆梳制绵工艺末道圆梳机的落绵，精梳制绵工艺精梳机的落绵以及䌷丝纺本身的落绵。䌷丝纺系统为不带罗拉牵伸的粗梳系统，其工艺流程与废棉纺以及粗梳毛纺类似，较为简单。原料首先经过开清棉，然后混和并给湿，再经双联式罗拉梳棉机加工成粗纱，由䌷丝精纺机纺成䌷丝。

各种落绵纤维平均长度为25～45mm，整齐度较差，含杂率高达15%～20%，绵结较多，这些落绵再继续用绢丝纺系统加工，显然不合工艺要求，所以一般都用䌷丝纺系统将其加工成䌷丝。䌷丝特数一般为33.3～58.8tex，手感松软，表面具有毛茸和绵结，织成的织物称为绵绸，不但手感丰满，保暖性好，且别具风格。

第三节　麻纺纺纱系统

麻纤维种类很多，作为纺织原料的麻纤维主要有苎麻、亚麻、黄麻、洋麻、大麻等。

按麻纤维原料分类，麻纺纺纱系统可分为苎麻纺纱系统、亚麻纺纱系统和黄麻纺纱系统。

一、苎麻纺纱系统

苎麻纺纱产品主要是麻条和纱线。使用原料除苎麻外，还有部分化纤、棉纤维等。根据所用苎麻纤维长度的不同，苎麻纺纱系统分为长麻纺纱系统和短麻纺纱系统。目前，苎麻纺织厂主要以长麻纺纱系统为主。

长麻纺纱系统使用的是优质苎麻纤维，苎麻纤维线密度在0.44～0.83tex之间，纤维长度平均为46.7～74.7mm，可以加工16.67～133.33tex纯麻纱。短麻纺纱系统使用的是长麻纺精梳过程中产生的落麻，纤维线密度在0.385～0.588tex之间，平均长度为22～38mm。也有将苎麻长纤维按工艺要求切断成一定长度的短纤维，按短麻纺纱工艺流程加工。大多以落麻或切断麻与棉纤维混纺，纺制125～166tex纯麻纱和55.6tex的麻棉混纺纱。

（一）脱胶工程

苎麻纺织厂使用的原料，称为原麻。它是将麻皮与麻杆分离并刮去麻壳后的苎麻韧皮。原麻含有一定数量的胶质和杂质，在进行梳理纺纱前必须除去原麻中所含的胶杂质，即进行脱胶处理，使苎麻单纤维分离，制成洁白、柔软、呈散纤维状态的精干麻。

国内使用最多的是化学脱胶，还有微生物脱胶及微生物和化学相结合的脱胶方法。化学脱胶的基本原理是利用原麻中纤维素和胶质成分对碱、无机酸和氧化剂作用稳定性的不同，以去除原麻中的胶杂质成分，保留纤维素成分。为弥补化学作用的不足，往往还辅以一定的物理机械作用，以达到工业上对脱胶质量的要求。

苎麻化学脱胶可分为三个阶段，即预处理、碱液煮练和后处理阶段。目前比较常用的脱胶工艺过程为：

预处理阶段（原麻拆包扎把⟶浸酸⟶水洗）⟶碱液煮练（一次煮练⟶水洗⟶二次煮练）⟶后处理阶段（打麻及水洗⟶酸洗⟶水洗⟶脱水⟶给油⟶脱水⟶抖麻⟶烘干⟶精干麻）

1. **预处理** 预处理工艺包括拆包扎把、浸酸和水洗等工序。原麻拆包后由扎把工将麻捆割开，剔除其中混等的麻束及各种杂质，并把质量相同的麻束扎成重约 0.5～1.0kg 的小把。浸酸的目的是溶去原麻中的部分胶杂质，以提高煮练效率，降低碱液消耗。

2. **碱液煮练** 碱液煮练是苎麻化学脱胶中最重要的环节，原麻中的胶质绝大部分都是在这一过程中去除的。它是把原麻置于盛有碱溶液的煮练锅中，在常压或高压下进行煮练。高压煮练方法具有耗用蒸汽较省、脱胶时间短、脱胶质量较好等特点。

国内采用煮练工艺有“一煮法”和“二煮法”两种，可以根据产品品种及用途不同选择使用。“二煮法”工艺流程较长，但脱胶质量稍好，目前纤维特数低或纺低特纱时大多采用“二煮法”。

3. **后处理** 后处理的目的是进一步去除经过煮练后纤维表面残剩的已分解胶杂质，改善麻纤维的物理机械性能及色泽，提高纤维柔软性、分散性及可纺性。后处理工艺包括打麻、酸洗、水洗、给油、烘干等过程，具体组合可以根据梳纺工艺对精干麻品质要求确定。打麻就是利用机械的槌击和水力的冲洗作用将已被碱液破坏的胶质从纤维表面清除掉，使纤维松散、洁白。酸洗是为了中和麻纤维上残余的碱液，然后经水洗除去纤维上残留的稀酸。给油是为了改善纤维的表面状态，增加纤维的松散性及柔软程度，以更好地适应梳纺工程的要求。烘干多采用热风式烘燥机干燥。精干麻的烘干回潮率一般控制在 6%左右。

（二）梳纺工程

1. 长麻纺工艺流程

精干麻——→梳前准备（机械软麻——→给湿加油——→分磅堆仓）——→梳理（开松——→梳麻——→精梳准备——→精梳）——→并条（四道）——→粗纱（单程或两道）——→细纱

（1）梳前准备：精干麻经脱胶后仍残留少量的胶质，烘干后胶质硬化，使麻纤维相互粘结，麻把显得板结、粗硬，同时纤维回潮率也较低。如果用这种精干麻直接进行梳理和纺纱，会使纤维在加工过程中大量损伤，制成率降低而麻结增加，不但加工困难，而且梳理和纺纱质量差。为了增加苎麻纤维柔软性和回潮率，提高可纺性能，精干麻梳理加工前，需要经过机械软麻、乳化液给湿、分把定量、堆仓等准备工艺处理。

①软麻和给湿。机械软麻机上利用深沟槽罗拉，将麻把反复揉轧和弯折，使残留胶质折断而被除去，达到增加纤维柔软性与松散性的目的。在麻把走出罗拉软麻工作区时，通过自动给湿装置给湿，提高纤维延伸性和可挠度，改善纤维加工性能，同时减少纺纱过程中产生的静电。

②分把和堆仓。将经过给湿的纤维束按一定重量分扎成一个个麻把，每个麻把重量为650～900g。将分扎好麻把送到封闭仓库里堆放数日，堆仓目的是使乳化液能均匀渗透到麻纤维内，同时逐步消除软麻过程中麻纤维中所产生的内应力。一般经给湿后麻纤维的回潮率为12%～14%，经堆仓后为10%左右，堆仓时间一般不应少于三天。

（2）梳理：精干麻经过准备工艺处理后，还必须经过开松、梳理使麻束分解成单纤维状态，进一步使纤维平行伸直，排除短麻和麻粒，加工成符合纺纱要求的麻条。

长麻纺系统梳理工艺大致有毛纺式和绢纺式两种。绢纺式梳理工艺的手工操作多，劳动强度大，生产效率较低，容易发生工伤事故。成纱中大小节疵点较多，现在大部分已被毛纺式梳理工艺所取代。

毛纺式梳理工艺采用开松机、梳麻机和精梳机等完成开松、梳理任务。在开松机上对麻束进行初步开松，在梳麻机上进行细致梳理，使其分解成单纤维状，同时清除一定杂质。梳麻机采用麻饼并合喂入，所以在梳麻机上可以进行配麻和混麻。

梳麻机输出麻条中仍含有一定数量的短纤维，纤维平行伸直度差，还不能直接进行纺纱。长麻纺工艺采用精梳工程，包括精梳准备及精梳。精梳准备的目的与棉纺相似，采用二道并条。头道一般采用无针排并条机，二道采用针排式并条机。精梳采用毛纺定型精梳机，根据纺纱加工要求，排除一定长度以下短麻纤维，同时排除麻条中麻粒和缠绕纤维。

（3）纺纱：纺纱包括并条、粗纱和细纱工序。长麻纺纺纱系统并条工序为四道。各道并条机都是采用针排式牵伸装置，针排密度逐道递增，第二道采用自调匀整，第四道末道并条机采用两根麻条同时圈入同一条筒内，有利于减少粗纱机机后喂入条筒的占地面积。粗纱工序根据加工苎麻纱特数大小可以采用一道粗纱或两道粗纱。当加工中细特纱时，往往采用两道粗纱，头道粗纱机采用针排式牵伸装置，二道粗纱机采用轻质辊罗拉牵伸。细纱工序采用环锭细纱机，三罗拉长短皮圈滑溜牵伸，弹簧摇架加压，牵伸倍数一般为10～25倍。

苎麻单纱可以直接送到织造车间或经络筒包装后作为售纱。

2. 短麻纺工艺流程　短麻纺纺纱方法有棉纺环锭纺式和粗梳毛纺式（细丝纺式）。棉纺环锭纺所用设备是在棉纺设备上稍作改造而成，工艺流程同普梳纺纱工艺。纺纱线密度在100tex左右。粗梳毛纺式工序道数少，流程短，纺纱线密度在133.3tex左右，用以加工纯麻布。目前国内苎麻短纤维用于纯麻纺加工较少，这是由于纯短麻纺纱较困难，成纱条干差，织造断头多。较多的是苎麻短纤维与棉或棉型短化纤混纺，在棉纺设备上加工。混纺纱线加工织物手感硬挺、厚实，线条粗犷，接近亚麻布风格。也有用苎麻短纤维与中长型化纤混纺，织物具有毛型感。

二、亚麻纺纱系统

亚麻纺纱系统生产的主要产品是亚麻纱，所用原料为亚麻原料加工厂提供的打成麻。根据产品需要也可混用部分化纤。

(一) 亚麻初步加工

从田间收获的亚麻原茎，还不能作为亚麻纺纱的原料，必须先经过初步加工，清除掉原茎内所有非纤维杂质，分离出用于纺织加工的亚麻工艺纤维。这一过程一般都在产地的原料初步加工厂进行。

亚麻初步加工的工艺流程如下：

亚麻原茎——→选茎与束捆——→浸渍（沤麻）——→干燥——→入库养生——→碎茎打麻——→打成麻和落麻（短麻）

1. 选茎与束捆　选茎就是严格区别出不同质量的原茎，然后按沤麻要求束成一定密实程度的麻捆。

2. 亚麻浸渍（沤麻）　亚麻浸渍俗称沤麻，又称脱胶。脱胶方法有雨露浸渍法、冷水浸渍法、温水浸渍法和汽蒸法等。我国普遍采用温水浸渍法。将亚麻原茎浸渍在沤麻池中，池水温度保持在32～35℃，浸渍时间为40～60h。此种方法获取的纤维质量比较稳定，可纺性较好。

3. 干燥　亚麻原茎经过浸渍含有大量水分，必须进行干燥。干燥后的麻茎称为干茎。干燥方法有利用大气条件自然干燥和利用机械设备干燥。通常采用自然干燥。

4. 碎茎打麻　从干茎上分离韧皮纤维要经过一定的机械作用。首先使用由12对沟槽罗拉组成的罗拉碎茎机（也称卧式揉麻机），将亚麻干茎中的木质部分压碎折断，使木质与纤维层脱离。然后在打麻机上将碎茎后的木质、麻屑和杂质等去除，用这种方法获得的亚麻长纤维称为打成麻。

在欧洲国家，也有将亚麻原茎通过化学及蒸汽爆裂技术脱胶，制成长度较短、细度较细的亚麻纤维，在棉纺纺纱系统纺纱，经复合处理后制成用于汽车等领域的高强度装饰材料。

（二）亚麻纺纱

亚麻纺纱按照纺纱方法不同分为湿法纺纱和干法纺纱；根据亚麻纤维长度不同，又分为长麻纺纱和短麻纺纱。工艺流程如下：

打成麻──→给乳与养生──→分束──→亚麻栉梳机──→梳成长麻和机器短麻

湿纺长麻纱工艺流程：

梳成长麻──→成条──→并条（3～4道）──→长麻粗纱──→粗纱煮练与漂白──→湿纺细纱──→干燥──→络纱──→长麻纱

湿纺短麻纱工艺流程：

短麻──→混麻加湿──→联合梳麻──→预并条──→再割──→精梳──→并条（3～4道）──→短麻粗纱──→粗纱煮练与漂白──→湿纺细纱──→干燥──→络纱──→短麻纱

干纺纺纱系统流程较短，可直接由末并麻条纺成细纱，在干纺环锭细纱机上进行。也有纺成粗纱后，在干纺吊锭细纱机上进行纺纱，其加捻卷绕过程与粗纱机相似。干纺细纱经络纱后即成为干纺亚麻纱。

1. *打成麻的梳理*　打成麻的梳理是在亚麻栉梳机上进行，梳理前需经过给乳、养生和分束等工序。给乳就是给亚麻纤维加一定量的乳化液，增加亚麻纤维的弹性和柔软度，降低纤维与梳针之间的摩擦系数。养生即堆放24h，使纤维回潮均匀。养生后的打成麻由人工将麻捆分成100～140g重的麻束，以适合栉梳机的喂入要求。栉梳机由前自动机、右梳理机、后自动机和左梳理机四部分组成。从栉梳机上可获得处于伸直、平行状态排列的长而整齐的纤维——梳成长麻，同时也梳下短而排列紊乱的纤维——机器短麻。

2. *短麻准备与梳理*　亚麻纺纱厂使用的短麻原料有机器短麻和纺纱过程中的一些回麻，纤维排列紊乱、相互纠结，并含有尘杂和很短的纤维。

短麻梳理前的准备过程是在混麻加湿联合机上或混麻自动线上对原料进行开松、混合和清除尘杂等作用，并形成麻条，给油后绕成麻卷。也有采用国产C111B型回丝梳麻机进行开松、梳理并制成麻卷。

混麻开松后的麻卷送入联合梳麻机梳理成条。

梳麻后麻条中还含有15%～30%50mm以下的较短纤维，以及麻屑与其他杂质。因此，要通过精梳工程来清除短纤维、麻屑和杂质，提高纤维纺纱性能。短麻精梳以其能利用低等原料纺出更细、表面更洁净的细纱而占有特殊的地位。短麻精梳在专用的亚麻精梳机上进行，其结构类似于毛纺精梳机，均为周期性间歇式直型精梳机，其中法国NSC公司制造的PB系列精梳机性能较好。

3. *并条*

(1) 长麻并条：成条是长麻并条的第一道工序。成条机的任务是将一束束尚未完全具备纺纱性能的梳成长麻，制成连续的且具有一定细度和结构均匀的长麻条。根据细纱质量要求，成条后麻条要经过3～4道并条。长麻并条机为螺杆传动的开式针梳机，依靠针板上梳针的控制作用使牵伸区内的纤维受到较好地控制和进一步地梳理。各道并条机的并合根数为4～8根，牵伸倍数6～12。随着麻条的均匀变细，牵伸倍数逐渐增大。

(2) 短麻并条：经过精梳的短麻条通常再经过3～4道并条。短麻并条机为交叉针板的螺杆式针梳机。其结构类似于毛纺针梳机。

4. 粗纱及粗纱煮练与漂白　湿法纺纱过程中，无论长麻纱还是短麻纱，末并麻条在纺细纱前还需经过粗纱机纺成粗纱，并进行粗纱煮练与漂白加工。

亚麻粗纱机按其加工的纤维种类不同，分长麻粗纱机和短麻粗纱机两种。其工艺过程基本相同，结构也基本相同。牵伸机构为针排控制的牵伸装置。长麻粗纱机与短麻粗纱机的区别在于牵伸机构和针排隔距不同。对粗纱的加捻、卷绕由锭翼和筒管共同完成。

粗纱煮炼与漂白是亚麻纺纱中70年代发展起来的新工艺。80年代新建的亚麻纺织厂均采用粗纱煮炼与漂白工艺。该工艺有利于提高亚麻纤维的可纺性，提高细纱强度，改善湿纺车间的工作环境，降低细纱机和布机的断头率，提高设备生产率。粗纱煮炼采用碱液煮练，在煮练锅内进行。漂白工艺中有氧漂、氯漂和亚漂等工艺。

5. 细纱　湿纺时，粗纱在进入牵伸机构前，要先通过水槽。工艺纤维在水或专门的润湿溶液作用下，胶结单纤维的胶质软化而膨胀，减弱了纤维之间的联系，可以促使工艺纤维在牵伸过程中分裂为更细的纤维束，提高了纤维的可纺性。湿纺出的细纱，具有表面光洁，毛羽少，条干均匀，强度高，光泽好以及可纺特数低等特点。

亚麻的湿纺细纱均采用环锭细纱机。湿纺细纱的回潮率约 70%～100%。为此必须进行干燥，使亚麻细纱达到规定的回潮率 12%以内。干燥后经络筒送入织造车间或者包装后直接销售出厂。

三、黄麻纺纱系统

黄麻纺纱系统使用的原料主要是黄麻和洋麻。黄麻纱主要用于加工麻袋或织造麻布。

黄麻纺纱系统为粗梳纺纱系统，常用工艺流程：

配麻混麻⟶软麻⟶加油给湿⟶堆仓⟶二道梳麻⟶并条（二道或三道）⟶细纱

（一）配麻与混麻

黄麻纺纱使用的原料是已经脱胶、沤麻的原麻。实际生产中，必须对各种不同品质、不同特性的原麻搭配使用，进行配麻和混麻。

黄麻配麻的方法有多种，一种是直接在软麻机喂麻时搭配，另一种是在头道梳麻机铺麻时搭配。这两种方法都是在人工喂麻或铺麻时，各人铺一种原麻，只能实现两种原料比例各占 50%的条件下配麻。

还有一种方法是在二道梳麻机上喂麻时搭配。由于二道梳麻机的并合数较多，一般为 10～12 只麻卷喂入，可以获得比较正确的配麻比例，因此这种方法使用较广。

（二）原料预处理

原料预处理是指软麻、加油给湿和堆仓工序。黄麻软麻和给湿在软麻机〔图10-17（1)〕上完成。软麻机上有多对斜沟槽罗拉，斜沟槽罗拉在一定的压力和罗拉间隙的条件下对喂入黄麻进行反复搓揉，黄麻上粘附的硬皮被搓散、麻骨折断而被除去。对于脱胶良好、含杂较少的黄麻，软麻只需要进行一次。而对脱胶差、含杂多、硬皮多的原料，应适当增加软麻处理次数。

黄麻经过多对沟槽罗拉时，由装在上方的给乳装置根据工艺要求淋喷上适量的乳化液，使纤维获到一定的回潮率，提高纤维的柔软性与弹性，增加纤维间润滑性，消除后工序加工过程中的静电现象。

经软麻机处理后的原麻，将其按一定规格扎成一个个麻把，然后整理成小捆送仓库进行堆仓处理。

堆麻仓库要求不通风、传热少，平时要紧闭，避免太阳光线直射仓内。油麻堆仓可以使油水渗透均匀、纤维柔软，提高纤维的可纺性能。堆仓时间一般不能少于三天，而对于纤维脱胶偏生，分离性差，硬块僵皮多，手感粗硬的原麻应适当增加堆仓时间。

（三）梳麻

黄麻梳麻机的主要作用是利用梳针，将堆仓后的油麻分离成工艺纤维，得到适当长度和细度的纤维，清除杂质和短纤维，使纤维混和均匀，并卷绕成一定规格的麻卷。

梳麻工序一般都经过二道梳麻。经过头道梳麻机梳理后，麻条工艺纤维平均长度为170～220mm，长度不匀率在60%以下，短纤维率（50mm及以下的短纤维所占比重）为13%～17%左右，黄麻工艺纤维的线密度小于33.3tex。经过二道梳麻机梳理后，麻条工艺纤维平均长度为160～185mm，长度不匀率在50%以下，短纤维率为14%～18%左右，黄麻工艺

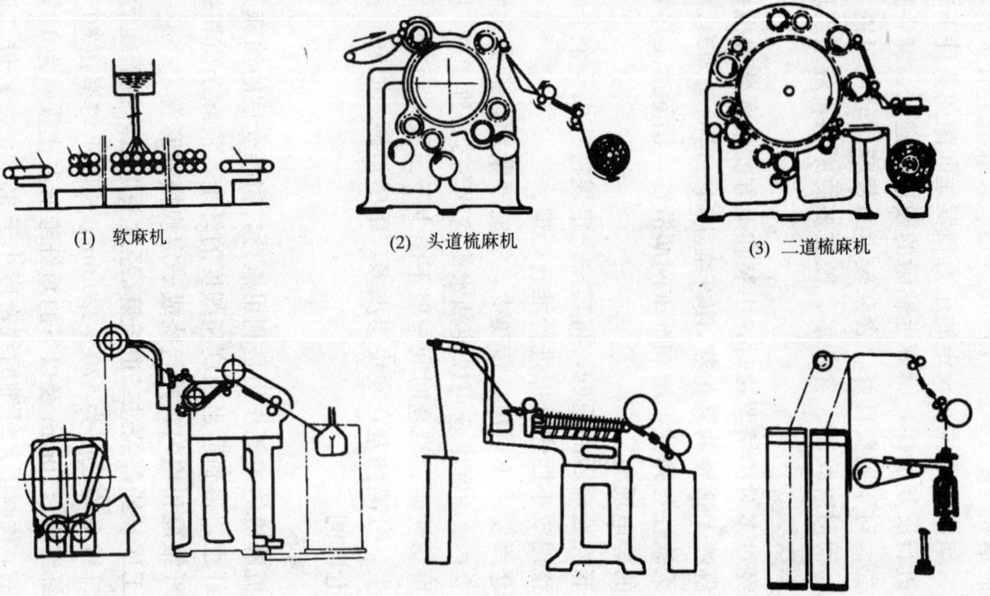

(1) 软麻机 (2) 头道梳麻机 (3) 二道梳麻机

(4) 头道并条机 (5) 二道并条机 (6) 细纱机

图 10-17 黄麻纺纱工艺流程

纤维的线密度小于 31.25tex。

头道梳麻机和全周式二道梳麻机〔图 10-17（2）、（3）〕，都是利用工作罗拉表面针板和锡林一起共同完成对纤维的梳理。二道梳麻机一般以 10～12 只头梳麻卷喂入，因此可以将不同等级的麻卷按一定比例搭配喂入，达到均匀混和、降低成本的目的。

（四）并条

黄麻纺并条工艺道数一般经纱是三道，纬纱是两道。并条机的并合数为两根，头道并条机牵伸倍数一般为 3.4～4.3，而二道和三道并条机牵伸倍数一般为 6～10。

头道并条机的针排采用推排式传动〔图 10-17（4）〕，而二道和三道并条机的针排采用螺杆式传动〔图 10-17（5）〕。

（五）细纱

黄麻纺纱系统主要生产麻袋或包装麻布用纱，成纱线密度大，所以可以省去粗纱，直接采用麻条纺纱。

由于成纱特数大小不同，使用原料也不同，喂入麻条质量相差大，因此其细纱的牵伸机构是不同的〔图 10-17（6）〕。

适纺特数小的黄麻纱细纱牵伸机构为单区牵伸，为了有效控制纤维运动，在牵伸区内采用导纱板、导纱器、轻质辊和集合器等机件。须条从后钳口喂入，从导纱板及导纱器中通过，然后再经过轻质辊和集合器进入前钳口。导纱板的作用是使麻条中纤维间保持一定的摩擦力，以控制纤维运动。导纱器引导控制麻条纤维运动。轻质辊用钢制成，具有与下罗拉相同齿形的沟槽。轻质辊与下罗拉是齿轮传动，中间通过纤维部分凹成弧形，当纤维通过时，既能有效控制纤维运动，又不会使轻质辊抬起而脱离啮合。所以轻质辊的重量，导纱板与导纱器的长度、曲率，以及导纱器的断面形状都会影响对牵伸区内纤维运动控制，生产上根据具体情况选择使用。

对于纺高特黄麻纱的牵伸机构，由于喂入麻条特数大，质量较差，还混用一定比例的再用麻，麻条中短纤维数量较多，整齐度较差，所以尤应注意牵伸机构对须条的纵向和横向运动控制。牵伸区中并不采用导纱板和导纱器，而用积极回转V形罗拉代替。同时，轻质辊及下罗拉的表面都开有V形槽。由于V形罗拉和轻质辊及其下罗拉这三个机件是交叉地压向须条，并且表面都有V形槽，所以须条上下左右都能受到良好的控制。

细纱的加捻与卷绕由锭翼和筒管完成。由于黄麻纱具有足够的强力，因此黄麻细纱机卷绕方式采用翼导，筒管直接由细纱拖动，耗用动力较少。

第十一章　新型纺纱

第一节　概　　述

一、限制环锭细纱机锭速提高的因素

环锭细纱机的使用，至今已有160多年的历史。由于适纺性强，成纱质量好，机构简单，环锭细纱机广泛应用于棉、毛、丝、麻等纤维的纱线加工。经过不断改进和发展，环锭细纱机的锭速有了较大幅度的提高，自动化程度也已达到相当高的水平。自动接头、粗细纱断头自停、大小纱卷绕速度调节、自动落纱等技术已被采用。但从加捻方式来看，它仍属于卷绕端回转加捻，即锭子带动管纱高速回转，加捻卷绕是由同一套机构完成的。这样在进一步提高锭子速度时，必然会引起以下几个方面的问题：

1. 由于锭速的不断提高，钢丝圈的线速度已达到40m/s。如进一步提高速度，钢丝圈易烧毁飞圈，引起断头增加，使得钢丝圈的调换变得频繁。即细纱机进一步提高锭速受到了钢丝圈速度的限制。

2. 随着锭速的提高，气圈受到的离心力和空气阻力相应增大，引起气圈张力剧增，断头增加。因此锭速的进一步提高受到气圈张力的限制。

3. 随着锭速的提高，动力消耗与零部件磨损也更加严重。例如，钢丝圈线速度由28m/s增至35m/s时，细纱机耗电增加了60%。

4. 随着锭速的提高，落纱周期相应缩短，降低了设备的利用率。如果增大卷装，不仅耗能增加，而且锭子容易产生振动，从而引起高速与大卷装的矛盾。

产生这些问题的根本原因是环锭细纱机用同一套机构进行加捻卷绕，即加捻卷绕两个作用是同时进行，互相牵连的。经分析表明，生产中锭子的转速之所以很高，主要是由于加捻作用的需要。因此人们就思考将加捻和卷绕分开进行，从而出现了众多的新型纺纱方法。

二、新型纺纱的特点

经过多年发展，已经出现许多新型纺纱方法。各种新型纺纱加捻方法不同，机构各异，但都具有一些共同的特点：

1. 新型纺纱都取消了钢领、锭子、钢丝圈等高速部件，将加捻与卷绕分开进行，从而克服了环锭纺纱中存在的问题。

2. 采用新的加捻方式，加捻与卷绕速度互不牵连，使产量大幅度提高。

3. 新型纺纱成型一般为筒子纱，其卷装可达 1～5kg。

4. 新型纺纱普遍采用条子喂入，直接卷绕成筒子纱。将粗纱、细纱、络筒三道工序合为一道，缩短了工艺流程，减少用工，节约占地面积。

新型纺纱方法也还存在一些问题，主要是成纱强力低，适纺特数范围小等。因此，新型纺还不可能完全代替环锭纺。

三、新型纺纱方法的分类及应用

按纺纱原理，新型纺纱可分为自由端纺纱和非自由端纺纱两大类（见图 11-1）。

新型纺纱主要应用范围见表 11-1。

表 11-1　新型纺纱主要应用范围

分类	纺纱方法	加捻方式	适纺原料	适纺纱粗细	适用产品	经济效果
自由端纺纱	转杯纺	转杯加捻	棉、毛、化纤	中粗	劳动布、灯芯绒、棉毛衫等	劳动生产率提高 76.2%，成本降低 3.86%
	静电纺	机械或气流	棉、化纤	中粗	被单、绒布等	产量比环锭纺高 8%
	尘笼纺（Ⅱ）涡流纺	尘笼加捻	各种纤维及下脚	粗	绒毯、家具饰物	成本比环锭纺低 30%
	涡流纺	涡流加捻	棉、化纤	粗	绒布、围巾等	劳动生产率为环锭纺的 1.86 倍
	搓捻纺	机械搓捻	棉、毛、化纤	粗	起绒织物	产量是环锭纺的二倍
	捏锭纺	锭子加捻	棉、化纤及下脚	粗	绒衣、球衣	产量是环锭纺的 1.48 倍
非自由端纺纱	自捻纺	机械搓捻	毛、中长化纤	中细	花色、绒面织物及针织物	速度为环锭纺的 10 倍
	喷气纺	涡流加捻	棉、毛、麻、化纤	中细	衣用织物	速度为环锭纺的 10 倍
	包缠纺	涡流加捻	毛型化纤	中细	针、机织物	速度为环锭纺的 10～40 倍
	集聚纺	粘合假捻	合纤长丝、棉毛、麻、丝下脚	中粗	起绒、装饰	速度是环锭纺的 20～30 倍，成本低
	无捻纺	粘合假捻	棉、化纤	中粗	蓬布里子布	速度是环锭纺的 3～5 倍
	轴向纺	并捻	各种纤维	中细	毛纺产品	粗梳毛纱速度是环锭纺的 2 倍，精梳毛纱速度是环锭纺的 3～4 倍

- 新型纺纱
  - 自由端纺纱（断裂纺纱）
    - 转杯纺
    - 气流纺
      - 离心纺（转子纺）
      - 涡流纺
      - 搓捻纺
      - 捏锭纺
    - 静电纺
    - 磁性纺
    - 液流纺
    - 尘笼纺（摩擦纺）
  - 非自由端纺纱
    - 自捻纺
    - 无捻纺
    - 集聚纺
    - 包缠纺
    - 轴向纺
    - 喷气纺
  - 包芯纺纱

图 11-1　新型纺纱的分类

第二节　自由端纺纱

一、自由端纺纱原理

自由端纺纱的特点是在纺纱过程中，使连续的喂入品发生断裂，形成自由端，并利用自由端随加捻器一起回转，使加捻点至卷绕点之间的纱条获得真捻。其原理如图 11-2 所示。

喂入须条在 A 处发生断裂，在 B 处重新凝聚成连续的须条，形成纱的自由端并随加捻器一起回转，这样在加捻器与卷装之间的一段纱条上获得真捻。卷装则以规定的线速度将纱卷取，并使成纱获得所需要的特数。

由此可见，自由端纺纱一般应包括断裂、凝聚、加捻和卷绕四个必要的过程。

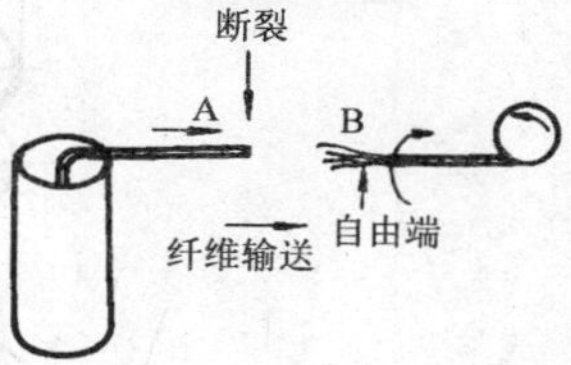

图 11-2　自由端纺纱原理示意图

二、转杯纺纱

转杯纺是研究最早，目前最成熟应用最广泛的一种新型纺纱方法。国际上已有 50 多个国家和地区不同程度地使用了转杯纺。国内大多数棉纺厂也都有转杯纺。转杯纺主要用于棉纤维纺制中粗特纱。随着转杯纺技术的进一步完善及发展，许多化纤、麻、毛、细丝转杯纱已被开发。

（一）转杯纺纱机工艺过程

转杯纺纱机工艺过程见图 11-3。喂入棉条 1 经由集合器进入给棉罗拉 2 和给棉板 3，给棉罗拉转动将须条输送给分梳辊 4，被表面包有锯条的分梳辊分解成单纤维。纺纱杯 6 高速回转，使空气从排气孔中溢出，在纺杯内形成一定的真空，迫使外界气流从补风口和引纱管 7 补入。于是被分梳辊分解的单纤维，随气流经输送管进入高速回转的纺杯内。纤维沿纺杯壁滑入凝棉槽内，形成凝聚须条。引纱经引纱管被吸入纺杯，纱尾在离心力的作用下紧贴附于凝聚槽内，与凝聚槽内须条相遇并一起回转加捻成纱。引纱罗拉 9 将纱从纺杯内经阻捻盘，引纱管引出，依靠卷绕罗拉回转，卷绕成筒子纱。

（二）成纱过程

1. 喂给分梳　喂给分梳部分主要包括集合器，给棉罗

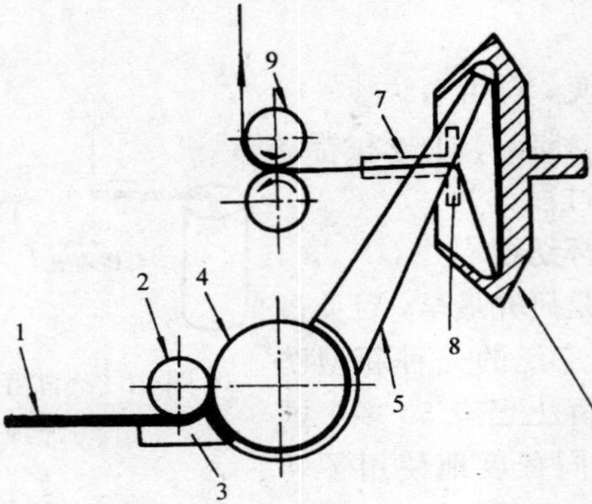

图 11-3　转杯纺纱机工艺过程图

1—棉条　2—给棉罗拉　3—给棉板
4—分梳辊　5—输送管　6—纺纱杯
7—引纱管　8—隔离盘　9—引纱罗拉

拉、给棉板和分梳辊。

给棉罗拉、给棉板的作用类似于梳棉机的给棉罗拉、给棉板。给棉板在弹簧压力的作用下，与给棉罗拉组成握持钳口，并借给棉罗拉积极回转而将条子输送给分梳机构进行分梳。

分解纤维是依靠分梳辊完成的。分梳辊大多采用铝合金材料，表面包覆金属锯条或植有梳针，直径为 65（或 80）mm，转速在 5000～8000r/min，基本上能将须条分解成单纤维。

分梳辊的分解作用主要与分梳辊速度、锯齿规格等因素有关。一般来说，速度高，分解作用好；但速度过高，会增加纤维的损伤，一般纺棉时为 7000r/min。锯齿工作角小，密度大，分梳抓取作用强。纺纱过程中，在考虑分梳作用的同时，还要考虑纤维的转移（即从分梳辊表面脱离）。因此，纺棉时锯齿工作角在66°左右，纵向齿距在2.1～2.6mm；纺化纤时，工作角在80°～90°左右，纵向齿距在4.0mm左右。

2. 纤维剥离与输送　纤维被分梳辊分解后，随分梳辊一起运动进入剥离区（图11-4）。在剥离区，纤维必须及时脱离锯齿，并按一定工艺要求顺利输送到纺杯凝棉槽内，为均匀

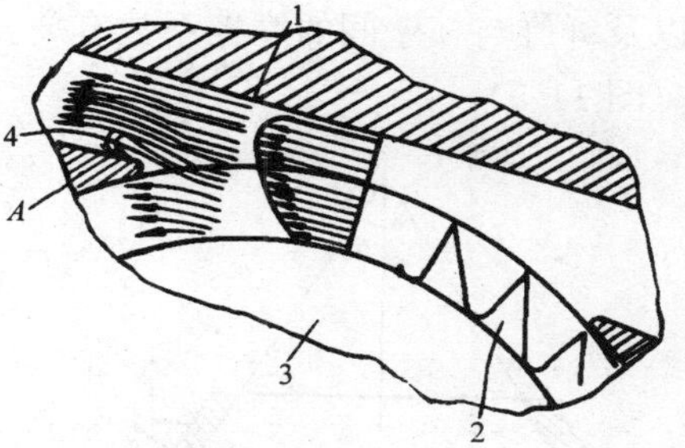

图11-4　分梳辊剥离区气流速度图

1—输送管壁　2—锯齿　3—分梳辊　4—涡流

凝聚创造条件。单纤维脱离锯齿的基本条件是要有一个比较合适的剥离牵伸。所谓剥离牵伸，即在剥离区内通过分梳辊表面的气流速度与分梳辊表面速度之比。剥离牵伸大，输送管中纤维运动形态好，成纱强力高。比较合适的剥离牵伸范围在1.5～4之间。

纤维脱离分梳辊后进入输送管道。纤维在输送管中的运动主要依靠气流对其作用。为保证纤维正常输送且不恶化纤维伸直平行度，管道内气流速度应有一定梯度。转杯纺输送管设计成渐缩形的，其目的就在于此。随着截面积的减小，流速增加。这样可使纤维顺利输送。由于处于纤维各段上的力

不同，可使纤维受到拉伸作用，有利于纤维的伸直平行。

3. 纤维的凝聚　从输送管出口送出的纤维，一旦接触到纺纱杯内壁，就在离心力的作用下，沿杯壁滑移至凝棉槽内。输送管出口的位置是不变的，即喂入位置不变。而纺杯高速回转，即每分钟纺杯内凝棉槽内的纤维是纺杯经过输送管出口很多次才得到的。

纤维的滑移运动与纺杯壁的滑移角 α、凝棉槽直径 D、有效滑移长度以及纤维与杯壁间的摩擦系数有关。纤维沿杯壁滑移条件为（图 11-5）：

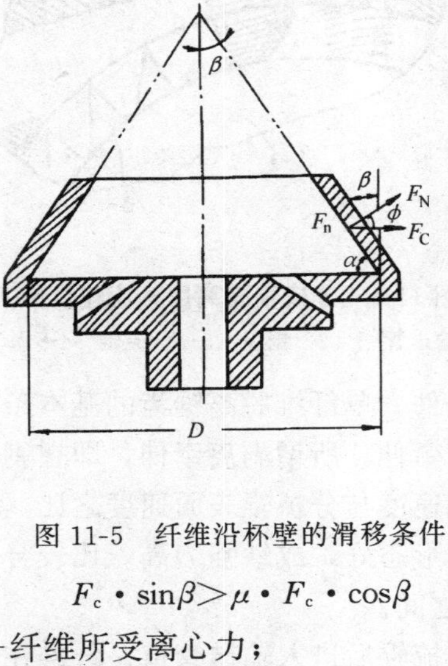

图 11-5　纤维沿杯壁的滑移条件

$$F_c \cdot \sin\beta > \mu \cdot F_c \cdot \cos\beta$$

式中：F_c ——纤维所受离心力；

β ——纺杯圆锥顶角的半角；

μ ——纤维与杯壁的摩擦系数。

因此有，$\tan\beta > \mu$，$\beta > tan^{-1}\mu$。又由于 $\beta = 90° - \alpha$，所以纤维沿杯壁滑动的条件为：$\alpha < 90° - \tan^{-1}\mu$。

若 $\mu=0.3$，则 $\tan^{-1}\mu=16°42'$，$\alpha<73°18'$。一般 α 为 55°～65°即可满足要求。

纤维在凝聚过程中，具有高倍的并合作用，并合倍数 B 可用下式表示：

$$B=\frac{Tt}{Tt'}\times\frac{Dn_R}{d\cdot n_f}$$

式中：D ——纺杯直径；

Tt ——成纱特数；

Tt′——纤维条特数；

n_R ——纺杯速度；

n_f ——给棉罗拉速度；

d ——给棉罗拉直径。

例如：当 Tt′＝4000tex，Tt＝29.2tex，D＝50mm，d＝25mm，n_f＝6r/min，n_R＝35000r/min 时，则可得 B＝85 倍。由于纤维在凝聚过程中有近百倍的并合作用，所以转杯纱的均匀度比环锭纱要好。

4. 纤维须条的剥取与加捻　纺杯凝棉槽中须条的剥取与加捻是同时进行的。在纺纱生产中，当停止给棉后，将纱尾从凝棉槽中拉出，可以看出纱尾部分是从正常纱的粗细逐渐变细，其变细的长度相当于凝棉槽的周长（图 11-6）。这说

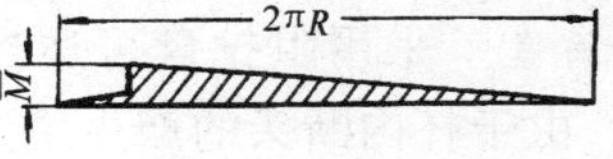

图 11-6　须条变细示意图

明在凝棉槽内剥取纤维点的位置，纤维凝聚数量等于成纱截面中的纤维数量。而后，沿着纺纱杯回转方向，周长上各点的纤维数量逐渐减少，即须条逐渐变细，直至刚刚被剥取的

地方，几乎没有纤维。由于纺纱是一连续过程，因此，一方面纱条逐步剥取槽中的纤维，另一方面喂入纤维又在槽中形成新的纤维层，同时，新的纤维层又被逐步剥取。这样周而复始，反复循环，满足了纺纱条件。可以想象，在正常纺纱条件下，为了保持喂入与输出纤维量的平衡，纺纱特数稳定，则纺杯内凝聚纤维分布规律必然是由粗逐渐变细的。

为了对凝棉槽内须条加捻，就得在成纱剥离点 P 加上某种扭转力距 M_{KP}（图 11-7），纺杯带着纱段 BP 一起回转，则沿纺纱杯的回转轴产生一扭力距 M_y，此扭力矩促使纱段 BA 加上捻回，并和退捻力矩相平衡。扭力矩 M_y 导致纱段 BP 将退捻力矩传递给成纱剥离点 P。这样通过捻度传递，给剥离点处纱条加捻，同时进行剥取。

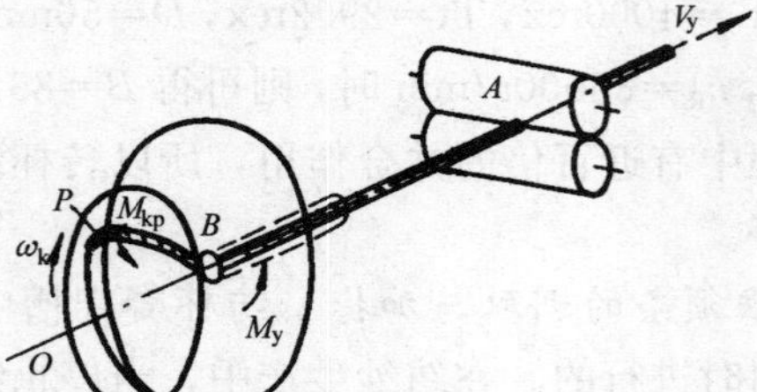

图 11-7　纺纱杯内纱的加捻示意图

5. 阻捻盘和隔离盘　采用阻捻盘可适当降低转杯纱成纱捻度，减少断头。由于杯内断头的产生主要是剥离点处纱条强力不足，而利用阻捻盘的假捻作用，使杯内纱条上的捻度增大，有利于捻回向槽内渗透，能在较小成纱捻度的条件下，提高剥离点处纱条强力，降低断头。必须说明的是，阻捻盘的假捻作用，只是局部地改变捻回在纱条上的分布规律，而不影响成纱的最终捻度。

隔离盘往往与阻捻盘连接在一起，其作用是将喂入纤维与成纱分开，以减少成纱的外包纤维。同时，输送管与隔离盘的合理配置，使纤维从输送管输出后有一个合理的空间，并受到纺纱杯内回转气流的影响，纤维沿切向凝聚在槽内，提高纤维的伸直度和成纱强力。

当采用切向输送管（长通道输送管）时，纤维从输送管输出后，能直接沿水平切向到达杯壁，而无下冲趋势，此时纤维与纱条不会在杯内相交，因而无需采用隔离盘。

（三）转杯纱特点

转杯纱中，属圆锥形螺旋线纤维和圆柱形螺旋线纤维占24%，在环锭纱中占77%；而弯钩、对折、缠绕纤维等在转杯纱中占76%，在环锭纱中只占23%。由于转杯纱中纤维结构与环锭纱有较大区别，因此，成纱特性也有所不同。

1. 强力　转杯纱强力比环锭纱低。这主要是由于转杯纱中伸直纤维数量少，从而在拉伸过程中，纤维之间的抱合力减小，从而使成纱强力降低。

2. 断裂伸长　转杯纱断裂伸长一般高于环锭纱，这主要是由于转杯纱的纺纱张力较小，纱较蓬松，直径大，在拉伸时，纱中纤维互相滑动而使伸长增大。

3. 断裂功　一般来说，转杯纱的断裂功比环锭纱高。但随转杯速度增加，成纱特数的减小，转杯纱强力下降加剧，断裂伸长相应减小，可能会出现断裂功低于环锭纱的断裂功。

4. 条干均匀度　由于转杯纺纱不需经粗纱及细纱的罗拉牵伸，避免了罗拉牵伸所产生的不匀。同时，转杯纺中单纤维凝聚过程具有并合作用，因此转杯纱条干均匀度比环锭纱好。

5. 耐磨度　一般转杯纱的耐磨度比环锭纱高出10%～15%，这主要由于转杯纱外层包有不规则的缠绕纤维，故不易解体，因此耐磨度好。

6. 捻度　转杯纱捻度一般比同特环锭纱高。国外纯棉转杯的捻度比同特环锭纱高17%～30%，而国内大约高15%～25%。

7. 蓬松性及染色性　由于转杯纱中纤维伸直度差而且排列不整齐，加捻过程中所受张力小，外层有外包纤维，所以转杯纱结构蓬松。其染色性能也好于环锭纱。

三、摩擦纺纱

（一）摩擦纺纱特点

摩擦纺纱又称尘笼纺纱，是一种很有发展前途的纺纱方法。它具有原理新颖、机构简单、生产率高等特点，因而受到纺织界的高度重视。其特点如下：

1. 适用原料广　各种原料几乎都可用于摩擦纺，如棉、毛、丝、麻、化纤及长丝以及各种下脚。摩擦纺对纤维长度适应性强，长度从10mm到150mm的纤维都可用于摩擦纺。

2. 低速高产　摩擦纺采用直径较大的加捻机件（尘笼）对直径很小的纱条直接进行摩擦加捻，因此，当尘笼以不太高的速度回转时，成纱就可以获得较多的捻度。摩擦纺出纱速度可达300m/min，而加捻件速度最高为5000r/min，因此是一种低速高产的机器。

3. 工艺流程短　摩擦纺除了采用熟条纺纱外，还可以用生条进行纺纱，成纱直接卷绕成筒子，是所有新型纺纱方法中工艺流程最短的一种。

4. 断头少，卷装大　纱条在加捻卷绕过程中，纺纱张力很低，几乎不发生断头。其卷装最大可达9kg。

5. *产品品种多* 摩擦纺能纺普通纱线、包芯纱、竹节纱等花式纱线，适用于服装、工业用布，特别适合做装饰产品。

摩擦纺也还存在着一定的问题，如成纱手感差，设备占地面积大，耗电多，纺细特纱还比较困难，这些问题有待进一步解决。

（二）摩擦纺纱机工艺过程

1. *Dref—Ⅱ型摩擦纺纱机的工艺过程* Dref—Ⅱ型机为自由端纺纱，其工艺过程如图 11-8。

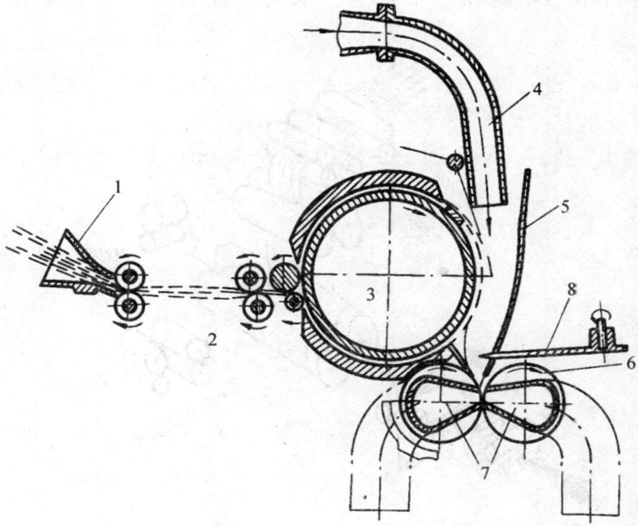

图 11-8 Dref—Ⅱ型摩擦纺纱机

1—喇叭口 2—牵伸机构 3—分梳辊 4—吸风管
5—挡板 6—尘笼 7—吸气管 8—导向盘爪

条子经喇叭口 1 进入三上三下罗拉牵伸机构 2。根据纺纱品种的要求，喂入条子可以是一根或数根不同材料或不同颜色的纤维条。经过牵伸后的条子，被分梳辊 3 分解成单纤维。纤维在惯性力及吸风管 4 的气流作用下，脱离分梳辊，沿挡板 5 进入一对尘笼的楔形区中。两个尘笼都有吸气装置，在气流的作用下，纤维被凝聚。两尘笼同向回转，将已凝聚的须条搓捻成纱。引纱罗拉将纱引出，在槽筒的作用下，卷绕成筒子纱。

2. Dref－Ⅲ型摩擦纺纱机工艺过程　Dref－Ⅲ型机有两个牵伸喂入系统和一个竹节纱喂给装置（见图 11-9）。第一牵

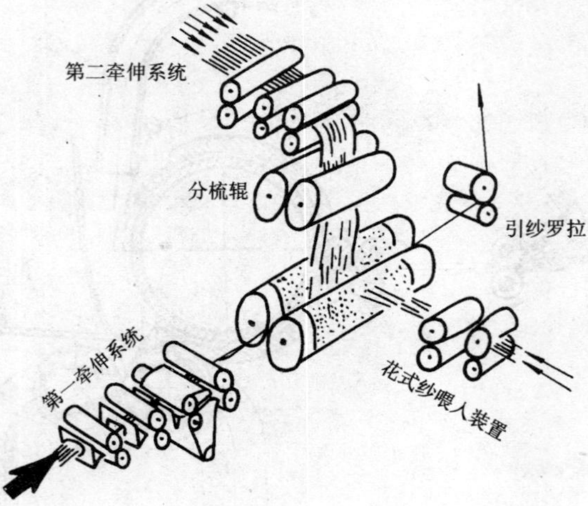

图 11-9　DREF－Ⅲ型摩擦纺纱机示意图

伸系统喂入做为芯纱的条子或长丝等，其牵伸倍数范围在 100～150 倍。牵伸后的须条（长丝或纱不经牵伸，只经前罗拉喂入）进入尘笼加捻区。对于芯纱，由于是两端握持，中

间加捻，因此加上的是假捻。第二牵伸系统喂入数根条子进入牵伸区进行牵伸后，由双分梳辊开松后在气流的作用下喷向尘笼。纤维包覆在楔形槽中芯纱的外层，并随纱芯回转形成包缠纱。对于 Dref－Ⅲ型机，可通过不同芯纱、不同纤维材料、不同颜色、不同排列的外包纤维的组合，纺出具有特色的包芯花式纱。竹节纱喂入系统可间歇喂入粗纱并喷射到纱芯上，使成纱表面形成有规律的竹节，纺出各种竹节纱。

（三）加捻原理

摩擦纺加捻是在一对尘笼的楔形区内进行的，须条受力情况见图 11-10。

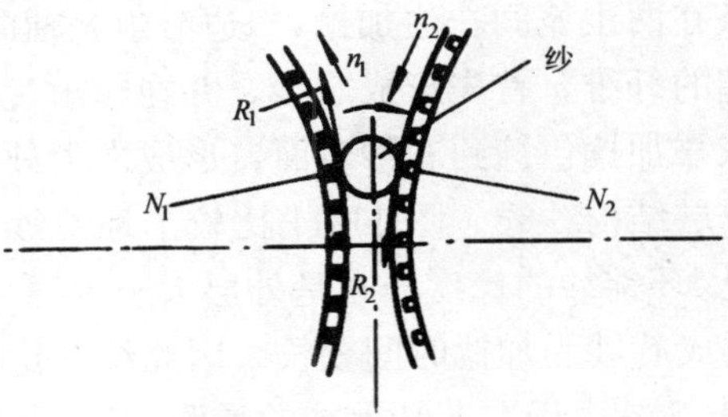

图 11-10　纱条的搓捻

由图 11-10 可知：

$$R_1=\mu N_1$$

$$R_2=\mu N_2$$

式中：R_1、R_2 ——两尘笼表面对纱条的摩擦力；

N_1、N_2——两个尘笼吸气气流对纱条吸力；

μ——纱条与尘笼表面间的摩擦系数。

R_1、R_2 的作用产生回转力偶，使纱尾绕自身轴回转，产生捻度。

纱条捻度的大小，主要取决于尘笼表面与纱条摩擦系数的大小，尘笼对纱条的吸力，尘笼转速和出条速度。

摩擦纺捻度计算公式如下：

$$捻度=\frac{尘笼直径\times尘笼转速}{纱条直径\times引纱速度}\times加捻效率$$

由于尘笼直径远大于纱条直径，故纱尾的理论转速可高达每分钟百万转。实际上，纱尾与尘笼表面有滑溜，且滑溜率高达80%～90%，因而纱尾的实际转速远低于理论转速，但仍相当可观。

（四）成纱结构

由于纱条在两尘笼间一边加捻，一边沿尘笼轴向输出。因此在输出远端的纤维，首先形成芯纱，并在输出过程中不断添加纤维，依靠加捻包缠到芯纱表面，形成内紧外松，表面膨松丰满的分层结构纱线。图11-11比较了环锭纱与摩擦纱捻度分布情况。环锭纱的捻度分布是外层大于内层。Dref－Ⅱ纱由于远端形成芯纱受加捻时间较长，因此纱芯捻度大于外层捻度。Dref－Ⅲ纱由于在芯纱上加的是假捻，因此当纱条输出后，纱芯捻度几乎为零，外层纤维各层捻度分布与Dref－Ⅱ纱相同。

（五）摩擦纱性能及产品

摩擦纱强力低，原因是纺纱方法为自由端纺纱（Ⅱ型），纤维在运动过程要转向，纤维的伸直平行度差，纱的结构松散，纤维抱合力差，纤维之间摩擦阻力太小。而条干均匀度一般比环锭纱要好。摩擦纱的毛羽比环锭纱和转杯纱都多，且毛羽也长。摩擦纱比转杯纱粗而蓬松，因此其耐磨性差。

摩擦纱主要用于下列产品：

1. 装饰类织物，如家具布、台布、窗帘、墙布等，多用粗特摩擦纱。

2. 机织类，如外套面料、罩衣、裙、裤面料、拉绒织物（灯芯绒和拉绒平布）等。

3. 针织类，如用中细特摩擦纱做的连袜裤、汗衫布等。

4. 特种织物，如工业用汽车衬里、防护服、过滤织物、输送带；医用织物，如医用褥毯；室外用织物，如帐篷、篷布、遮阳布等。

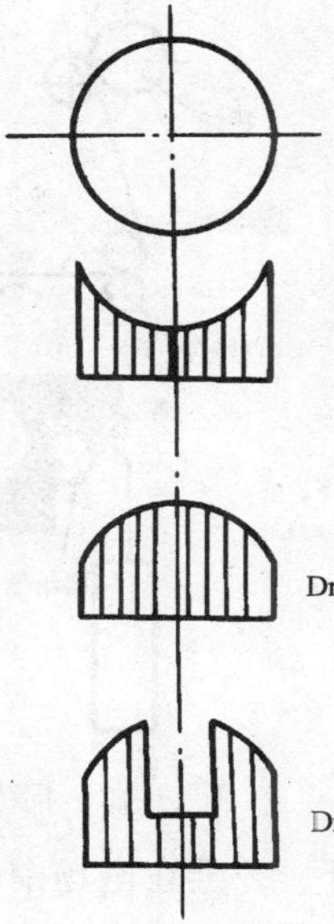

图 11-11　捻度分布

四、静电纺纱

静电纺属自由端纺纱，它是利用静电场排列和凝聚纤维，用小型加捻管进行加捻。静电纺与转杯纺一样，具有产量高，卷装大、工艺流程短的特点。但静电纺对喂入条子的回潮率要求较高，因此纺化纤困难，加捻效率低，纱疵较多，这些问题有待进一步研究解决。

（一）静电纺纱机工艺过程

静电纺纱机主要由给棉、分梳机构、高压静电场、加捻装置和卷绕机构组成。如图 11-12 所示，棉条从棉条筒引出通过喇叭口，由喂给罗拉、给棉板握持并向前输送。经分梳辊分梳后成单纤维，依靠气流作用，将纤维吸入静电场。静电场由高压电极（＋）、加捻器电极（－）和封闭罩壳组成。由于纤维本身带有水分，因此，在高压静电场的作用下产生极化作用，使纤维两端产生与电极极性相反的电荷。在电场力

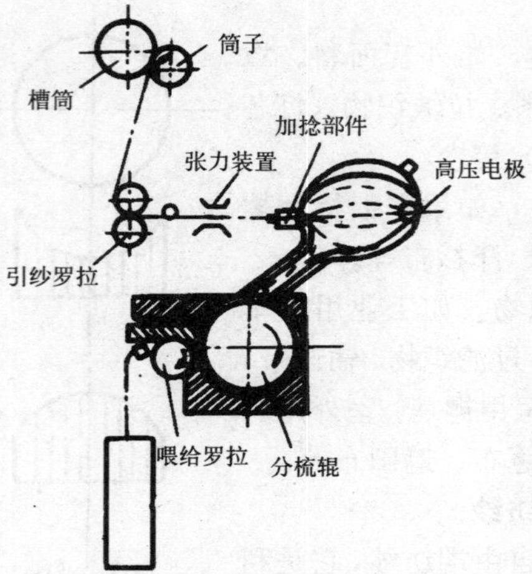

图 11-12　棉纺静电纺纱机工艺过程示意图

的作用下，纤维在电场中伸直、排列，凝聚成自由端须条。纺纱时，引纱由加捻管吸入电场并与自由端须条接触，经加捻器高速回转加捻成纱，然后由引纱罗拉引出，经槽筒卷绕成筒子纱。

（二）静电场基本作用原理

1．纤维在静电场中的排列、凝聚　静电纺纱机的高压电场罩壳通常是由透明的有机玻璃制作的。当纤维进入电场以后，可以观察到纤维在电场两极间排列、凝聚成为自由端须条。在排列凝聚过程中，使纤维伸直平行。这种现象的产生，主要是由于电场中纤维受到力的作用。纤维在电场中受到的作用力主要有两大类：一类为机械作用力；另一类为电场的作用力，如电场力、极化力等。纤维的受力情况较为复杂，但纤维在电场中的排列、凝聚，电场力起主要作用。如图 11-13 所示，当纤维进入电场以后，在电场的作用下，纤维两端即出

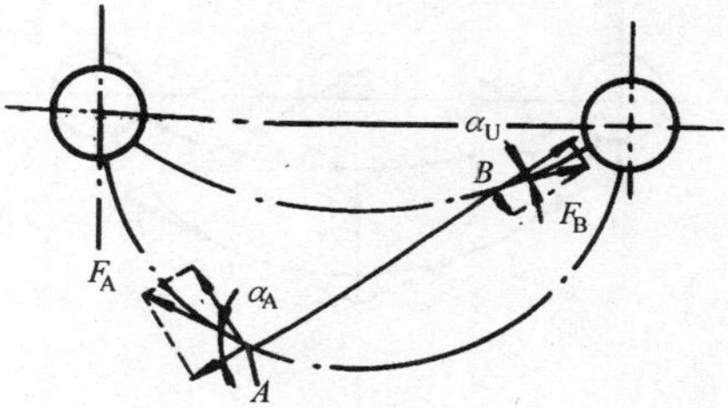

图 11-13　电场对纤维的伸直定向作用

现异性电荷，于是纤维两端就受到两个电场力 F_A 和 F_B 的作用。这两个力的方向相反，且与电力线相切。两个力的大小根据库仑定律确定如下：

$$F_A = -q_A E_A$$

$$F_B = q_B E_B$$

式中 q_A、q_B 分别为纤维两端所带的电荷量；E_A、E_B 分别为 A、B 两处的电场强度。

假设电场力 F_A、F_B 与纤维轴线的夹角分别为 α_A、α_B，电场力 F_A、F_B 分别可以分解成两个分力：沿纤维轴线方向的分力 $F_A\cos\alpha_A$、$F_B\cos\alpha_B$，使纤维受到拉伸；重直于纤维轴线方向的分力 $F_A\sin\alpha_A$、$F_B\sin\alpha_B$，使产生一力矩使纤维旋转。如果纤维的电性能是均匀的，且 $E_B > E_A$，则 $q_B > q_A$ 及 $F_B > F_A$，于是该纤维受到轴向分力之差值($F_B\cos\alpha_B - F_A\cos\alpha_A$)的作用，使纤维以 B 端领先沿轴线向电场强度较大的方向运动。与此同时，纤维受到力矩作用而旋转，直到其轴线与电力线方向一致（即 $\alpha_A = \alpha_B = 0$）。由此可见，电场力 F_A、F_B 对纤维起着伸直、定向排列和凝聚的作用。

纤维在电场中的凝聚，还决定于电场对纤维凝聚力的大

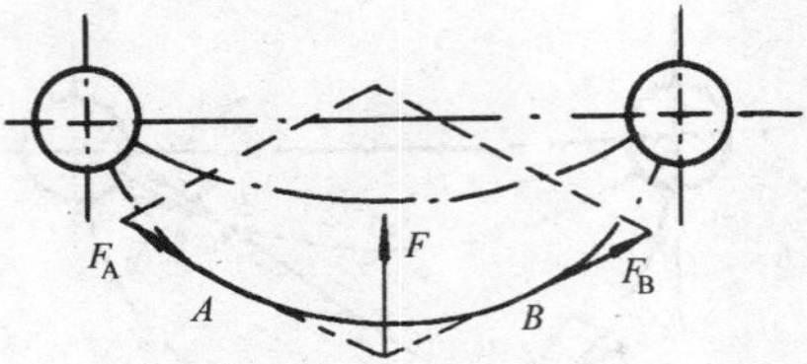

图 11-14　电场对纤维的凝聚作用

小。如图 11-14 所示。当纤维轴与电力线完全一致时，由于电力线总是向中心电场（即电极和加捻管中心线）方向弯曲的，因此 F_A、F_B 的合力 F 总是指向中心电场。此合力即是使纤维向中心电场集中的凝聚力。根据几何图形可见，凝聚力 F 的大小不仅与 F_A、F_B 的大小有关，而且与 F_A、F_B 的方向及其延长线之间交角大小有关。例如，处于同一位置的长短纤维相比较，长纤维受到的电场力 F_A、F_B 比短纤维的大。F_A、F_B 延长线之间的夹角长纤维比短纤维小，因此电场对长纤维的凝聚力就比短纤维的大，易于向中心电场凝聚。杂质受到的凝聚力更小，不易被凝聚，而在重力及气流作用下排出到电场之外。因此，电场在凝聚纤维的过程中，还具有除杂作用。

2. 须条的凝聚与加捻　纤维在电场中向中心凝聚，而形成自由端须条。自由端纱条随加捻器高速回转时，因受到空气阻力、电场力以及纱条回转的惯性阻力的影响，并非充分自由，因而在自由端纱条上产生一定数量的假捻。在这种形式的自由端纺纱中，假捻是不可避免的，同时也是纺纱所必须的，否则，自由端须条中的纤维之间联系力将很小，而无法连续纺纱。自输送管进入电场罩壳的纤维，随机地贴附在自由端纱条的任一部位。在近高压极处（即纱尾端）贴附到须条上去的纤维，成纱后位于纱线的中心或内层。这些纤维由于是在离加捻点较远的地方贴附到纱条上去，故接受假捻的时间长，所得的假捻较多。同时，由于纱尾细，抗扭刚度较小，在相同的扭转力矩作用下也容易获得较多的捻回。而在近加捻器处贴附到纱条上去的纤维，成纱后则处于纱线的外层，而具有较少的假捻捻度。因而自由端纱尾的内外层纤维获得了不同的假捻捻度。这就导致了静电纱内层纤维捻度较小而外层纤维捻度较大的分层结构。

由于假捻的存在以及空心管加捻器对纱条缺乏积极的握持，静电纺纱的加捻效率低，一般只有50%左右，且捻度不匀较大。

（三）静电纱特点及用途

静电纱的结构特点，除上述捻度分层外，还有纤维的伸直度差，一般伸直纤维只占20%左右，大多数纤维具有前弯钩或前端折叠。纱内近似圆锥形或圆柱形螺旋线排列的纤维虽也占相当数量，但纤维内外转移的次数较少，转移深度也较浅，且含有一定数量的芯纤维和外包纤维。

与环锭纱相比，静电纱的性能特点是：均匀度较好，重量不匀率较小，强力差异较小，纱线耐磨度高，且染色性能良好，染色比较鲜艳；但成纱强力较低，断裂伸长较小，弹性较差，纱疵较多。

国内试制的静电纱织物品种主要有印花床单、印花毛巾、花平布、大花哔叽、起绒织物底布、经编织物、斜纹绒布、涤棉包芯纱烂花织物等。静电纱织物的使用性能与环锭纱织物基本接近，而耐磨性和颜色鲜艳程度则优于环锭纱织物。布面手感较硬，白度差。

第三节 非自由端纺纱

非自由端纺纱方法较多，形式各异，采用假捻、粘合或捆扎纤维等方法，给纱条以强力。非自由端纺纱不需要将棉条分离成单纤维状态，不需要重新凝聚，所以纺纱速度快，成纱强力较自由端成纱强力高，目前多用来纺中特纱。

一、自捻纺纱

自捻纺纱是70年代发展起来的一种非自由端纺纱方法。它采用一对既回转又轴向往复运动的搓捻辊代替传统纺纱所用的锭子、钢领、钢丝圈等加捻部件，同样达到加捻与卷绕分开进行的目的。

（一）自捻纺纱特点

1. 低速高产　自捻纺纱机产量高，比环锭纺高15倍左右，而全机转速最高的机件是搓捻辊，转速仅为1000r/min左右，因而是一种低速高产的纺纱方法。

2. 工艺流程短　自捻纺生产针织用纱可省去络筒及并捻工序，作机织用纱可省去络筒及并线工序。当采用超大牵伸时采用条子喂入，可省去粗纱工序。

（二）自捻纺纱基本原理

自捻这一现象，很早就为人们熟知。把一根加有足够捻度的纱对折悬垂，则马上可以看到下垂的纱圈会自捻而呈图11-15的状态。自捻纺纱的基本原理，是建立在假捻的原理上，即自捻纺纱对纱条加捻加的是假捻。取一根纱条，两端固定，中间加捻，则在加捻点两端分别出现S捻和Z捻。一旦加捻力矩去除，在退捻力矩的作用下，S捻与Z捻相互抵消。但若在两根纱条上分别施加同向假捻，则两根纱条加捻点两端分别出现S捻和Z捻。将两根纱条沿全长贴紧，使其S捻段与S捻段相贴，Z捻段与Z捻段相贴。此时加捻点松开后，两根纱条就会在退捻力矩的作用下相互捻合在一起，成为一根结构稳定的股线。由于单纱条退捻力矩是与自捻纱的反向退捻力矩相平衡，所以两根单纱条都为Z捻的区段在自捻纱上形成S捻。自捻纺纱就是利用这一原理，对两根两端分别由两个握持钳口握持且平行排列的纱条进行搓捻，使两根纱条都获得如图11-16所示的捻回分布，并使两根纱条在搓捻后彼此贴在一起，依靠纱条的退捻力矩而自行捻合，形成一根具有正反向捻回而在结构上又是稳定的自捻纱。

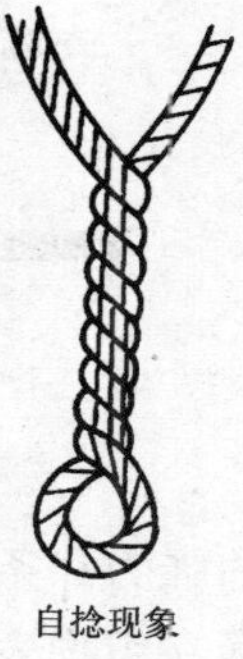

图 11-15　自捻现象

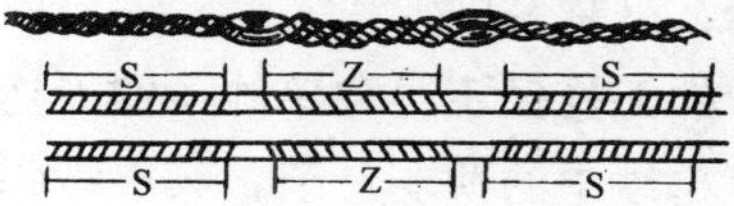

图 11-16　自捻纱的形成

（三）同相自捻纱与相差自捻纱

经搓捻辊搓捻后的单纱条上，得到的是周期性的S捻和Z捻交替变化的捻度。在交替捻回的中间部分是无捻区（见图11-17)，此处纤维完全平行，是强力很低的薄弱环节。当两股有捻单纱条汇合时，如果两根捻向相同的各片段完全重合时，即S捻与S捻、Z捻与Z捻、无捻区与无捻区重合时，形成的自捻纱称为同相自捻纱。同相自捻纱的无捻区正好是两根单纱条的无捻区重叠的区域，因此，突出了自捻纱的弱点，影

(1) 同相纱

(2) 相差纱

图 11-17　自捻纱结构

响纱的强力和条干，故同相自捻纱断头率高，质量差，而且无捻区在织物表面产生条痕，既不适合自捻纺纱机的正常生产，也不宜用于织造。

为了克服同相自捻纱的薄弱环节，改善自捻纱结构，提高成纱强力，必须将自捻时的两根单股纱条的周期性相对位置即“相位”错开，其错开距离的大小称为相位差。因此，当两股单纱条汇合时，两者捻向相同的片段错开一定距离，便获得相差自捻纱，又称 ST 纱。

相差自捻纱的无捻区不再和单纱条的无捻区相重合，从而消除了同相自捻纱中的薄弱环节，其成纱强力高于同相自捻纱，具体情况视其相位差的大小而异。一般来说，相位差在一定范围内增大时，自捻纱强力随之增大。但相位差增大，会引起自捻纱的自捻捻度降低，而自捻捻度的降低又会削弱自捻纱强力的增大。

(四) 自捻纺纱机的工艺过程

图 11-18 所示为自捻纺纱机工艺过程。牵伸装置将喂入的条子（或粗纱）牵伸到所需的线密度，从前罗拉钳口输出。输出的每两根须条的一端受前罗拉钳口的握持，另一端受汇合导纱钩的握持。在两个握持点的中间是一对既做往复运动又做回转运动的搓捻辊。通过搓捻辊的搓动，在搓捻辊两边

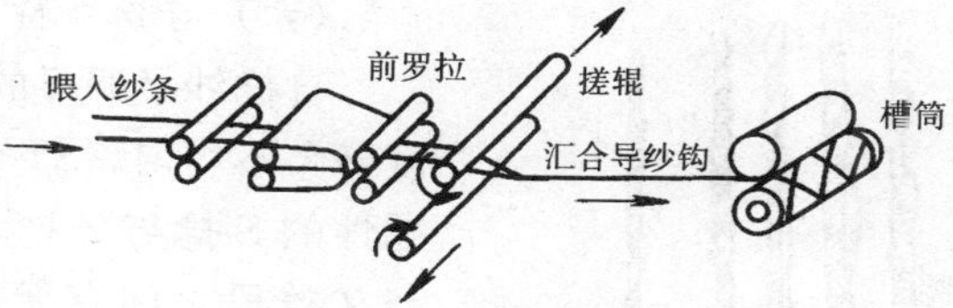

图 11-18　自捻纺纱机工艺过程示意图

的须条上得到捻向相反的捻回。当两根捻向交替变化的单纱条在汇合导纱钩处相遇时，由于两根纱条各自的退捻扭矩产生自捻作用而形成自捻纱，并通过槽筒卷绕成筒子。由于从前罗拉钳口到汇合导纱钩两根纱条所走过的距离不同，因此产生相位差，自捻形成的纱为相差自捻纱。一般自捻纺纱机喂入 8 根或 12 根纱条，每两根形成一根自捻纱。

（五）自捻股线

相差自捻纱虽具有一定强力，但它仍具有正反两个方向的捻回，并有无捻区存在（但无捻区中单纱条是有捻度的）。当用做机织用纱时，由于捻向周期性的变化，引起对光线反射的周期性变化，仍影响织物的外观，所以 ST 纱只用于针织。如果用做机织用纱，需要在捻线机上或倍捻机上进行复捻（追加捻度）。经过复捻的自捻纱称为自捻股线，简称 STT 纱。图 11-19 中 1 为 ST 纱，当追加 S 捻时，则 S 捻区段的捻度增加，Z 捻区的捻度减小（如图中 2）。随着追加捻度的增加，Z 捻区段的捻度变为零（图中 3），这时所追加的捻度称为对偶捻度。追加捻度继续增加，自捻纱上的捻度开始变为单一方向的捻度（图中 4），最后达到图中 5 的状态。此时，自捻股线已具有单一方向的捻回，且强力不匀及捻度不匀都满足织造要求，不但可以用于针织，而且也可以用于机织。

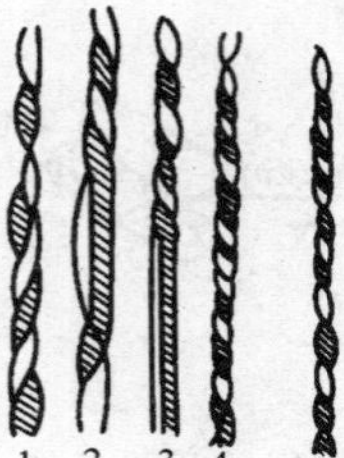

图 11-19　复捻时自捻股线捻度的变化

（六）自捻纱特点

自捻纱最明显的特点是捻度分布不均匀。ST 纱具有周期性的 S 捻与 Z 捻，且 S 捻与 Z 捻段之间有无捻区。由于自捻纱由单纱条退捻力矩自捻成纱，所以自捻纱捻度分布是中间密、两端稀（由于搓捻辊往复运动速度是按正弦函数变化）。STT 纱虽然只有一个方向的捻回，但也有强捻、中捻与弱捻区段。由于各区段捻度的不同，引起自捻纱截面形状和大小也呈周期性变化：紧捻及中捻区段，截面较圆整紧密；弱捻区段，截面较扁平、松散。就大多数区段来说，自捻纱都比同特环锭纱股线松散，截面直径也较大。

由于自捻纱加捻原理的特点及纱条捻度分布不均匀性，自捻纺纱不适宜加工棉及棉型化纤。自捻纺纱适纺原料长度一般为 60～230mm，而在这个长度范围内，纤维越长越容易纺纱。所以目前自捻纺主要用于中长纤维纺纱及精梳毛纺，且羊毛不可太粗，一般品质支数在 58 支以上。

二、喷气纺纱

喷气纺纱是利用空气涡流对须条施加捻回而成纱的一种新型纺纱方法。根据其加捻特点，又被称为“包缠纺”、“捆扎纺”。由于从喂入到输出卷绕成纱整个纱条是连续的，所以属非自由端纺纱。

（一）喷气纺纱特点

1. 纺纱速度高　由于喷气纺采用喷嘴空气涡流加捻，纱条加捻转速可达（2～3）$\times 10^5$r/min，其纺纱速度可达到130～220m/min，一般为140～180m/min，是环锭纺输出速度的10倍左右。此外，在适纺纱特范围内，纺纱速度基本不受纱特的影响。

2. 纺纱特数低　喷气纺是目前为数不多的可以纺细特纱的新型纺纱方法。目前喷气纺可纺制29.2～7.3tex（20～80英支）纱，其成纱结构也与环锭纱、转杯纱不同，产品则更具有独特的风格。

3. 工艺流程短、占地面积小　喷气纺采用条子直接纺成筒子纱，卷装重量可达3～4kg，省去了粗纱、络筒工序。日本No.881MTS型机为双纱成筒，省去了并筒，机器占地面积比环锭纺减少了约40%。

4. 翻改品种方便　喷气纺在翻改品种时，除需调整牵伸部分工艺外，加捻部分一般只需调节喷嘴的气压。如果纱特变化不大，加捻部分可不需调节。

喷气纺也存在着一些问题，如动力消耗高，机件（胶圈、胶辊）磨损快。另外喷气纺目前主要应用于纺纯涤纶和涤/棉混纺纱，纺纯棉纱还存在一些问题。这些问题需要进一步研究解决。

（二）喷气纺纱机工艺过程

喷气纺纱机工艺过程见图11-20。喂入条子经三罗拉双短皮圈牵伸装置，经150倍左右的牵伸拉成规定线密度后由前罗拉输出。依靠加捻器中的负压将须条吸入，接受空气涡流的加捻。加捻器由第一喷嘴和第二喷嘴串联而成，两个喷嘴射出的气流旋转方向必须相反。须条受到这两股反向旋转气流的作用而获得捻度。第一喷嘴气流的旋向起包缠纤维的作用，第二喷嘴气流的旋向决定成纱上包缠纤维的捻向。被加捻后的纱条由引纱罗拉引出后卷绕成筒子纱。前罗拉输出速度应略大于引纱罗拉输出速度，通常称为超喂入，越喂入率一般控制在1%～3%，使纱条在气圈状态下加捻。

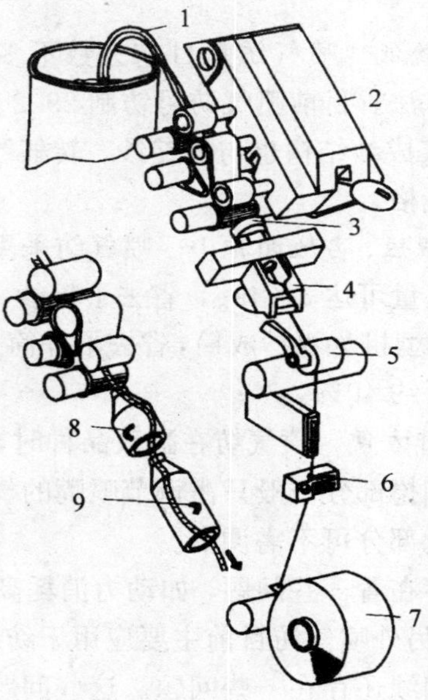

图 11-20　No. 801MTS 喷气纺纱机工艺过程示意图

1—棉条　2—牵伸部分　3—空气喷嘴加捻器　4—喷嘴盒

5—引纱罗拉　6—电子清纱器　7—筒子

8—第一喷嘴　9—第二喷嘴

(三) 喷气纺加捻 (缠捻) 基本原理

喷气纺纱加捻是由假捻转化为真捻的加捻过程。须条在前罗拉和引纱罗拉的握持下，中间受到两个不同方向的旋转气流的作用，使纱条产生假捻。假捻转化成真捻对于加工连续长丝是无法实现的。但对于加工短纤维或中等长度的纤维，这种转化是完全可以的。

1. **头端自由纤维的包缠** 如果自由纤维的尾端处在纱芯中，成为头端自由纤维，如图 11-21 所示，纤维 1 的头端将随假捻纱芯的退捻而反向包缠在纱芯上。头端自由纤维的包缠数大致为假捻纱芯的假捻数。这是单喷嘴喷气纺纱的加捻原理。其成纱强力一般可达到同特环锭纱强力的 80%左右。

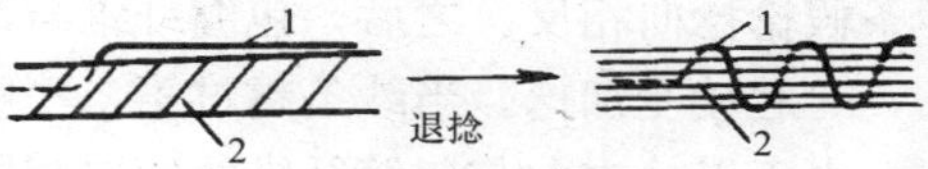

图 11-21 头端自由纤维的包缠

1—头端自由纤维 2—假捻纤维束

2. **头端自由纤维反向包缠** 头端自由纤维的头端开始以反向包缠在假捻的纱芯上。当假捻须条退捻时，头端自由纤维将紧密地以退捻方向（即初始包缠方向）包缠在纱芯上，如图 11-22 所示。设头端自由纤维的初始包缠数为$-T_2$，假捻

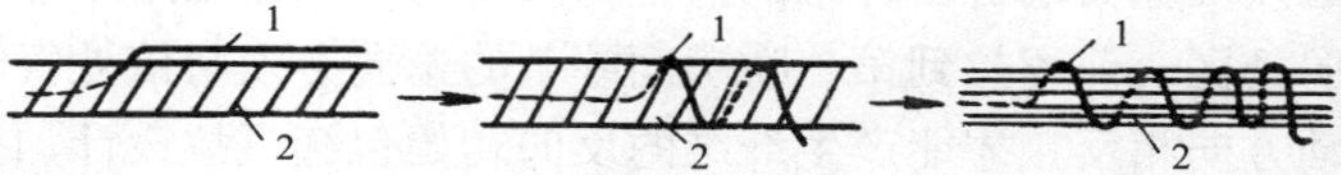

(1) 头端自由纤维的初始状态 (2) 头端自由纤维作初始包缠 (3) 纱芯退捻后头端自由纤维的包缠

图 11-22 具有反向初始包缠的头端自由纤维的包缠

1—头端自由纤维 2—假捻纤维束

纱芯的假捻数为 T_1，则最终纱条上头端自由纤维的包缠数将近似地为$-(T_1+T_2)$。这就是双喷嘴喷气纺纱的加捻原理，其成纱强力一般可达到同特环锭纱的 85%～95%。

在纺纱过程中，可以发现前罗拉处须条中有部分纤维的

头端（即纱条输出方向）在须条气圈作用下偏离须条成扩散状态。这种尾端尚处在前钳口须条中而头端已从须条中分离出来的纤维定义为头端自由纤维。当加捻短纤维或中长纤维时，只要使部分纤维的头端自前罗拉输出后，不让它捻入须条，相反地促使其从须条中扩散出来，则这些纤维的头端一旦被吸入加捻器后，在到达第一喷嘴加捻点时，受该喷嘴旋转气流的作用，使之按气流的旋向绕纱条作初始包缠，其包缠方向与纱条假捻捻向相反。之后，包缠纤维与纱芯结合成一整体纱条，一起接受加捻。当纱条越过第二喷嘴即开始进入退捻过程。由于退捻方向与包缠纤维的缠向相同，随着退捻的进行，包缠捻度逐渐形成。纱条在退捻作用下，纱芯捻度将逐渐退尽，而包缠纤维的头端如果进一步受到管壁的摩擦阻力作用，则包缠纤维将愈包愈紧，最终形成紧密的包缠真捻。这种外层纤维的真捻，是喷气纱独特的包缠真捻。这种捻度是不能用一般常规的退捻法或退捻加捻法测量的。

由以上分析可知，双喷嘴加捻的必要条件是前罗拉钳口处必须确保头端自由纤维的产生，因此前罗拉钳口附近应有一弱捻区；前罗拉到第一喷嘴间纱条的捻向必须与该处气圈运动方向相反，才能产生纤维的反向初始包缠，故设计加捻器时，第二喷嘴的旋涡强度大于第一喷嘴的旋涡强度，且旋向相反。

（四）成纱特点及用途

1. 喷气纱特点　因喷气纺的特殊成纱机理，使喷气纱的结构、性能与环锭纱有明显的差异。对比 65/35 涤棉混纺纱质量和性能，可以看出，喷气纱的单纱强度约为环锭纱的 90%，但强力不匀率则较环锭纱低。成纱条干较环锭纱好。由于喷气纱是表层纤维头端包缠结构，纱线具有方向性，其摩擦性能也具有方向性，纱线行进方向耐磨性远大于反向，其总的耐磨性优于环锭纱。喷气纱的粗细节少，纱较蓬松，体积密度小，染色性能好。

2. 用途　喷气纱用来做床单类织物，手感厚实，布面匀整。利用喷气纱织物良好的透气性，可制做外衣，或经防水处理后作风衣等。另外，还可用喷气纱生产仿麻类织物、磨绒类产品、仿毛花呢、烂花布及针织品。

第四节　包芯纺纱

一、概述

包芯纱又称复合纱，它是由两种或两种以上的纤维组合而成。通常是以化纤长丝为芯，外包纤维为短纤维。常用的长丝有涤纶、锦纶、氨纶等，短纤维有棉、腈纶、毛、麻等。有时也可以用短纤维为纱芯，外包长丝，或外包与纱芯均为短纤维。

包芯纱可以充分利用各种纤维的特点。例如以涤纶长丝或短纤维为纱芯，以棉纤维等天然纤维为外包纤维纺成的包芯纱，既可发挥涤纶纤维挺爽、抗折皱及快干的特点，又可发挥棉纤维吸湿性好，静电现象少的优点，提高了织物的服用性能。又例如，用氨纶长丝为纱芯，天然长丝（或短纤维）为外包层，纺成的包芯纱弹性好，外观光滑，吸湿性好，具有真丝的优良特性。还可用棉纤维做纱芯（无捻），外包其他化学纤维，纺成纱后进行织造，再将织物的化学纤维用化学方法去除，形成无捻纱织物，其手感服用性能极佳。包芯纱既可在传统的环锭细纱机上生产，又可采用新型纺纱方法纺制。

二、用环锭细纱机纺制包芯纱

如图 11-23 所示，长丝经导纱杆 1，张力装置 2 和导纱装置 3 喂入前罗拉钳口，与短纤维须条一起从前罗拉输出，加捻

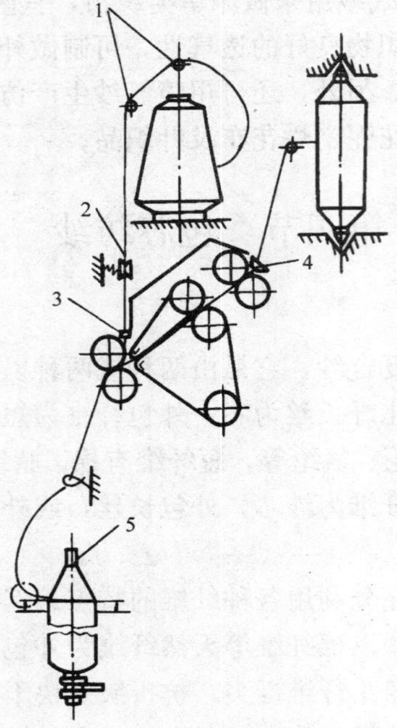

图 11-23　环锭细纱机上纺包芯纱

1—导纱杆　2—张力装置　3—导纱装置

4—喇叭口　5—筒管

后卷绕到筒管上。导纱装置与喇叭口 4 相连，一起进行往复运动，以保证长丝始终处于须条的中心。也可使长丝经前区集合器喂入前罗拉，与牵伸后的短纤维须条在集合器处汇合。

三、用新型纺纱方法纺制包芯纱

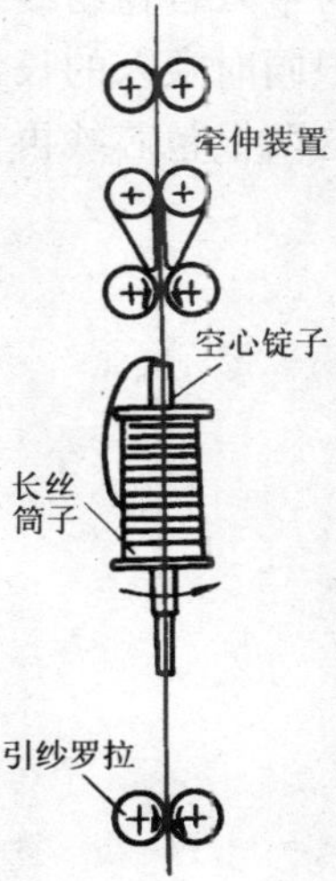

图 11-24　科弗纺纱法示意图

采用转杯纺纺制包芯纱时，需将纺杯的轴做成空心以便作纱芯用的长丝喂入。喂入的长丝在纺杯中受到惯性力的作用，沿杯壁滑至凝棉槽内。经分梳辊开松的短纤维，由输送管喂入纺杯并在凝聚槽中覆盖到长丝上。加捻时，长丝得到假捻，包覆短纤维获得真捻，形成包芯纱。

采用静电纺纺制包芯纱时，需要在高压电极上打一孔，长丝由孔喂入静电场并穿过加捻管，由引纱罗拉引出。由分梳辊分梳后的单纤维，经输送管进入静电场并包覆在长丝上，成为外包纤维。

采用摩擦纺纺制包芯纱时（一般采用 Dref－Ⅲ型机），纱芯由第一牵伸系统喂入，短纤维须条由第二牵伸系统喂入。经分梳辊开松的纤维达到尘笼加捻区时，包覆在纱芯的外面。当采用长丝或纱作为纱芯时，喂入时直接由前罗拉输出。

采用科弗纺纱方法纺制包芯纱时，用短纤维作纱芯，以长丝作包缠纤维。如图 11-24 所示，长丝筒子装在空心锭子上，由筒子退下的长丝与牵伸机构输出的短纤维须条一起穿过空心锭子的中腔。当空心锭子回转时，长丝筒子随之转动。长丝包缠在无捻须条的外层，形成包芯纱，然后由引纱罗拉输出，卷绕成筒子纱。

用自捻纺纱方法纺制包芯纱，是将两根粗纱和两根长丝同时喂入自捻纺纱机。两根相互独立的粗纱，经牵伸后各与一根同时喂入的长丝一起加捻。短纤维包覆在长丝外面，然后这两根包芯纱再自捻形成自捻复合包芯纱。